市政工程计量与计价

SHIZHENG GONGCHENG JILIANG YU JIJIA

主　编　陶　彦　徐　宁
副主编　张虎伟　杨洁云
参　编　杜雪丰　冯　光　尹　丹　李　朗

上海交通大學出版社
SHANGHAI JIAO TONG UNIVERSITY PRESS

内容提要

本书是市政工程技术及造价专业课程的新形态立体化教材，分为三个模块：市政工程造价基础、市政工程识图和市政工程计量与计价。本书内容由浅入深，从理论到案例，集基础知识和实务于一体，为满足教学需求，还提供多种学习资源，包括图文、动画视频等，读者扫描二维码即可获得，具有实用性、可操作性。本书既适合高职高专院校市政工程、造价类及相关专业学生使用，也适合市政工程技术人员参考使用。

图书在版编目(CIP)数据

市政工程计量与计价 / 陶彦，徐宁主编. -- 上海：上海交通大学出版社，2024. 11 -- ISBN 978-7-313-31703-2

Ⅰ. TU723. 3

中国国家版本馆 CIP 数据核字第 202489ZP58 号

市政工程计量与计价

SHIZHENG GONGCHENG JILIANG YU JIJIA

主　　编：陶　彦　徐　宁

出版发行：上海交通大学出版社　　地　　址：上海市番禺路 951 号

邮政编码：200030　　电　　话：021－64071208

印　　制：上海景条印刷有限公司　　经　　销：全国新华书店

开　　本：787 mm×1092 mm　1/16　　印　　张：14.75

字　　数：365 千字

版　　次：2024 年 11 月第 1 版　　印　　次：2024 年 11 月第 1 次印刷

书　　号：ISBN 978－7－313－31703－2　　电子书号：ISBN 978－7－89424－921－0

定　　价：68.00 元

前言

PREFACE

本教材依据全国工程建设相关法律法规、辽宁省现行的计价标准及建设工程造价管理的相关文件编制而成。本教材旨在满足高等教育应用型专业人才培养目标的需求，由作者经过深入调研，并与行业企业专家合作开发，其内容具有很强的针对性和实用性，同时彰显了地方特色，非常适合“教、学、做”一体化的教学模式。本教材通过翔实的市政工程计量与计价案例，采用简洁明了的语言，帮助学生迅速而扎实地掌握市政工程计价文件编制的基础理论和方法。

本教材根据住房和城乡建设部、财政部《建筑安装工程费用项目组成》(建标〔2013〕44号)、《建筑工程施工发包与承包计价管理办法》(住房和城乡建设部令第16号)、《辽宁省建设工程计价依据》(2017版)等有关文件精神进行编写，系统地介绍了土石方工程、道路工程、桥梁工程、排水工程工程量计算的方法及计价文件的编制方法。教材中每个知识内容均辅以编制实例，增强了实用性和操作性。本教材既适合高职高专院校市政工程类、造价类及相关专业学生使用，也适合市政工程技术人员参考。

本教材由陶彦、徐宁担任主编，由张虎伟、杨洁云担任副主编，杜雪丰、冯光、尹丹、李朗参编，全书由陶彦负责统稿。本教材编写分工如下：模块一由张虎伟、冯光合编；模块二由陶彦编写；模块三任务1、任务2由杜雪丰、杨洁云合编，任务3、任务4由徐宁编写。辽宁弘涛工程管理有限公司李朗对全书内容及编制深度进行了审核，尹丹为本书的编写提出了许多宝贵的建议和相关的案例资源。

本书附含数字教学资源，包括课程视频和相关动画等，能够进一步辅助读者深入理解和掌握市政工程计量与计价的相关知识。读者可以通过扫描二维码获取。

鉴于编者水平有限，书中可能存在一些不足之处，诚挚地希望读者能够提出宝贵的意见和建议，以便我们能够及时进行修订。

目录

CONTENTS

模块 1

市政工程造价基础

任务 1

市政工程造价概述

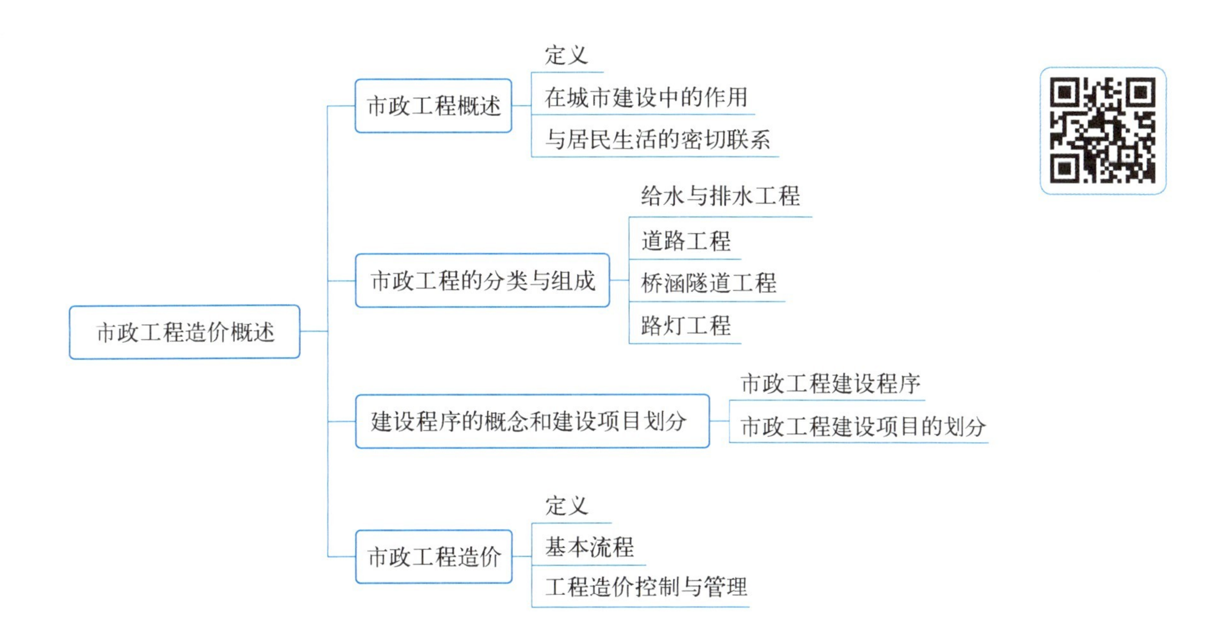

1.1 市政工程概述

1.1.1 市政工程的定义

市政工程，作为城市基础设施建设的核心组成部分，其定义涵盖了城市范围内道路、桥梁、隧道、给水、排水、照明等公共设施的规划、设计、建设和管理。这些设施不仅是城市正常运转的基石，更是居民生活质量的直接体现。据统计，一个现代化城市的市政工程投资通常占其总投资的 30%～50%，足见其重要性。

以道路工程为例，作为市政工程中最为直观和常见的部分，其建设质量直接关系到城市的交通状况和居民出行效率。近年来，随着城市化进程的加速，道路拥堵问题日益凸显，因此，优化道路网络布局、提升道路建设质量成为市政工程的重要任务。例如，某市通过实施“交通疏解工程”，新建和改造了一批主干道和次干道，有效缓解了交通压力，提高了城市运行效率。

此外，给水与排水工程作为市政工程的另一重要组成部分，其建设质量直接关系到城市居民的生活质量和城市环境的卫生状况。随着城市化进程的加快，城市用水量不断增加，对给水设施的要求也越来越高。同时，城市排水设施的建设也面临着严峻的挑战，如何有效应对暴雨等极端天气带来的排水压力，成为市政工程需要重点解决的问题。

市政工程作为城市基础设施建设的核心支柱，其建设质量对城市正常运转和居民生活品质具有举足轻重的影响。因此，市政工程的规划、设计、施工和管理等各个环节，必须严谨细致，确保每项工程均能达到预设标准，从而为城市的持续、稳定发展奠定坚实的基础。

1.1.2 市政工程在城市建设中的作用

市政工程在城市建设中扮演着举足轻重的角色，其重要性不言而喻。作为城市基础设施的核心组成部分，市政工程直接关系到城市的运行效率和居民的生活质量。以道路工程为例，它是城市交通的动脉，承载着城市内部和外部的物流、人流和信息流。据统计，一个高效、完善的道路网络能够提升城市的经济活力，促进区域间的交流与合作。例如，某城市在近年来大力投入道路建设，不仅改善了交通拥堵状况，还吸引了大量投资，推动了当地经济的快速增长。

此外，市政工程在保障居民生活方面也发挥着重要作用。给水与排水工程是城市生活的生命线，它确保了居民饮用水的安全和城市排水的顺畅。随着城市化进程的加快，城市人口不断增加，对水资源的需求也日益增长。因此，加强给水与排水工程的建设和管理，对于保障居民生活质量和城市可持续发展具有重要意义。同时，路灯工程作为城市照明的重要组成部分，不仅为居民提供了安全的夜间出行环境，还美化了城市夜景，提升了城市的整体形象。

市政工程作为城市建设的重要组成部分，其建设质量和水平直接关系到城市的整体形象和未来发展。因此，我们应该高度重视市政工程建设，加强规划和管理，确保每一项工程都能够为城市的可持续发展作出贡献。

1.1.3 市政工程与居民生活的紧密联系

市政工程与居民生活之间存在着密不可分的联系，这种联系不仅体现在日常生活的方方面面，更在无形中塑造着城市的面貌和居民的生活质量。以给水与排水工程为例，它是城市基础设施的重要组成部分，直接关系到居民饮用水的安全和城市排水系统的顺畅。据统计，一个拥有完善给水与排水系统的城市，其居民饮用水合格率通常高达99%，而排水不畅导致的城市内涝问题也大大减少，显著提升了居民的生活满意度和幸福感。

道路工程作为市政工程的另一大支柱，同样与居民生活紧密相连。宽敞平坦的道路不仅方便了居民的出行，还促进了城市经济的发展。例如，某市在近年来大力投入道路工程建设，不仅新建了多条主干道和次干道，还对老旧道路进行了改造升级。这些举措不仅有效缓解了城市交通拥堵问题，还提升了城市的整体形象，吸引了更多的游客和投资者前来。道路工程作为城市这本书的重要篇章，无疑为居民提供了更加便捷、舒适的出行环境。

桥涵隧道工程和路灯工程同样在居民生活中扮演着不可或缺的角色。桥涵隧道工程的建设不仅解决了城市交通的瓶颈问题，还提升了城市的通行效率和安全性。而路灯工程则保障了居民夜间出行的安全，让城市的夜晚更加明亮、温馨。这些市政工程的不断完善和升级，不仅提升了居民的生活质量，还增强了城市的吸引力和竞争力。

综上所述，市政工程与居民生活之间存在着紧密的联系。从给水与排水工程到道路工程、桥涵隧道工程和路灯工程等各个方面，市政工程都在为居民提供更加便捷、舒适、安全的生活环境而努力。未来，随着城市化的不断推进和居民生活需求的不断提高，市政工程将继续发挥重要作用，为城市的繁荣和发展贡献力量。

1.2　市政工程的分类与组成

1.2.1　给水与排水工程

在市政工程中，给水与排水工程占据着举足轻重的地位。作为城市基础设施的重要组成部分，它直接关系到居民的生活质量和城市的发展。给水工程负责为城市居民和工业生产提供清洁、安全的饮用水，而排水工程则负责收集、处理和排放城市污水，确保城市环境的卫生和整洁。

以某大型城市为例，近年来，随着城市化进程的加快，该城市对给水与排水工程的需求日益增长。为了满足这一需求，市政府投入了大量资金，对给水与排水系统进行了全面的升级和改造。通过引进先进的水处理技术和设备，该城市的给水质量得到了显著提升，居民饮用水安全得到了有效保障。同时，排水系统也得到了有效改善，城市污水得到了及时、有效的处理，大大减少了环境污染和生态破坏。

在给水与排水工程的设计和建设过程中，需要充分考虑城市的实际情况和发展需求。例如，在给水工程方面，需要合理规划水源地和水厂的位置，确保水源的充足和稳定；同时，还需要加强水质监测和检测，确保供水安全。在排水工程方面，则需要根据城市的降雨情况和排水需求，合理设计排水管道和污水处理设施，确保排水畅通和污水得到有效处理。此外，还需要加强城市排水系统的维护和管理，及时发现和解决问题，确保排水系统的正常运行。

给水与排水工程作为城市基础设施的重要组成部分，其建设和发展不仅关系到城市的形象和品质，更关系到居民的生活质量和城市的可持续发展。因此，我们应该高度重视给水与排水工程的建设和管理，为城市的繁荣和发展提供坚实的保障。

1.2.2　道路工程

道路工程作为市政工程的重要组成部分，其建设质量直接关系到城市的交通流畅度和居民出行的便捷性。随着城市化进程的加速，道路工程的建设规模不断扩大，技术难度也日益提高。以某大型城市为例，近年来，该城市通过实施一系列道路改造工程，有效缓解了交通拥堵问题，提高了道路通行能力。其中，一条主干道的拓宽工程尤为引人注目。该工程采用了先进的施工技术和管理模式，确保了工程质量和进度。经过改造后，该主干道的车流量增加了30%，交通事故率下降了20%，为市民的出行带来了极大的便利。

在道路工程的建设过程中，科学规划和合理设计是确保工程质量和效益的关键。一方面，需要根据城市的交通需求和地形地貌特点，制定科学合理的道路规划方案；另一方面，需要注重道路工程的设计细节，如路面结构、排水系统、交通标志等，以确保道路的安全性和舒适性。

此外，道路工程的建设还需要充分考虑环保因素，采用环保材料和节能技术，减少对环境的影响。

道路工程的建设不仅关乎城市的交通状况，更与居民的生活品质息息相关。道路工程作为城市基础设施的重要组成部分，其建设质量直接影响到城市的整体形象和居民的生活质量。因此，我们应该高度重视道路工程的建设，加强规划和管理，确保道路工程的质量和效益。

1.2.3 桥涵隧道工程

桥涵隧道工程作为市政工程的重要组成部分，其建设对于城市的发展具有举足轻重的意义。这类工程不仅关乎城市交通的顺畅，更与居民的生活质量和安全息息相关。以国内著名的南岭隧道为例，其建设过程充分展示了桥涵隧道工程的复杂性和挑战性。

南岭隧道位于京广铁路衡广复线郴州与坪石之间，全长 6 666.33 m，穿越南岭山脉的五盖山和骑田岭狭长地带，地质条件极为复杂。在建设中，建设者们面临着岩溶突水涌泥、地表塌陷等重重困难。然而，他们凭借智慧和勇气，通过高压注浆、管棚加固等创新技术，成功克服了这些难题，确保了隧道的安全施工。南岭隧道的成功建设，不仅为衡广复线电气化铁路的通车奠定了坚实基础，也为我国桥涵隧道工程的建设积累了宝贵经验。

桥涵隧道工程的建设，不仅要求技术精湛，更需要严谨的管理和科学的规划。在施工过程中，必须充分考虑地质条件、环境因素和交通需求等多方面因素，制定科学合理的施工方案。同时，还需要加强施工现场的安全管理，确保施工人员的生命安全和工程质量。

1.2.4 路灯工程

在市政工程的广阔领域中，路灯工程作为城市基础设施的重要组成部分，不仅关乎城市的照明需求，更是城市形象与安全的重要体现。路灯工程通过科学规划和合理布局，为市民提供了安全、舒适的夜间出行环境，同时也为城市的夜景增添了独特的魅力。

近年来，随着城市化进程的加快，路灯工程的建设规模和技术水平也在不断提高。据统计，我国某大型城市在路灯工程上的投资已超过数亿元人民币，安装了数万盏高效节能的路灯，不仅大幅提升了城市的照明质量，还有效降低了能源消耗。

在路灯工程的建设中，智能照明技术的应用成为一大亮点。通过引入先进的控制系统和传感器技术，路灯可以根据人流量、车流量等实时数据自动调节亮度和开关时间，实现节能减排的同时，也提高了路灯的使用效率。例如，某城市在主干道上安装了智能路灯，通过实时监测交通流量，实现了路灯的智能化管理，有效降低了能源消耗和维护成本。

此外，路灯工程在提升城市形象方面也发挥着重要作用。通过精心设计和布置，路灯不仅为城市夜景增添了色彩和层次，还成为城市文化的重要载体。例如，某历史文化名城在路灯工程中融入了传统元素和符号，通过灯光艺术的形式展现了城市的历史和文化底蕴，吸引了众多游客前来观赏和体验。

路灯工程作为市政工程的重要组成部分，在提升城市形象、保障市民安全、促进节能减排等方面发挥着重要作用。未来，随着科技的不断进步和城市化进程的加快，路灯工程将继续迎来新的发展机遇和挑战。

1.3 建设程序的概念和建设项目划分

1.3.1 市政工程建设程序

工程建设程序是指房屋建筑、路桥建筑、设备安装、管道敷设等建筑安装工程从决策、设计、施工到竣工验收全过程必须遵守的有规律的先后顺序。工程建设程序必须依照我国现行的法律法规,有计划有步骤地进行。

工程建设程序主要包括如下内容。

1. 可行性研究

可行性研究是运用多种定性和定量的方法对建设项目进行投资决策前的技术经济论证。它的主要任务是研究项目在技术上是否先进适用,经济上是否经济合理,使工程建设项目建立在科学的基础上,以减少项目决策的盲目性。

2. 编制设计任务书

设计任务书又称计划任务书,是确定建设项目以及编制设计文件的依据。设计任务书一般包括:建设目的与依据;建设规模、产品方案和工艺要求;各种资源、水文、地质、燃料、动力、供水、运输、交通等协作配套条件;资源综合利用和“三废”治理要求;建设地点和占地面积;建设工期;投资估算;经济效益和技术水平等。建设地点要考虑工业布局和环境保护的要求。

3. 编制设计文件

工程项目的设计一般分三个阶段,即初步设计、技术设计和施工图设计。

4. 组织施工

建设项目列入年度计划和具备开工条件后,施工单位按照设计文件的要求,确定施工方案,将施工图设计变成建筑物和构筑物。

5. 竣工验收,交付使用

建设项目按照批准的设计文件的要求全部建完,能够正常使用,就可以办理竣工结算和竣工验收,交付使用。

1.3.2 市政工程建设项目的划分

工程建设项目按照合理确定工程造价和建设项目管理工作的要求,划分为建设项目、单项工程、单位工程、分部工程、分项工程五个层次。

1. 建设项目

建设项目一般是指一个总体设计范围内,由一个或几个工程项目组成,经济上实行独立核算,行政上实行独立管理,并且具有法人资格的建设单位。通常,一个企业、事业单位就是一个建设项目。例如,××城市的胜利路就是一个建设项目。

2. 单项工程

单项工程又称工程项目,它是建设项目的组成部分,是指具有独立的设计文件,竣工后可以独立发挥生产能力或使用效益的工程。例如,某个城区的立交桥、城市道路等分别是一个单项工程。

3. 单位工程

单位工程是单项工程的组成部分，是指具有独立的设计文件，能单独施工，但建成后不能独立发挥生产能力或使用效益的工程。例如，城市道路这个单项工程由道路工程、排水工程、路灯工程等单位工程组成。

4. 分部工程

分部工程是单位工程的组成部分。分部工程一般按不同的构造和工作内容来划分。例如，道路工程这个单位工程由路床整形、道路基层、道路面层、人行道侧缘石及其他等分部工程组成。

5. 分项工程

分项工程是分部工程的组成部分。一般按照分部工程划分的方法，将分部工程划分为若干个分项工程。例如，道路基层分部工程可以划分为 10 cm 厚人工铺装碎石基层、15 cm 厚人机配合碎石底层、20 cm 厚人工铺装片石底层等分项工程。

分项工程作为市政工程的基石构造单元，常被誉为“假定建筑产品”。尽管此假定建筑产品并不具备独立存在的实质性意义，但其在施工图预算编制原理、计划统计、施工管理以及工程成本核算等多个环节中，均展现出了极为重要的价值和意义。

1.4 市政工程造价

1.4.1 市政工程造价的定义

市政工程造价，作为城市基础设施建设的重要环节，其定义涵盖了从项目规划、设计、施工到竣工验收全过程的成本估算与控制。这一过程的精确性直接关系到项目的经济效益和社会效益。随着城市化进程的加速，市政工程项目的规模和复杂度日益增加，对工程造价的准确性和合理性要求也越来越高。

市政工程造价的重要性不言而喻。首先，它是项目决策的重要依据。通过准确的造价估算，决策者可以全面了解项目的投资规模、资金需求和经济效益，从而作出科学、合理的决策。其次，工程造价是项目管理的核心。在项目实施过程中，通过严格的成本控制和管理，可以确保项目资金的合理使用，避免浪费和损失，提高项目的投资回报率。此外，市政工程造价还关系到城市基础设施的质量和可持续发展。合理的工程造价可以确保项目使用优质的材料和设备，提高基础设施的质量和耐久性，为城市的可持续发展奠定坚实基础。

以某市地铁建设项目为例，该项目在初期就进行了详细的工程造价估算。通过采用先进的估算方法和工具，结合历史数据和市场行情，项目团队得出了准确的造价预算。在项目实施过程中，项目团队严格按照预算进行成本控制和管理，确保了资金的合理使用。最终，该项目不仅按时按质完成，还实现了投资回报率的最大化。这一成功案例充分证明了市政工程造价的重要性和价值。

市政工程造价正是对资源进行合理配置和利用的重要手段之一。通过精确的造价估算和严格的成本控制，我们可以实现资源的最大化利用，为城市的发展和繁荣作出更大的贡献。

1.4.2 市政工程造价的基本流程

市政工程造价的基本流程是确保工程项目经济效益和社会效益的关键环节。这一过程通常包括项目估算、预算编制、成本控制和结算审计等步骤。

在项目估算阶段，工程师们会依据项目规模、设计要求和材料市场价格等因素，运用专业的估算方法和模型，对项目总投资进行初步预测。例如，在一条新建的城市道路项目中，通过详细分析道路长度、宽度、材料用量等数据，结合当地材料的市场价格，可以较为准确地估算出项目的总投资额。

预算编制是市政工程造价流程中的核心环节。在这一阶段，预算人员会根据项目估算结果，结合施工组织设计、工期安排等因素，编制详细的工程预算。预算内容通常包括人工费、材料费、机械使用费、管理费等多个方面。通过精确计算各项费用，可以确保预算的准确性和合理性。

成本控制是市政工程造价管理的关键。在施工过程中，工程师和预算人员需要密切关注工程实际进度和成本支出情况，及时发现并纠正成本偏差。例如，当材料市场价格波动较大时，预算人员需要及时调整材料预算价格，确保工程成本控制在合理范围内。此外，通过引入先进的成本控制方法和工具，如挣值管理法等，可以进一步提高成本控制的效果。

最后，结算审计是市政工程造价流程的收尾工作。在项目竣工后，审计部门会对项目实际成本进行审计和核算，确保工程结算的准确性和合规性。通过严格的审计程序，可以及时发现并纠正工程结算中的错误和漏洞，保障工程项目的经济效益和社会效益。

1.4.3　工程造价控制与管理

在市政工程造价的控制与管理中，经验的积累与运用至关重要。如某项目在初期明确严格的工程造价控制目标，通过引入先进的项目管理软件，实现了对各项费用的实时监控和预警。在项目实施过程中，项目团队严格执行预算控制，对超出预算的部分进行及时分析和调整，确保项目成本始终控制在合理范围内。此外，项目团队还注重与供应商和施工单位的沟通协作，通过优化采购和施工流程，降低了成本，提高了效率。最终，该项目不仅按时按质完成，而且把成本控制在预算之内，成为市政工程造价控制与管理的典范。

在工程造价控制与管理中，数据分析也是不可或缺的一环。通过收集和分析历史项目数据，可以建立工程造价的预测模型，为项目决策提供有力支持。同时，对实际项目数据进行实时监控和分析，可以及时发现和解决成本超支等问题。例如，在一项市政桥梁建设项目中，项目团队通过数据分析发现，材料成本占项目总成本的比重较大。于是，项目团队与供应商进行了深入沟通，优化了材料采购方案，降低了材料成本，从而实现了项目成本的有效控制。

在工程造价控制与管理中，还需要注重风险管理和应对。市政工程项目往往面临多种风险，如政策变化、自然灾害等。为了降低这些风险对项目成本的影响，项目团队需要制定完善的风险管理计划，并采取相应的应对措施。例如，在应对政策变化方面，项目团队可以密切关注政策动态，及时调整项目策略；在应对自然灾害方面，项目团队可以制定应急预案，确保项目在遭受灾害时能够迅速恢复并继续推进。

在市政工程造价的控制与管理中，不仅要学习理论知识，更要注重实践经验的积累和运用。通过不断总结和分析实际项目中的经验教训，可以不断提高工程造价控制与管理水平，为市政工程项目的顺利实施提供有力保障。

任务 2

市政工程计价基础

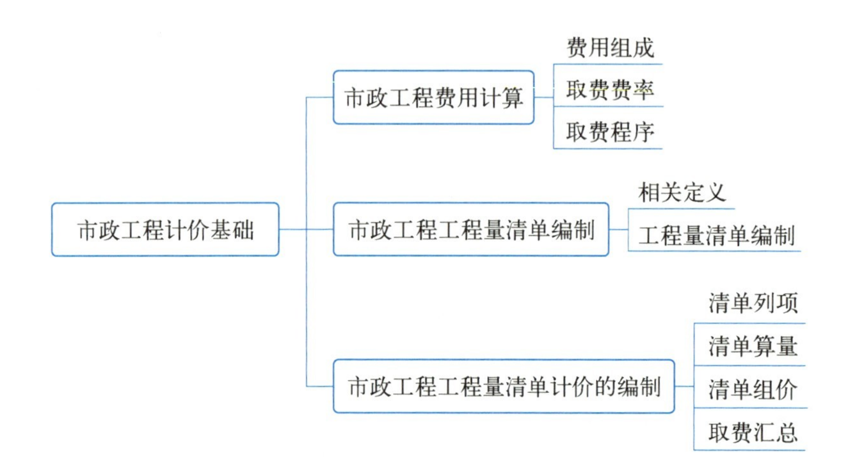

2.1 市政工程费用计算

2.1.1 市政工程费用的组成

建设工程费用由分部分项工程费、措施项目费、其他项目费、规费、税金组成。分部分项工程费、措施项目费、其他项目费包含人工费、材料费、施工机具使用费、企业管理费和利润，各项费用组成均不含可抵扣进项税额。

1. 分部分项工程费

分部分项工程费是指各专业工程的分部分项工程应予列支的各项费用。

(1) 专业工程是指按现行国家计量规范划分的房屋建筑与装饰工程、通用安装工程、市政工程等各类工程。

(2) 分部分项工程指按现行国家计量规范对各专业工程划分的项目。如市政工程划分的土石方工程、道路工程、桥涵工程、管网工程等。

2. 措施项目费

措施项目费是指为完成建设工程施工，发生于该工程施工前和施工过程中的技术、生活、安全、环境保护等方面的费用。它主要包括以下内容。

(1) 技术措施费是指工程定额中规定的,在施工过程中耗费的非工程实体可以计量的措施项目,计入分部分项工程费。内容包括:① 大型机械设备进出场及安拆费,是指工程定额中列项的大型机械设备进出场及安拆费;② 混凝土模板及支架费,是指混凝土施工过程中需要的各种模板、支架等的安、拆、运输费用;③ 脚手架费,是指施工需要的各种脚手架搭、拆、运输费用;④ 垂直运输费;⑤ 施工排水及井点降水;⑥ 临时设施费,是指施工企业为进行建设工程施工所必须搭设的生活和生产用的临时建筑物、构筑物和其他临时设施费用包括地面硬覆盖、临时围挡、大门、临时建筑、临时管线安装等临时设施的搭设、维修、拆除、清理费或摊销费等;⑦ 其他项目费。

(2) 一般措施项目费是指工程定额中规定的措施项目中不包括的且不可计量的,为完成工程项目施工,发生于该工程施工前和施工过程中非工程实体项目的费用,一般工程均有发生的。内容包括:① 安全施工费,是指施工现场安全施工所需要的各项费用。依据《企业安全生产费用提取和使用管理办法》(财企〔2016〕16 号),建设工程施工企业安全费用应当按照以下范围使用:完善、改造和维护安全防护设施设备支出(不含"三同时"要求初期投入的安全设施),包括施工现场临时用电系统、洞口、临边、机械设备、高处作业防护、交叉作业防护、防火、防爆、防尘、防毒、防雷、防台风、防地质灾害、地下工程有害气体监测、通风、临时安全防护等设施设备支出;配备、维护、保养应急救援器材、设备支出和应急演练支出;开展重大危险源和事故隐患评估、监控和整改支出;安全生产检查、评价(不包括新建、改建、扩建项目安全评价)、咨询和标准化建设支出;配备和更新现场作业人员安全防护用品支出;安全生产宣传、教育、培训支出;安全生产适用的新技术、新标准、新工艺、新装备的推广应用支出;安全设施及特种设备检测检验支出;其他与安全生产直接相关的支出。② 环境保护和文明施工费,是指施工现场文明施工所需要的各项费用和在施工过程中采取的环境保护措施费用;对于相关部门要求的非施工过程采取的环境保护措施费用,按实际发生计算。③ 雨季施工费,是指在雨季施工需增加的临时设施、防滑、排除雨水、人工及施工机械效率降低等费用。

(3) 其他措施项目费是指工程定额中规定的措施项目中不包括的且不可计量的,为完成工程项目施工,发生于该工程施工前和施工过程中非工程实体项目的费用,仅在特定工程或特殊条件下发生的。内容包括:① 夜间施工增加费,是指因夜间施工所发生的夜班补助费、夜间施工降效、夜间施工照明设备摊销及照明用电等费用;② 二次搬运费,是指因施工场地条件限制而发生的材料、构配件、半成品等一次运输不能到达堆放地点,必须进行二次或多次搬运所发生的费用;③ 冬季施工费,是指在冬季(连续 5 天气温在 5℃以下环境)施工需增加的临时设施(不包含暖棚法施工所采用的措施)、防滑、除雪、人工及施工机械效率降低以及水砂石加热、混凝土保温覆盖发生的费用;④ 已完工程及设备保护费,是指竣工验收前,对已完工程及设备采取的必要保护措施所发生的费用;⑤ 市政工程施工干扰费,是指市政工程施工中发生的边施工边维护交通及车辆、行人干扰等所发生的防护和保护措施费。

3. 其他项目费

(1) 暂列金额是指建设单位在工程量清单中暂定并包括在工程合同价款中的一笔款项。用于施工合同签订时尚未确定或者不可预见的所需材料、工程设备、服务的采购,施工中可能发生的工程变更、合同约定调整因素出现时的工程价款调整以及发生的索赔、现场签证确认等的费用。

(2) 计日工是指在施工过程中,施工企业完成建设单位提出的施工图纸以外的零星项目或工作所需的费用。

(3) 总承包服务费是指总承包人为配合、协调建设单位进行的专业工程发包,对建设单位自行采购的材料、工程设备等进行保管以及施工现场管理、竣工资料汇总整理等服务所需的费用。

(4) 其他未列项目,如暂估价等。

4. 规费

规费是指按国家法律、法规规定,由政府和有关权力部门规定必须缴纳或计取的费用。包括:

(1) 社会保险费。

① 养老保险费是指企业按照规定标准为职工缴纳的基本养老保险费。

② 失业保险费是指企业按照规定标准为职工缴纳的失业保险费。

③ 医疗保险费是指企业按照规定标准为职工缴纳的基本医疗保险费。

④ 生育保险费是指企业按照规定标准为职工缴纳的生育保险费。

⑤ 工伤保险费是指企业按照规定标准为职工缴纳的工伤保险费。

(2) 住房公积金是指企业按照规定标准为职工缴纳的住房公积金。

(3) 工程排污费是指按规定缴纳的施工现场工程排污费。

(4) 其他应列而未列入的规费,按实际发生计取。

5. 税金

税金是指国家税法规定的应计入建筑安装工程造价内的增值税销项税额。

2.1.2 市政工程费用的取费费率

1. 费用计取规则

各专业工程以工程定额分部分项工程费中的人工费与机械费之和为计费基数,其中部分专业的项目人工费与机械费之和的 35%为计费基数,详见各项费用费率。

2. 各项费用费率

1) 一般措施项目

(1) 安全施工费:以建筑安装工程不含本项费用的税前造价为取费基数。房屋建筑与装饰工程为 2.27%;市政工程、通用安装工程为 1.71%。

(2) 文明施工和环境保护费,按表 2.1 所示取费基数和基础费率计算。

表 2.1 文明施工和环境保护费

专　业	取费基数	基础费率
《市政工程定额》第 1、10 册	人工费与机械费之和的 35%	0.65%
《市政工程定额》第 3～9、11 册	人工费与机械费之和	
《市政工程定额》第 2 册	人工费与机械费之和	0.97%

(3) 雨季施工费:雨季施工费工程量为全部工程量,按表 2.2 所示取费基数和基础费率计算。

表 2.2　雨季施工费

专　业	取费基数	基础费率
《市政工程定额》第 1、10 册	人工费与机械费之和的 35%	0.65%
《市政工程定额》第 3～9、11 册	人工费与机械费之和	
《市政工程定额》第 2 册	人工费与机械费之和	0.97%

2）其他措施项目

（1）夜间施工增加费和白天施工需要照明费按表 2.3 计算。

表 2.3　夜间施工增加费　　单位：元/工日

项　目	合　计	夜餐补助费	工效降低和照明设施折旧费
夜间施工	32	10	22
白天施工需要照明	22		22

注：该工日为符合夜间施工和白天施工需要照明条件的工程量对应的定额工日数。

（2）二次搬运费按批准的施工组织设计或签证计算。

（3）冬季施工费。冬季施工工程量，为达到冬季标准（在气候学上，平均气温连续 5 天低于 5℃）所发生的工程量，按表 2.4 所示取费基数和基础费率计算。

表 2.4　冬季施工费

专　业	取费基数	基础费率
《市政工程定额》第 1、10 册	人工费与机械费之和的 35%	3.65%
《市政工程定额》第 3～9、11 册	人工费与机械费之和	
《市政工程定额》第 2 册	人工费与机械费之和	5.48%

（4）已完工程及设备保护费，按批准的施工组织设计或签证计算。

（5）市政工程（含园林绿化工程）施工干扰费，仅对符合发生市政工程干扰情形的工程项目或项目的一部分，按对应工程量的人工费与机械费之和的 4%计取该项费用。

3）其他项目费

（1）暂列金额。

（2）计日工。

（3）总承包服务费。

4）企业管理费

企业管理费按表 2.5 所示取费基数和基础费率计算。

表 2.5　企业管理费

专　　业	取费基数	基础费率
《市政工程定额》第 1、10 册	人工费与机械费之和的 35%	8.5%
《市政工程定额》第 3～9、11 册	人工费与机械费之和	
《市政工程定额》第 2 册	人工费与机械费之和	12.75%

企业管理费基础费率中未包含通过第三方检验机构进行的材料检测费用和工程项目附加税费。

上述两项是工程造价的组成部分，招投标工程由投标人在投标报价时自行确定；非招投标工程，工程结算时按规定或实际发生计入。

5）利润

利润按表 2.6 所示取费基数和基础费率计算。

表 2.6　利　　润

专　　业	取费基数	基础费率
《市政工程定额》第 1、10 册	人工费与机械费之和的 35%	7.5%
《市政工程定额》第 3～9、11 册	人工费与机械费之和	
《市政工程定额》第 2 册	人工费与机械费之和	11.25%

6）规费

招标工程投标人在投标报价时，根据有权部门的规定及企业缴纳支出情况，自行确定；非招标工程在施工合同中，根据有权部门的规定及企业缴纳支出情况约定规费费率。

7）税金

按《中华人民共和国税法》《财政部和国家税务总局关于全面推开营业税改征增值税试点的通知》（财税〔2016〕36 号）相关规定执行。

2.1.3　市政工程费用的取费程序

在辽宁省市政工程的实施过程中，取费程序是确保工程顺利进行的关键环节。辽宁省的市政工程取费程序遵循着严格的规范和标准，以确保费用的合理性和公正性。根据辽宁省《建设工程费用标准》及相关的政策文件，市政工程的取费主要包括人工费、材料费、机械费、管理费等多个方面。这些费用的计算都基于详细的定额和费率，确保了费用的透明度和可预测性。

以人工费为例，辽宁省根据社会经济发展水平和劳动力市场供求关系的变化，定期对人工费进行调整。例如，在 2023 年，辽宁省对房屋修缮定额人工费进行了调整，基础工程人工费上调了 10%，主体结构工程上调了 15%，这一调整旨在保障劳动者的合法权益，提高劳动者的收入水平，同时也反映了辽宁省对市政工程建设质量的重视。这种调整不仅有利于激发劳动者的积极性和创造力，还有助于提高市政工程的整体质量。

在材料费和机械费的计算上，辽宁省同样遵循着严格的规范和标准。材料费根据市场价格和工程实际需求核算，机械费则根据设备的租赁费用、维护费用等因素计算。这些费用的计算都基于详细的定额和费率，确保了费用的合理性和公正性。同时，辽宁省还鼓励市政工程建设单位采用新技术、新工艺和新材料，以提高工程建设的效率和质量，降低建设成本。

市政工程费用按表 2.7 所示计算程序和方法计算。

表 2.7　市政工程费用取费程序

序　号	费　用　项　目	计　算　方　法
1	工程定额分部分项工程费、技术措施费合计	工程量×定额综合单价＋主材费
1.1	其中：人工费＋机械费	
2	一般措施项目费(不含安全施工措施费)	1.1×费率，按规定或按施工组织设计和签证
3	其他措施项目费	1.1×费率，按规定或按施工组织设计和签证
4	其他项目费	
5	工程定额分部分项工程费、措施项目费(不含安全施工措施费)、其他项目费合计	1＋2＋3＋4
5.1	其中：企业管理费	1.1×费率
5.2	其中：利润	1.1×费率
6	规费	1.1×费率及各市规定
7	安全施工措施费	(5＋6)×费率
8	税费前工程造价合计	5＋6＋7
9	税金	8×规定费率
10	工程造价	8＋9

表 2.7 中各项费用组成如表 2.8～表 2.11 所示。

表 2.8　一般措施项目费用(不含安全施工措施费)组成

2	一般措施项目费(不含安全施工措施费)	计 算 方 法
2.1	环境保护和文明施工费	1.1×费率
2.2	雨季施工费	1.1×费率

表 2.9　其他措施项目费组成表

3	其他措施项目费	计 算 方 法
3.1	夜间施工增加费	按规定计算
3.2	二次搬运费	按批准的施工组织设计或签证计算
3.3	冬季施工费	1.1×费率
3.4	已完工程及设备保护费	按批准的施工组织设计或签证计算
3.5	市政工程干扰费	1.1×费率
3.6	其他	

表 2.10　其他项目费用组成表

4	其他项目费	计 算 方 法
4.1	暂列金额	
4.2	计日工	
4.3	总承包服务费	
4.4	暂估价	
4.5	其他	

表 2.11　规费费用组成表

6	规　　费	计 算 方 法
6.1	社会保障费	1.1×费率
6.2	住房公积金	1.1×费率
6.3	工程排污费	按工程所在地规定计算
6.4	其他	

企业管理费是市政工程建设中不可或缺的一部分。在管理费的计算上，充分考虑了市政工程建设单位的实际情况和需求，制定了合理的费率标准。这些费率标准既保证了市政工程建设单位的正常运营和发展，又避免了浪费和损失。同时，还加强了对管理费使用的监管和审计，确保了管理费的合理使用和效益最大化。

市政工程的取费程序是一个严谨、规范、透明的体系。它确保了市政工程建设费用的合理性和公正性，为市政工程的顺利推进提供了有力的保障。与此同时，不断加强对市政工程建设费用的监管和管理，推动了市政工程建设事业的健康发展。

2.2 市政工程工程量清单编制

2.2.1 清单计量与计价相关定义

1. 工程量清单

工程量清单是指注明建设工程分部分项工程项目、措施项目、其他项目的名称和相应数量以及规费、税金项目等内容的明细清单。

2. 招标工程量清单

招标工程量清单是指招标人依据国家标准、招标文件、设计文件以及施工现场实际情况编制的，随招标文件发布供投标报价的工程量清单，包括其说明和表格。

3. 已标价工程量清单

已标价工程量清单是指构成合同文件组成部分的投标文件中已标明价格，经算术性错误修正(如有)且承包人已确认的工程量清单，包括其说明和表格。

4. 分部分项工程

分部分项工程是单项或单位工程的组成部分，是按结构部位、路段长度及施工特点或施工任务将单项或单位工程划分为若干分部的工程；分项工程是分部工程的组成部分，是按不同施工方法、材料、工序及路段长度等将分部工程划分为若干个分项或项目的工程。

5. 措施项目

措施项目是指为完成工程项目施工，发生于该工程施工准备和施工过程中的技术、生活、安全、环境保护等方面的项目。

6. 项目编码

项目编码是指分部分项工程和措施项目清单名称的阿拉伯数字标识。

7. 项目特征

项目特征是指构成分部分项工程项目、措施项目自身价值的本质特征。

8. 工程计量

工程计量是指发承包双方根据合同约定，对承包人完成合同工程的数量进行的计算和确认。

9. 综合单价

综合单价是指完成一个规定清单项目所需的人工费、材料和工程设备费、施工机具使用费和企业管理费、利润以及一定范围内的风险费用。

10. 风险费用

风险费用是指隐含于已标价工程量清单综合单价中，用于化解发承包双方在工程合同中约定内容和范围内的市场价格波动风险的费用。

11. 工程造价信息

工程造价信息是指工程造价管理机构根据调查和测算发布的建设工程人工、材料、工程设备、施工机械台班的价格信息，以及各类工程的造价指数、指标。

12. 暂列金额

暂列金额是指招标人在工程量清单中暂定并包括在合同价款中的一笔款项。其用于工程合同签订时尚未确定或者不可预见的所需材料、工程设备、服务的采购，施工中可能发生的工程变更、合同约定调整因素出现时的合同价款调整以及发生的索赔、现场签证确认等的费用。

13. 暂估价

暂估价是指招标人在工程量清单中提供的用于支付必然发生但暂时不能确定价格的材料、工程设备的单价以及专业工程的金额。

14. 计日工

计日工是指在施工过程中，承包人完成发包人提出的工程合同范围以外的零星项目或工作，按合同中约定的单价计价的一种方式。

15. 总承包服务费

总承包服务费是指总承包人为配合协调发包人进行的专业工程发包，对发包人自行采购的材料、工程设备等进行保管以及施工现场管理、竣工资料汇总整理等服务所需的费用。

16. 安全文明施工费

安全文明施工费是指在合同履行过程中，承包人按照国家法律、法规、标准等规定，为保证安全施工、文明施工，保护现场内外环境和搭拆临时设施等所采用的措施而发生的费用。

17. 招标控制价

招标控制价是指招标人根据国家或省级、行业建设主管部门颁发的有关计价依据和办法，以及拟定的招标文件和招标工程量清单，结合工程具体情况编制的招标工程的最高投标限价。

18. 投标价

投标价是指投标人投标时响应招标文件要求所报出的对已标价工程量清单汇总后标明的总价。

19. 签约合同价(合同价款)

签约合同价(合同价款)是指发承包双方在工程合同中约定的工程造价，其包括了分部分项工程费、措施项目费、其他项目费、规费和税金的合同总金额。

2.2.2 工程量清单编制

招标工程量清单由具有编制能力的招标人或受其委托、具有相应资质的工程造价咨询人编制。招标工程量清单以单位(项)工程为单位编制，由分部分项工程项目清单、措施项目清单、其他项目清单、规费和税金项目清单组成。招标工程量清单的编制依据如下。

(1)《建设工程工程量清单计价规范》(GB 50500—2013)和相关工程的国家计量规范(以下简称“计量规范”)。

(2) 国家或省级、行业建设主管部门颁发的计价定额和办法。

(3) 建设工程设计文件及相关资料。

(4) 与建设工程有关的标准、规范、技术资料。

(5) 拟定的招标文件。

(6) 施工现场情况、地勘水文资料、工程特点及常规施工方案。

(7) 其他相关资料。

1. 分部分项工程项目清单编制

分部分项工程项目清单必须载明项目编码、项目名称、项目特征、计量单位和工程量，如表2.12所示。分部分项工程项目清单必须根据“计量规范”规定的项目编码、项目名称、项目特征、计量单位和工程量计算规则进行编制。

表2.12　分部分项工程项目清单示例

序号	项目编码	项目名称	项目特征	计量单位	工程量
1	040501001001	混凝土管道及基础铺设	(1) 土方开挖(综合土质、深度) (2) 排除地下障碍物、工作面内排水、基坑底夯实 (3) 土方回填(密实度≥0.95) (4) 土方场内外运输(运距综合考虑) (5) D250 mm钢筋混凝土管铺设(承插口管Ⅱ级) (6) 120°商品混凝土(C15)基础 (7) 水泥砂浆接口(或橡胶圈接口)	m	1 000

1) 项目编码

分部分项工程项目清单项目编码栏应根据“计量规范”项目编码栏内规定的9位数字另加3位顺序码共12位阿拉伯数字填写。各位数字的含义为：一、二位为专业工程代码，房屋建筑与装饰工程为01，仿古建筑为02，通用安装工程为03，市政工程为04，园林绿化工程为05，矿山工程为06，构筑物工程为07，城市轨道交通工程为08，爆破工程为09；三、四位为专业工程附录分类顺序码；五、六位为分部工程顺序码；七、八、九位为分项工程项目名称顺序码；十至十二位为清单项目名称顺序码。

在编制工程量清单时应注意对项目编码的设置不得有重码，特别是当同一标段(或合同段)的一份工程量清单中含有多个单项或单位工程且工程量清单是以单项或单位工程为编制对象时，应注意项目编码中的十至十二位的设置不得重码。例如，一个标段(或合同段)的工程量清单中含有三个单项或单位工程，每一单项或单位工程中都有项目特征相同的块料面层，在工程量清单中又需反映三个不同单项或单位工程的块料面层工程量时，此时工程量清单应以单项或单位工程为编制对象，第一个单项或单位工程的块料面层的项目编码为040203008001，第二个单项或单位工程的块料面层的项目编码为040203008002，第三个单项或单位工程的块料面层的项目编码为040203008003，并分别列出各单项或单位工程块料面层的工程量。

2) 项目名称

分部分项工程量清单项目名称栏应按“计量规范”的规定，根据拟建工程实际填写。在实际填写过程中，“项目名称”有两种填写方法：一是完全保持“计量规范”的项目名称不变；二是根据工程实际在“计量规范”项目名称下另行确定详细名称。

3) 项目特征

分部分项工程量清单的项目特征是确定一个清单项目综合单价的重要依据，在编制的工程量清单中必须对其项目特征进行准确和全面的描述。招标人提供的工程量清单对项目特征描述不具体、特征不清、界限不明，会使投标人无法准确理解工程量清单项目的构成要素，导致评标时难以合理地评定中标价；结算时，发包、承包双方引起争议，影响工程量清单计价的推进。因此，在工程量清单中准确地描述工程量清单项目特征是有效推进工程量清单计价的重要一环。工程量清单项目特征描述的重要意义如下。

(1) 项目特征是区分清单项目的依据。工程量清单项目特征是用来表述分部分项清单项目的实质内容，用于区分“计量规范”中同一清单条目下各个具体的清单项目。没有项目特征的准确描述，对于相同或相似的清单项目名称，就无从区分。

(2) 项目特征是确定综合单价的前提。由于工程量清单项目的特征决定了工程实体项目的实质内容，必然直接决定了工程实体的自身价值。因此，工程量清单项目特征描述得准确与否，直接关系到工程量清单项目综合单价的准确确定。

(3) 项目特征是履行合同义务的基础。实行工程量清单计价，工程量清单及其综合单价是施工合同的组成部分，因此，如果工程量清单对项目特征的描述不清甚至漏项、错误，从而引起在施工过程中的更改，都会引起分歧，导致纠纷。

清单项目特征的描述，应根据“计量规范”附录中有关项目特征的要求，结合技术规范、标准图集、施工图纸，按照工程结构、使用材质及规格或安装位置等，予以详细而准确的表述和说明。可以说离开了清单项目特征的准确描述，清单项目就将没有生命力。例如，我们要购买某一商品，如汽车，我们就首先要了解汽车的品牌、型号、结构、动力、内配等诸方面，因为这些决定了汽车的价格。当然，从购买汽车这一商品来讲，商品的特征在购买时已形成，买卖双方对此均已了解。但相对于建筑产品来说其比较特殊，因此，在合同的分类中，工程发包、承包施工合同属于加工承揽合同中的一个特例，实行工程量清单计价，就需要对分部分项工程量清单项目的实质内容、项目特征进行准确描述，就好比我们要购买某一商品，要了解品牌、性能等是一样的。因此，准确地描述清单项目的特征对于准确地确定清单项目的综合单价具有决定性的作用。当然，由于种种原因，对同一个清单项目，由不同的人编制，会有不同的描述，尽管如此，体现项目本质区别的特征和对报价有实质影响的内容都必须描述，这一点是无可置疑的。

在进行项目特征描述时，应掌握以下要点。

(1) 必须描述的内容。

① 涉及正确计量的内容必须描述。如门窗洞口尺寸，如采用“樘”计量时，因为一樘门或窗的面积有多大，直接关系到门窗的价格，故而必须对门窗洞口进行描述。

② 涉及结构要求的内容必须描述。如混凝土构件的混凝土强度等级，是使用 C20 还是 C30 或 C40 等，因混凝土强度等级不同，其价格也不同，必须描述。

③ 涉及材质要求的内容必须描述。如油漆的品种是调和漆，还是硝基清漆等；管材的材质是碳钢管，还是塑钢管、不锈钢管等；还需对管材的规格、型号进行描述。

④ 涉及安装方式的内容必须描述。如管道工程中的钢管的连接方式是螺纹连接，还是焊接；塑料管是黏接连接，还是热熔连接等就必须描述。

(2) 可不描述的内容。

① 对计量计价没有实质影响的内容可以不描述。如对现浇混凝土柱的高度、断面大小等的特征规定可以不描述，因为混凝土构件是按“m^2”计量，对此的描述实质意义不大。

② 应由投标人根据施工方案确定的可以不描述。如对石方的预裂爆破的单孔深度及装药量的特征规定，如清单编制人来描述是困难的，由投标人根据施工要求，在施工方案中确定，自主报价比较恰当。

③ 应由投标人根据当地材料和施工要求确定的可以不描述。如对混凝土构件中的混凝土拌合料使用的石子种类及粒径、砂的种类及特征规定可以不描述。因为无论混凝土拌合料使用砂石还是碎石，使用粗砂还是中砂、细砂或特细砂，除构件本身特殊要求需要指定外，主要取决于工程所在地砂、石子材料的供应情况。至于石子的粒径大小主要取决于钢筋配筋的密度。

④ 应由施工措施解决的可以不描述。如对现浇混凝土板、梁的标高的特征规定可以不描述。因为同样的板或梁，都可以将其归并在同一个清单项目中，但由于标高的不同，将会导致因楼层的变化对同一项目提出多个清单项目。可能有人会讲，不同的楼层工效不一样，但这样的差异可以由投标人在报价中考虑，或在施工措施中解决。

（3）可不详细描述的内容。

① 无法准确描述的可不详细描述。如土壤类别，由于我国幅员辽阔，南北东西差异较大，特别是对于南方来说，在同一地点，由于表层土与表层土以下的土壤类别是不相同的，要求清单编制人准确判定某类土壤的所占比例是困难的，在这种情况下，可考虑将土壤类别描述为综合，注明由投标人根据地勘资料自行确定土壤类别，决定报价。

② 施工图纸、标准图集标注明确，可不再详细描述。对这些项目可描述为见××图集××页号及节点大样等。由于施工图纸、标准图集是发、承包双方都应遵守的技术文件，这样描述，可以有效减少在施工过程中对项目理解的不一致。同时，对不少工程项目，真要将项目特征一一描述清楚，也是一件费力的事情，如果能采用这一方法描述，就可以收到事半功倍的效果。因此，建议这一方法在项目特征描述中能采用的尽可能采用。

③ 还有一些项目可不详细描述，但清单编制人在项目特征描述中应注明由招标人自定，如土石方工程中的“取土运距”“弃土运距”等。首先要清单编制人决定在多远取土或取、弃土运往多远是困难的；其次，由投标人根据在建工程施工情况统筹安排，自主决定取、弃土方的运距可以充分体现竞争的要求。

4）计量单位

计量单位应采用基本单位，除各专业另有特殊规定外均按以下单位计量：

（1）以质量计算的项目——吨或千克（t 或 kg）；

（2）以体积计算的项目——立方米（m^3）；

（3）以面积计算的项目——平方米（m^2）；

（4）以长度计算的项目——米（m）；

（5）以自然计量单位计算的项目——个、套、块、樘、组、台……

（6）没有具体数量的项目——宗、项……

各专业有特殊计量单位的，需另外加以说明，当计量单位有两个或两个以上时，应根据所编制工程量清单项目的特征要求，选择一个最适宜表现该项目特征并方便计量的单位。

5）工程量

工程量是按照设计图纸尺寸，以清单工程量计算规则为依据来计算工程项目的实物工程量。除另有说明外，所有清单项目的工程量应以实体工程量为准，并以完成后的净值计算。投标人在投标报价时，应在单价中考虑施工中的各种损耗和需要增加的工程量。工程量计算除《市政工程工程量计算规范》（GB 50857—2013）外，还应依据以下文件：

（1）经审定通过的施工设计图纸及说明。

（2）经审定通过的施工组织设计或施工方案。

(3) 经审定通过的其他有关技术经济文件。

工程计量时每一项目汇总的有效位数应遵循下列规定。

(1) 以“吨”为单位的应保留三位小数,第四位小数四舍五入。

(2) 以“立方米”“平方米”“米”“千元”为单位的应保留两位小数,第三位小数四舍五入。

(3) 以“个”“项”“米”为单位的应取整数。

随着工程建设中新材料、新技术、新工艺等的不断涌现,计量规范附录所列的工程量清单项目不可能包含所有项目。在编制工程量清单时,当出现计量规范附录中未包括的清单项目时,编制人应作补充。在编制补充项目时应注意以下三个方面。

(1) 补充项目的编码应按计量规范的规定确定。具体做法如下:补充项目的编码由计量规范的代码与 B 和三位阿拉伯数字组成,并应从 001 起顺序编制,例如,市政工程如需补充项目,则其编码应从 04B001 开始起顺序编制,同一招标工程的项目不得重码。

(2) 在工程量清单中应附补充项目的项目名称、项目特征、计量单位、工程量计算规则和工作内容。

(3) 将编制的补充项目报省级或行业工程造价管理机构备案。

2. 措施项目清单编制

措施项目是指完成工程项目施工,发生于该工程施工准备和施工过程中的技术、生活、安全、环境保护等方面的项目。措施项目清单应根“计量规范”的规定编制,并应根据拟建工程的实际情况列项。措施项目清单的编制依据有以下几项。

(1) 施工现场情况、地勘水文资料、工程特点。

(2) 常规施工方案。

(3) 与建设工程有关的标准、规范、技术资料。

(4) 拟定的招标文件。

(5) 建设工程设计文件及相关资料。

措施项目清单分为两类,一类是措施项目费用的发生与使用时间、施工方法或者两个以上的工序相关,并大都与实际完成的实体工程量的大小关系不大,如安全文明施工,夜间施工,非夜间施工照明,二次搬运,冬、雨期施工,地上、地下设施,建筑物的临时保护设施,已完工程及设备保护等,宜编制总价措施项目清单与计价表。总价措施项目清单与计价表如表 2.13 所示。另一类措施项目则是可以计算工程量的项目,如脚手架工程,混凝土模板及支架(撑),垂直运输、超高施工增加,大型机械设备进出场及安拆,施工排水、降水等,这类措施项目按照分部分项工程量清单的方式采用综合单价计价,更有利于措施费的确定和调整,宜采用分部分项工程量清单的方式编制。单价措施项目清单与计价表如表 2.14 所示。

表 2.13 总价措施项目清单与计价表

工程名称:8557 警卫室(建筑,装修)

序号	项目编码	子目名称	计算基础	费率/%	金额/元	备注
1	011707001001	安全文明施工	分部分项合计	3.97	33 930.8	
2	011707002001	夜间施工				

续　表

序号	项目编码	子 目 名 称	计算基础	费率/%	金额/元	备　注
3	011707003001	非夜间施工照明				
4	011707004001	二次搬运				
5	011707005001	冬、雨期施工				
6	011707006001	地上、地下设施，建筑物的临时保护设施				
7	011707007001	已完工程及设备保护				

表 2.14　单价措施项目清单与计价表

工程名称：电力管道工程　标段：第三标段

序号	项目编码	项目名称	项目特征描述	计量单位	工程量	金额/元	
						综合单价	合价
1	040402012001	锚杆支护	(1) 竖井环向锚管 (2) 锚管直径：32 mm (3) 锚管长度：2.5 m (4) 水平间距：1 m (5) 竖直间距：两榀一打，上下开 (6) 注浆	m	3 678		
2	DB031	全断向注浆加固	(1) 隧道断面：2.0 m×2.3 m，单孔暗挖隧道 (2) 长导管：导管长度及间距依据设计要求及投标方案确定 (3) 浆液：根据设计要求及地质情况确定 (4) 封掌子面	m	458		

3. 其他项目清单编制

其他项目清单是指除分部分项工程量清单、措施项目清单所包含的内容外，因招标人的特殊要求而发生的与拟建工程有关的其他费用项目和相应数量的清单。工程建设标准的高低、工程的复杂程度、工程的工期长短、工程的组成内容、发包人对工程管理要求等都直接影响其他项目清单的具体内容。其他项目清单包括暂列金额、暂估价(包括材料暂估单价、工程设备暂估单价、专业工程暂估价)、计日工、总承包服务费。其他项目清单宜按照表 2.15 的格式编制，出现未包含在表格中内容的项目，可根据工程实际情况补充。

表 2.15　其他项目清单与计价汇总表

序　号	项 目 名 称	计 量 单 位	金额/元
1	暂列金额	项	
2	暂估价		
2.1	材料暂估价		
2.2	专业工程暂估价	项	
3	计日工		
4	总承包服务费		

1）暂列金额

暂列金额是指招标人在工程量清单中暂定并包括在合同价款中的一笔款项。其适用于工程合同签订时尚未确定或者不可预见的所需材料、工程设备、服务的采购，施工中可能发生的工程变更、合同约定调整因素出现时的合同价款调整，以及发生的索赔、现场签证确认等的费用。无论采用何种合同形式，其理想的标准是，一份合同的价格就是其最终的竣工结算价格，或者至少两者应尽可能接近。我国规定对政府投资工程实行概算管理，经项目审批部门批复的设计概算是工程投资控制的刚性指标，即使商业性开发项目也有成本的预先控制问题，否则，无法相对准确预测投资的收益和科学合理地进行投资控制。但工程建设自身的特性决定了工程的设计需要根据工程进展不断地进行优化和调整，业主需求可能会随工程建设进展出现变化，工程建设过程还会存在一些不能预见、不能确定的因素。消化这些因素必然会影响合同价格的调整，暂列金额正是因这类不可避免的价格调整而设立，以便达到合理确定和有效控制工程造价的目标。设立暂列金额并不能保证合同结算价格就不会再出现超过合同价格的情况，是否超出合同价格完全取决于工程量清单编制人对暂列金额预测的准确性，以及工程建设过程是否出现了其他事先未预测到的事件。暂列金额应根据工程特点，按有关计价规定估算。暂列金额可按照表 2.16 的格式列示。

表 2.16　暂列金额明细表

工程名称：　　　　　　　　　　　　标段：

序　号	项 目 名 称	计量单位	暂定金额/元	备　注
1				
2				
3				
4				

续 表

序 号	项 目 名 称	计量单位	暂定金额/元	备 注
5				
6				
7				
合计				

2）暂估价

暂估价是指招标人在工程量清单中提供的用于支付必然发生但暂时不能确定价格的材料、工程设备的单价以及专业工程的金额，包括材料暂估单价、工程设备暂估单价和专业工程暂估价；暂估价类似于 FIDIC 合同条款中的 Prime Cost Items，在招标阶段预见肯定要发生，只是因为标准不明确或者需要由专业承包人完成，暂时无法确定价格。暂估价数量和拟用项目应当结合工程量清单中的“暂估价表”予以补充说明。为方便合同管理，需要纳入分部分项工程量清单项目综合单价中的暂估价应只是材料、工程设备暂估单价，以方便投标人组价。

专业工程的暂估价一般应是综合暂估价，同样包括人工费、材料费、施工机具使用费、企业管理费和利润，不包括规费和税金。当总承包招标时，专业工程设计深度往往是不够的，一般需要交由专业设计人设计。在国际社会，出于对提高可建造性的考虑，一般由专业承包人负责设计，以发挥其专业技能和专业施工经验的优势。这类专业工程交由专业分包人完成是国际工程的良好实践，目前，在我国工程建设领域也已经比较普遍。公开透明地合理确定这类暂估价的实际开支金额的最佳途径就是通过施工总承包人与工程建设项目招标人共同组织的招标。

暂估价中的材料、工程设备暂估单价应根据工程造价信息或参照市场价格估算，列出明细表；专业工程暂估价应分不同专业，按有关计价规定估算，列出明细表。暂估价可按照表 2.17 和表 2.18 的格式列示。

表 2.17 材料暂估单价表

工程名称： 标段： 第 页 共 页

序 号	材料名称、规格、型号	计量单位	单价/元	备 注

注：① 此表由招标人填写，并在备注栏说明暂估价的材料拟用在哪些清单项目上，投标人应将上述材料暂估单价计入工程量清单综合单价报价中。
② 材料包括原材料、燃料、构配件以及按规定应计入建筑安装工程造价的设备。

表 2.18　专业工程暂估价

工程名称：　　　　　　　　　　　　标段：　　　　　　　　　　　　第　页　共　页

序　号	工　程　名　称	工程内容	金额/元	备　注
合计				

注：此表由招标人填写，投标人应将上述专业工程暂估价计入投标总价中。

3）计日工

计日工是在施工过程中，承包人完成发包人提出的工程合同范围以外的零星项目或工作，按合同中约定的单价计价的一种方式。计日工是为了解决现场发生的零星工作的计价而设立的。国际上常见的标准合同条款中，大多数都设立了计日工(daywork)计价机制。计日工对完成零星工作所消耗的人工工时、材料数量、施工机械台班进行计量，并按照计日工表中填报的适用项目的单价进行计价支付。计日工适用的所谓零星项目或工作一般是指合同约定之外的或者因变更而产生的、工程量清单中没有相应项目的额外工作，尤其是那些难以事先商定价格的额外工作。

计日工应列出项目名称、计量单位和暂估数量。计日工可按照表 2.19 的格式列示。

表 2.19　计 日 工 表

工程名称：　　　　　　　　　　　　标段：　　　　　　　　　　　　第　页　共　页

编　号	项 目 名 称	单　位	暂定数量	综合单价	合　价
一	人工				
1					
2					
3					
人工小计					
二	材料				
1					
2					

续　表

编　号	项 目 名 称	单　位	暂定数量	综合单价	合　价
3					
材料小计					
三	材料				
1					
2					
施工机械小计					
合计					

注：此表项目名称、数量由招标人填写，编制招标控制价时，单价由招标人按有关计价规定确定；在投标时，单价由投标人自主报价，计入投标总价中。

2.3　市政工程工程量清单计价的编制

清单计价的过程可以总结为四个步骤，即清单列项、清单算量、清单组价、取费汇总。

2.3.1　清单列项

根据“计量规范”和实际工程图纸内容完成项目编码、项目名称、项目特征和计量单位的描述。详细的描述方法和要求见本章“第二节工程量清单编制”中相关内容，此处以表 2.20 作为案例演示，呈现清单列项成果格式。清单项目的设置结合实际工程内容和“计量规范”项目表确定，项目编码采用 12 位阿拉伯数字，前面 9 位数按“计量规范”，后面 3 位数按自然流水顺序从 001 开始编号。项目名称按“计量规范”规定的项目名称结合实际工程的内容确定，可以灵活修改名称。表 2.20 中，“计量规范”规定的项目名称是“塑料管”，可以灵活描述为“塑料给水管”。项目特征描述的内容要精简全面，图纸包含的实体工作内容一定要描述清楚，措施项目内容可不描述。表 2.20 中，混凝土管道基础施工时必然要安拆模板，但在项目特征中可不描述模板。计量单位应按“计量规范”规定的计量单位确定。

表 2.20　清单列项示例

序号	项目编码	项目名称	项 目 特 征	计 量 单 位
1	040501004001	塑料给水管	(1) 垫层、基础材质及厚度：C15 垫层 100 厚，120 厚 C15 混凝土管道基础 (2) 材质及规格：HDPE 管 DN500 (3) 连接形式：胶圈接口 (4) 铺设深度：3～4 m	m

2.3.2 清单算量

根据“计量规范”规定的工程量计算规则，参照实际工程图纸的尺寸信息计算清单工程量。工程量及单位的基本要求见本模块任务 2.2 相关内容。以“塑料给水管”项目为例，“计量规范”规定的工程量计算规则为“按设计图示中心线长度以延长米计算。不扣除附属构筑物、管件及阀门等所占长度”。因此，塑料给水管清单工程量按管道中心线长度计算，不扣除阀门井、管件及阀门等所占长度。清单工程量计算示例如表 2.21 所示。

表 2.21 清单算量示例

序号	项目编码	项目名称	项目特征	计量单位	工程量	工程量表达式
1	040501004001	塑料给水管	(1) 垫层、基础材质及厚度：C15 垫层 100 厚，120 厚 C15 混凝土管道基础 (2) 材质及规格：HDPE 管 DN500 (3) 连接形式：胶圈接口 (4) 铺设深度：3～4 m	m	39	38+1

2.3.3 清单组价

清单组价的目标是形成清单子目的综合单价，可分为以下四个步骤。

1. 清单分解

把清单项目所包含的工作内容进行分解，分解到更小更便于计量计价的计价单元，形成多个可以独立计量计价的清单子项。分解后各子项所包含的工作内容必须完全等同于清单项目工作内容，不能多或少，否则会造成综合单价报价不准确。表 2.22 为“塑料给水管”清单分解示例，根据清单项目的工作内容分解成 7 个清单子项。

表 2.22 清单分解示例

序号	项目编码	项目名称	项目特征	计量单位	工程量	工程量表达式
1	040501004001	塑料给水管	(1) 垫层、基础材质及厚度：C15 垫层 100 厚，120 厚 C15 混凝土管道基础 (2) 材质及规格：HDPE 管 DN500 (3) 连接形式：胶圈接口 (4) 铺设深度：3～4 m	m	38	38
(1)	垫层普通商品混凝土 C10					

续　表

序号	项目编码	项目名称	项　目　特　征	计量单位	工程量	工程量表达式
(2)	混凝土基础垫层模板					
(3)	混凝土平基混凝土 C15					
(4)	混凝土管座普通商品混凝土 C15					
(5)	双壁波纹管安装[PVC－U 或 HDPE](承插式胶圈接口)管径(mm 以内)500					
(6)	平基复合木模					
(7)	管座复合木模					

2. 子项套价

子项套价的目标是获取每个子项的单价，清单子项单价的获取可套用各种定额，也可根据实际成本计算。清单计价鼓励市场竞争，可以结合各单位的实际施工技术水平和工程成本灵活自主报价，也可以套用政府颁布的统一定额，有企业定额的可以套用企业定额，也可以在统一定额基础上调整组价。本书案例统一采用政府造价管理机构颁布的省统一定额《辽宁省市政工程定额(2017)》进行子项套价。子项套价示例如表 2.23 所示。

表 2.23　子项套价示例

子项编号	定额编码	子　项　名　称	单　位	单价/元
(1)	5－729	垫层普通商品混凝土 C10	10 m^3	5 744.15
(2)	11－142	混凝土基础垫层模板	100 m^2	3 520.86
(3)	5－742	混凝土平基混凝土 C15	10 m^3	6 602.15
(4)	5－749	混凝土管座普通商品混凝土 C15	10 m^3	7 062.86
(5)	5－303	双壁波纹管安装[PVC－U 或 HDPE](承插式胶圈接口)管径(mm 以内)500	10 m	2 444.91
(6)	11－144	平基复合木模	100 m^2	3 571.33
(7)	11－146	管座复合木模	100 m^2	4 958.36

3. 子项算量

子项套用定额后，根据各子项的定额工程量计算规则，按照图纸的尺寸数量信息计算各子项工程量。计算时首先按物理单位计算出工程量，如表 2.24 所示。计算结果按定额计量单位进行单位转换，如表 2.25 所示。

表 2.24 子项工程量计算

子项编号	定额子项名称	单位	工程量	工程量表达式
(1)	垫层普通商品混凝土 C10	m^3	4.10	0.1×(0.88+0.1+0.1)×38
(2)	混凝土基础垫层模板	m^2	7.60	0.1×2×38
(3)	混凝土平基混凝土 C15	m^3	2.01	0.06×0.88×38
(4)	混凝土管座普通商品混凝土 C15	m^3	7.24	[0.229×0.88+0.5×0.88×(0.044+0.5×0.305)—120/360×3.14×0.305×0.305]×38
(5)	双壁波纹管安装[PVC－U或HDPE](承插式胶圈接口)管径(mm以内)500	m	38.00	38
(6)	平基复合木模	m^2	4.56	0.06×2×38
(7)	管座复合木模	m^2	4.06	0.1×(0.229+0.305)×2×38

表 2.25 子项工程量单位转换

子项编号	定额编码	子 项 名 称	单 位	工程量	单价/元
(1)	5－729	垫层普通商品混凝土 C10	10 m^3	0.41	5 744.15
(2)	11－142	混凝土基础垫层模板	100 m^2	0.076	3 520.86
(3)	5－742	混凝土平基混凝土 C15	10 m^3	0.201	6 602.15
(4)	5－749	混凝土管座普通商品混凝土 C15	10 m^3	0.724	7 062.86
(5)	5－303	双壁波纹管安装[PVC－U或HDPE](承插式胶圈接口)管径(mm以内)500	10 m	3.8	2 444.91
(6)	11－144	平基复合木模	100 m^2	0.045 6	3 571.33
(7)	11－146	管座复合木模	100 m^2	0.040 6	4 958.36

4. 综合单价

综合单价包括完成一个规定清单项目所需的人工费、材料费和工程设备费、施工机具使用费和企业管理费、利润以及一定范围内的风险费用。计算清单子项综合单价，首先根据清单各子项的单价和工程量计算出各子项的合价，汇总各子项合价形成清单合价，再用清单合价除以清单工程量算出综合单价：

$$清单综合单价=\frac{利润+\sum 各子项工程量\times 子项单价}{清单工程量} \tag{4.1}$$

$$其中：子项单价=\sum 人材机定额消耗量\times 人材机市场价格+管理费 \tag{4.2}$$

$$利润=人工费\times 18\% \tag{4.3}$$

因此，各子项的单价应包含完成该子项所需的人工费、材料和工程设备费、施工机具使用费和企业管理费、利润以及一定范围内的风险费用。综合单价计算示例，如表 2.26 所示。

表 2.26　综合单价计算示例

子项编号	定额编码	子 项 名 称	单位	单价/元	工程量	合价/元
(1)	D5-3-39	垫层普通商品混凝土 C10	m^3	574.40	4.10	2 355.04
(2)	D5-7-1	混凝土基础垫层模板	m^2	35.21	7.60	267.60
(3)	D5-3-47	混凝土平基混凝土 C15	m^3	660.20	2.01	1 327.00
(4)	D5-3-53	混凝土管座普通商品混凝土 C15	m^3	706.30	7.24	5 113.61
(5)	D5-1-140	双壁波纹管安装[PVC-U 或 HDPE](承插式胶圈接口)管径(mm 以内)500	m	244.50	38.00	9 291.00
(6)	D5-7-52	平基复合木模	m^2	35.71	4.56	162.84
(7)	D5-7-54	管座复合木模	m^2	49.58	4.06	201.29
	合计					18 718.38
	综合单价	18 718.38/38				492.59

然后计算清单项目合价，各个清单项目合价相加即形成分部分项工程费。清单项目计价表示例，如表 2.27 所示。

表 2.27　清单项目计价示例

序号	项目编码	项目名称	项 目 特 征	计量单位	工程量	综合单价/元	合价/元
1	040501004001	塑料给水管	(1) 垫层、基础材质及厚度：C15 垫层 100 厚，120 厚 C15 混凝土管道基础 (2) 材质及规格：HDPE 管 DN500 (3) 连接形式：胶圈接口 (4) 铺设深度：3～4 m	m	38	492.59	18 718.38

2.3.4 取费汇总

根据工程造价的形成，工程造价由分部分项工程费、措施项目费、其他项目费、规费和税金组成。其计算公式如下：

工程造价＝分部分项工程费＋措施项目费＋其他项目费＋规费＋税金

前面经过清单列项、清单算量和清单组价三步计算出了各清单项目的工程量和综合单价，即可计算出分部分项工程费。其计算公式如下：

$$分部分项工程费=\sum(清单工程量\times 综合单价)$$

措施项目费由两部分组成，按系数计算的措施项目费和按子项计算的措施项目费。其计算公式如下：

$$按子项计算的措施项目费=\sum(措施项目清单工程量\times 综合单价)$$

$$按系数计算的措施项目费=\sum(各项费用的计算基数\times 对应费率)$$

其他项目费包括暂列金额，暂估价（包括材料暂估单价、工程设备暂估单价、专业工程暂估价）、计日工、总承包服务费。其计算公式如下：

暂列金额＝分部分项工程费×(10％～15％)

暂估价＝工程材料暂估单价＋工程设备暂估单价＋专业工程暂估价

暂估价只列明本工程材料暂估单价、工程设备暂估单价、专业工程暂估价各自的总额及明细，但暂估价不计入工程总价，因为暂估价的内容已经包含在分部分项工程费中，工程造价汇总时不重复统计。计日工不只包含人工，还包含完成零星工作所需的材料费和机械费。其计算公式如下：

$$计日工=\sum(各人材机数量\times 计日工单价)$$

总承包服务费按分包工程造价为计算基数，乘以相应费率计算。

(1) 仅要求对发包人发包的专业工程进行总承包管理和协调时，按专业工程造价的1.5％计算。

(2) 要求对发包人发包的专业工程进行总承包管理和协调，并同时要求提供配合和服务，按专业工程造价的3％～5％计算。

(3) 配合发包人自行供应材料的，按发包人供应材料价值的1％计算（不含该部分材料的保管费）。

规费费率和税率各地方政策不同，费率不一，以工程所在地相关政府部门规定为准。其计算公式如下：

规费＝(分部分项工程费＋措施项目费＋其他项目费)×规定的费率

税金＝(分部分项工程费＋措施项目费＋其他项目费＋规费)×税率

模块 2

市政工程识图

任务 3

市政道路工程识图

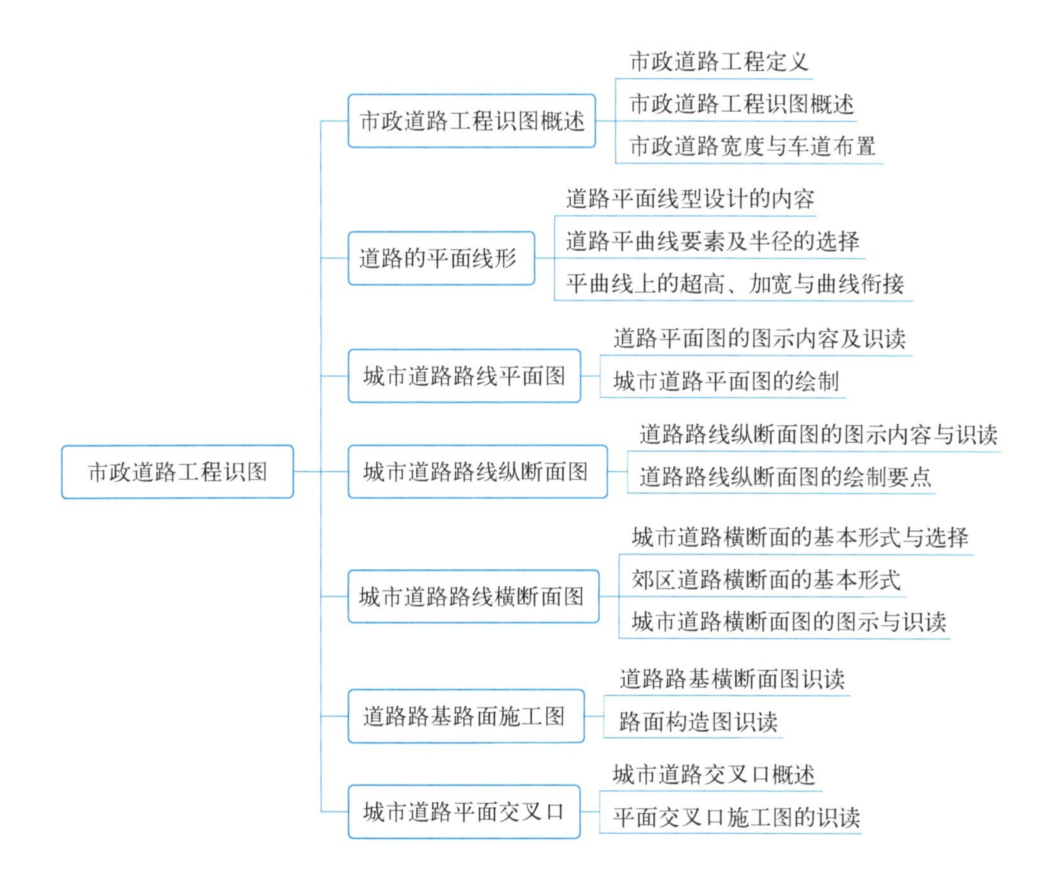

3.1 市政道路工程识图概述

3.1.1 市政道路工程定义

市政道路工程，简而言之，就是为满足城市交通和居民出行需求，在城市规划区域内，按照道路工程技术标准建设的各种道路设施的总称。这些道路设施包括但不限于车行道、人行道、分隔带、绿化带、交通设施等。

市政道路工程的建设，不仅关乎道路的铺设和交通的顺畅，更涉及城市的整体规划和未来的发展。它是城市基础设施的重要组成部分，对于城市的经济发展、社会进步和居民生活水平的提高具有至关重要的作用。

在市政道路工程的建设过程中，我们需要考虑的因素很多。首先是道路的功能需求，这决定了道路的宽度、等级和结构设计。其次是道路与周边环境的协调，包括与建筑、景观、地下管线的衔接等。此外，我们还需要考虑道路的安全性、耐久性、经济性以及环保性等方面。

随着城市化进程的加快，市政道路工程的建设也面临着新的挑战和机遇。一方面，我们需要不断创新技术和设计理念，提高道路的质量和效率，以应对日益增长的交通需求。另一方面，我们也需要注重环保和可持续发展，通过绿色建设、智能交通等手段，减少道路工程对环境的负面影响。

总之，市政道路工程是城市发展的重要支撑，我们需要以科学、严谨的态度进行规划、设计和建设，确保道路工程的质量和安全，为城市的繁荣和发展贡献力量。

3.1.2 市政道路工程识图概述

城市道路，作为城市的血脉与脊梁，不仅是城市赖以生存和发展的基石，更是现代化城市不可或缺的重要组成部分。我国各大、中型城市的交通设施布局，深受城市职能、规模、自然地理以及气候等多方面的独特影响，展现出鲜明的差异性。

城市道路系统，这一错综复杂的交通网络，涵盖了干道、支路、交叉口以及与道路紧密相连的广场等元素，在部分高度现代化的城市中，还囊括了城市铁路、地下铁道、地下街道以及多样化的轨道交通线路、市内航道，以及相应的配套设施，共同构筑了城市高效的交通骨架。

当我们谈论道路路线时，我们实际上是在探讨道路沿长度方向上的行车道中心线。这条线型的形成，受到地形、地物及地质条件的深刻影响，从平面上看，它由直线和曲线段交织而成；从纵断面上看，则是由平坡、上下坡段及竖曲线共同构成。因此，从全局视角审视，道路路线无疑是一条极具特色的空间曲线。

城市道路线型的设计工作，基于城市道路网的细致规划展开。在规划已初步确定的道路走向、道路间的相对位置关系的基础上，以道路中心线为基准，结合行车技术的具体要求以及详尽的地形、地物数据、工程地质条件等，精确地界定道路红线范围，并据此规划直线段、曲线段及其相互衔接。此外，还需精细地确定交叉口的设计方案、桥涵中心线的准确位置以及公共交通停靠站台的布局等。

道路路线设计的最终成果，通过平面图、纵断面图和横断面图等形式呈现。鉴于道路建筑往往沿着地形狭长的地带延伸，其竖向高差和平面的弯曲变化与地面起伏形态紧密相连。因此，道路路线工程图的表达方法与一般工程图存在显著差异。我们通常以地形图作为平面图的参照，纵向展开的断面图作为立面图的展现，横断面图则作为侧面图的补充，这些图纸各自独立绘制，共同构成了道路空间位置、线型和尺寸的完整描述。

3.1.3 市政道路宽度与车道布置

城市道路的总宽度也称为路幅宽度。它是道路用地的范围，包括城市道路各组成部分：车行道、人行道、绿化带、分车带及预留地等所需的宽度总和，如图 3.1 所示。

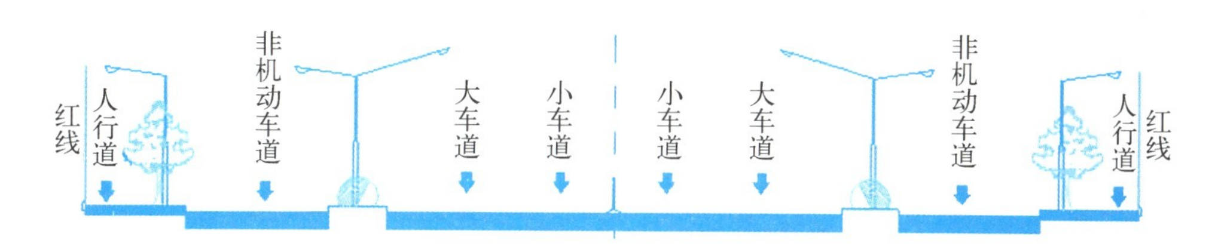

图 3.1　道路路幅宽度示意图

1. 机动车道宽度的确定

机动车每条车道宽度，一般应为 3.75～4 m 为宜。

大城市新建的主干路，如图 3.2 所示，宜采用八车道（双向），次干道采用六车道（双向）；对小城市的主干路可采用六车道（双向），次干道采用四车道（双向）为宜。

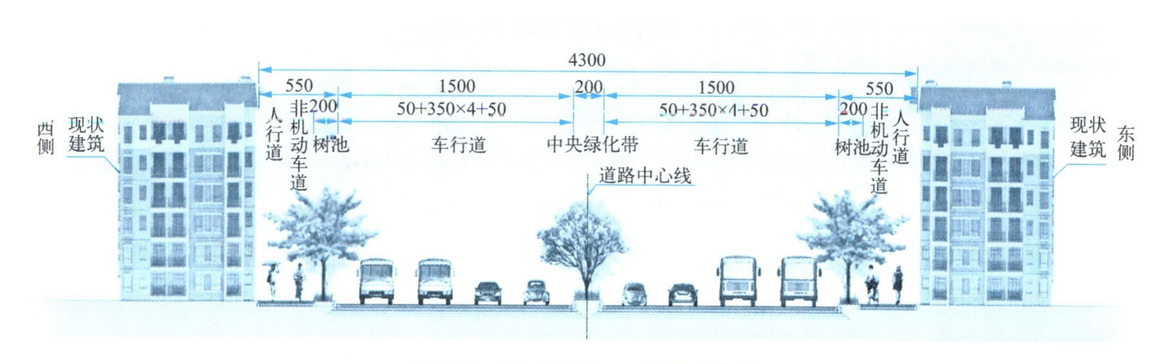

图 3.2　城市道路——双向八车道

2. 非机动车道宽度的确定

非机动车道主要是供自行车、三轮车、电动车等车辆行驶的道路，如图 3.3 所示。

图 3.3　城市道路非机动车道

单一的非机动车道的宽度主要考虑各类非机动车的总宽度和超车、并行的横向安全距离确定，自行车为 1.0 m，三轮车、板车为 2～2.5 m。

根据我国各城市多年来的设计实践并结合城市规模和道路等级，非机动车道的基本宽度采用 3.5 m（或 4.0 m）、5.5 m（或 6.0 m）、7.5 m（或 8.0 m）。

3. 人行道宽度的确定

人行道的主要功能是满足行人步行的需要，还要供植树、架设地上杆柱、埋设地下管线之用。大中城市在主次干路上一般不小于 6 m，小城市也不宜小于 4 m。

4. 分车带的布置

城市道路分车带是分隔车行道的，一是设在路中心，分隔两个不同方向行驶的车辆；二是设在机动车道和非机动车道之间，分隔两种不同的车行道，如图 3.4 所示。

图 3.4　城市道路分隔带

分车带的最小宽度不宜小于 1.0 m，绿化分车带最小宽度不宜小于 1.5 m。分段长度越长越好，最短不小于 80 m，以利行车安全。

5. 路缘石

路缘石是设在路面与其他构造物之间的标石。在城市道路的分隔带与路面之间、人行道与路面之间一般都需设路缘石，在公路的中央分隔带边缘、行车道右侧边缘或路肩外侧边缘常需设路缘石，如图 3.5 所示。

图 3.5　城市道路路缘石

缘石宽度宜为 10～15 cm。路缘石有立式和平式两种形式，立式缘石宜高出路面边缘 10～20 cm。

3.2 道路的平面线形

3.2.1 道路平面线型设计的内容

(1) 城市道路平面设计位置的具体确定，要涉及交通组织、沿街的建筑、地上与地下的各种管线、道路两旁的绿化、照明等合理布置。

(2) 城市道路设计中既要依据道路网拟定的大致走向，又要从现场的实际详细勘测资料出发，结合道路的性质、交通要求，辩证地确定交叉口的形式、间距以及相交道路在交叉口处的衔接等系列情况。

(3) 城市道路平面设计的主要内容是路线的大致走向和横断面首先在满足行车技术要求的情况下，再结合自然地理条件与现状来考虑其建筑布局要求。所以，必须因地制宜地确定各条路线的具体走向。

(4) 在城市道路的设计中，必须选定合适的平曲线半径，合理解决路线转折点之间的线型衔接，辩证地设置必要的超高、加宽和缓和路段，验算必须保证的行车视距，并在路幅内合理布置沿线的车行道、人行道、绿化带、分隔带以及其他公用设施等。

3.2.2 道路平曲线要素及半径的选择

(1) 所有车辆在道路上的行驶过程中，均有着复杂的运动。它包括在路段上的直线运动，在弯道或交叉口的曲线运动，以及由于路面纵横坡与不平整引起的纵横向滑移和振动等，所以对于这些运动中的车辆与道路之间作用力的分析是拟定各类道路线型、路面结构技术要求的重要理论依据。城市道路平面线型，由于受地形、地物的限制和对工程经济、艺术造型方面的考虑，直线段之间总是要用曲线段来连接。

(2) 在城市道路中，除快速或高速道路外，一般车速都不高。同时考虑到沿街建筑布置和地下管网敷设的方便，宜选用不设超高的平曲线。还可以综合考虑运营经济和乘客舒适要求与行车速度，来确定平曲线半径。

(3) 对于不设超高的平曲线容许半径，是指保证车辆在曲线外侧车道上按照计算行车速度安全行驶的最小半径，通常称为推荐半径。

(4) 对于各类城市道路的平曲线最小半径及不设超高的平曲线容许半径，目前尚未作统一的规定。根据部分城市资料，经归纳整理后的建议值见表 3.1，供选用参考。对于城市郊区的道路可参照交通运输部颁布的《公路工程技术标准》JTG B01—2014 等有关规定选用。

(5) 城市道路平面设计中，对于曲线半径的具体选定应根据道路类别、实际地形、地物条件来考虑。原则上应尽可能选用较大的半径，一般不得小于表 3.1 所列不设超高的半径数值为宜。在地形受限制的复杂路段，特别是山区城镇，通过技术经济比较，采用不设超高的半径，如过分增加工程费用及施工困难，则可选用该表所列的最小半径数值，并设置超高。

(6) 在具体计算并确定平曲线半径值时，当 $R<125$ m 时，一般可按 5 的倍数确定选用值；当 125 m$<R<$150 m 的时候，按 10 的倍数取值；当 150 m$<R<$250 m 时，按 50 的倍数取值；若 $R>$500 m 时，则按 100 的倍数取值。

表 3.1　城市道路平曲线半径参考值

序号	平曲线半径及车速	道　路　类　型			
		快速交通干道	一般交通干道	区干道	支　路
1	不设超高的平曲线容许半径/m	500～1 500	250～500	150～250	100～125
2	平曲线最小半径/m	150～500	60～150	40～60	15～25
3	计算行车速度/($km \cdot h^{-1}$)	60～80	40～60	30～40	15～25

3.2.3　平曲线上的超高、加宽与曲线衔接

1. 平曲线上的超高及超高缓和段的设置

(1) 当道路的曲线受地形、地物的限制，选用不设超高的平曲线不能满足设计要求时，一般情况下，就需要设置超高。超高的横坡度 $i_{超}$ 可以采用下式计算：

$$i_{超}=(V^2/127R)-\mu \tag{3.1}$$

式中：$i_{超}$——超高的横坡度(%)；V——道路的计算行车速度($km \cdot h^{-1}$)；R——平曲线半径(m)；μ——道路的横向力系数。

由上式得知，当 V 与 μ 确定后，$i_{超}$ 的大小取决于 R 的大小。我国超高横坡度一般规定为2%～6%。至于高速公路为了克服行车中较大的离心力，超高横坡度 $i_{超}$ 尚可较一般规定值略予提高。

(2) 当通过式(3.1)计算所得的路拱超高横坡度小于路拱横坡时，应选用等于路拱横坡的超高，这样有利于对道路的测量与设计。

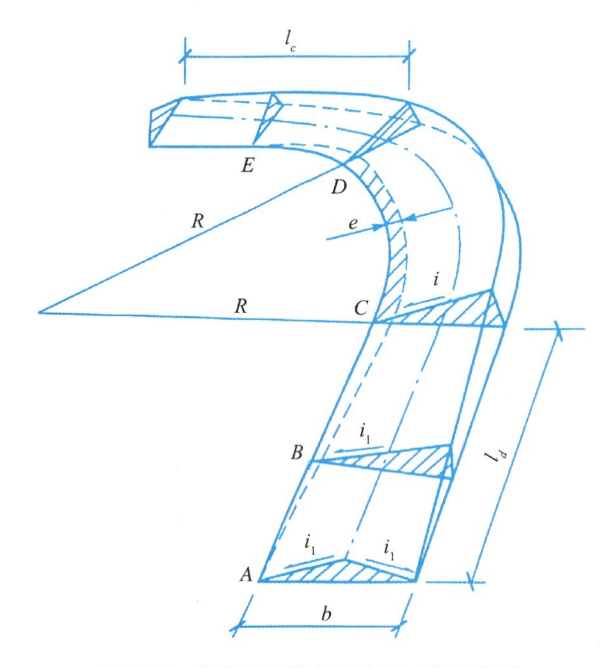

图 3.6　道路平曲线上超高缓和段示意图

(3) 为了使道路从直线段的双坡横断面转变到曲线段具有超高的单坡倾斜横断面，需要有一个逐渐变化的过渡段，如图 3.6 所示。城市中非主要交通道路，以及三、四级公路常采用简单的直线缓和段。这种情况下，直线缓和段的长度 L 按式(3.2)计算。

$$L=Bi_{超}/i_2 \tag{3.2}$$

式中：B——城市路面宽度(m)；$i_{超}$——城市路面超高横坡度(%)；i_2——超高缓和段路面外侧边缘纵坡与道路中线设计纵坡之差(%)。

i_2 值不宜大于1%，在城市较复杂的地形以及山城的道路中，可容许 $i_2=1\%\sim2\%$。超高缓和段的长度不宜太短，不得小于15～20 m。

2. 平曲线上的路面加宽

(1) 城市汽车在平曲线上行驶,靠曲线内侧的后轮行驶的曲线半径最小,而靠曲线外侧的前轮行驶的曲线半径最大。因此,汽车在曲线路段上行驶时,所占的行车部分宽度要比直线路段大,为了保证汽车在转弯中不占相邻车道,曲线路段的行车道就需要加宽。

(2) 曲线上车道的加宽,系根据车辆对向行驶时两车之间的相对位置和行车侧向摆动幅度在曲线上的变化综合确定的。它与平曲线半径、车型尺寸、计算行车速度有关。图3.7所示为城市曲线双车道路路面,两辆相对同型汽车在曲线上行驶中的位置关系示意图。

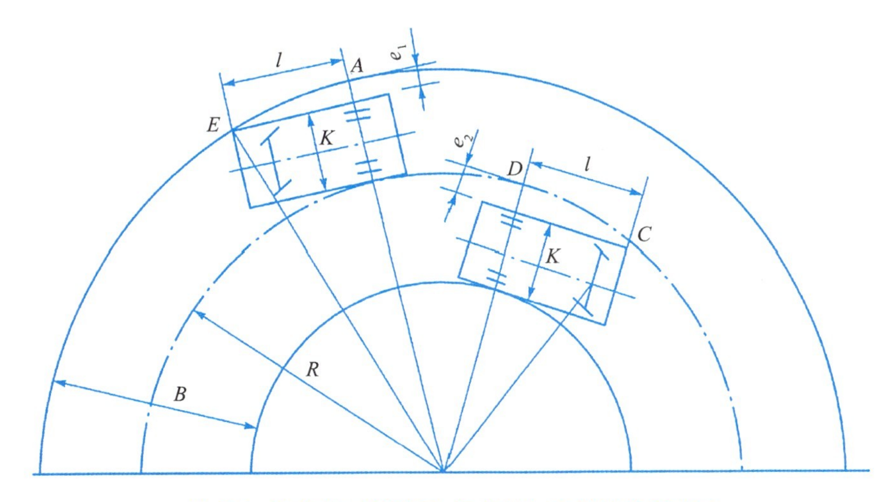

图 3.7 汽车相对行驶时,双车道加宽值计算示意图

(3) 图3.7所示的 l 为汽车后轮轴至前挡板之间的距离,K 为汽车的车厢宽度,在行驶中实际占用的路面宽度为双车道直线段行车部分的一半,e_1、e_2 分别为两条车道所需用的安全行车加宽值。

(4) 图3.8所示为铰接式车辆行驶的位置关系。图中 R 为双车道中线平曲线半径,即为车身前挡板外侧的运动轨迹,R'为外侧的转弯半径,l_1 为中轴至车身前挡板的距离,l_2 为后轴至中轴的距离,e_1、e_2 分别为前后车身的加宽值,b 为一条车道宽度。

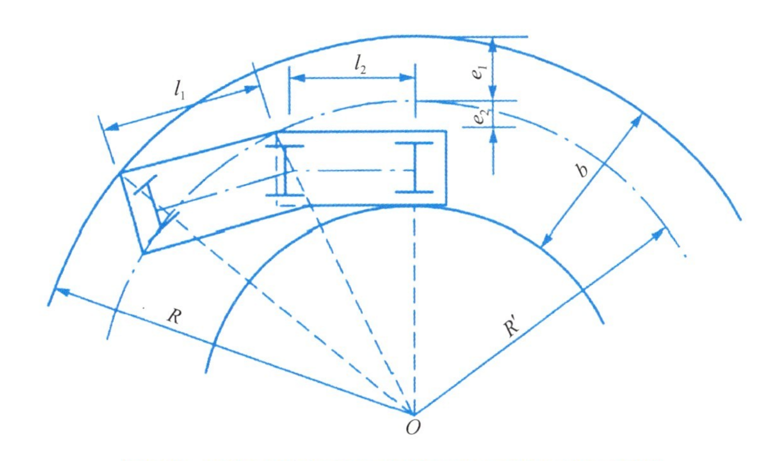

图 3.8 铰接式车辆在平曲线上的加宽值计算示意图

(5) 在城市道路中，当机动车、非机动车混合行驶时，一般不考虑加宽。加宽通常仅用于快速交通干道、山城道路和郊区道路。双车道曲线段路面加宽建议值可参考表3.2确定。郊区道路也可参考《公路工程技术标准》的有关规定选用。

表3.2 城市道路双车道路面加宽值

平曲线半径/m	500～400	400～250	250～150	125～90	80～70	60～50	45～30	25	20
路面加宽值/m	0.50	0.60	0.75	1.00	1.25	1.50	1.80	2.00	2.20

(6) 曲线上的路面加宽，一般系利用减少内侧路肩宽度来设置。但当加宽后路肩剩余宽度不足一半时，则路基也应加宽，主要是为了安全。从加宽前的直线段到全加宽的曲线段，其长度应与超高缓和段或缓和曲线长度相等。

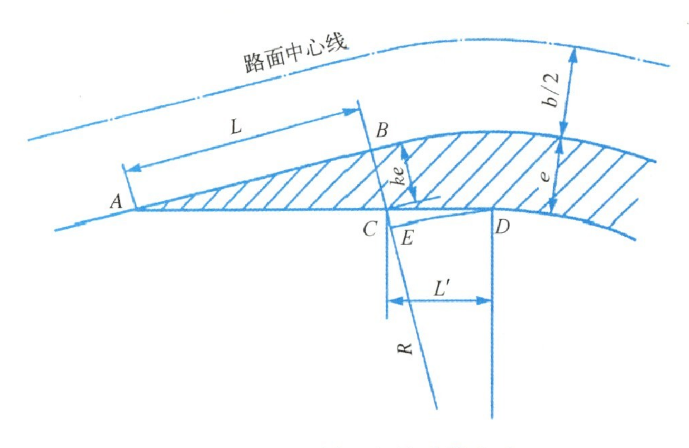

图3.9 加宽缓和段的计算方法

(7) 如遇到不设缓和曲线与超高的平曲线，其加宽缓和段长度也不应小于10 m，并按直线比例方式逐渐加宽，当受地形、地物限制，采取内侧加宽有困难时，也可将加宽全部或部分设置在曲线外侧。

(8) 如图3.9所示，缓和段路面加宽的边缘线 AC 与平曲线路面加宽后的边缘弧相切于 D 点，AB 段长 L 为规定的加宽缓和段长度。布置加宽时，必须先求出 $L'(CD)$ 的长度，然后由 B 点顺垂直方向量出 BC，并令 BC 之长等于 ke，从而定出 C 点，再延长 AC 线并截取 L' 长度，就定得点 D 所在的位置。

当道路在设置超高的同时，设置加宽，则缓和路段长度应在超高缓和段必要长度与加宽缓和段长度($L+L'$)两者之间选用较大值来作为该缓和路段设计的主要依据。

3. 平面缓和曲线

在城市快速、高速道路以及一、二级公路中，为了缓和行车方向的突变和离心力的突然发生，使汽车从直线段安全、迅速驶入小半径的弯道，在平曲线两段的缓和路段上，需要采用符合汽车转向行驶轨迹和离心力逐渐增加的缓和曲线来连接。较理想的缓和曲线是使汽车从直线段驶入半径为 R 的平曲线时，既不降低车速又能徐缓均衡转向，即使汽车回转的曲率半径能从直线段的 $P=a$ 有规律地逐渐减小到 $P=R$ 进入圆曲线段，如图3.10所示。

4. 城市道路行车视距

在城市道路设计中，为了行车安全，应保持驾驶人员在一定的距离内能随时看到前面的道路和道路上出现的障碍物，或迎面驶来的其他车辆，以便能立即采取应急措施，这个必不可少的通视距离，称为安全行车视距。

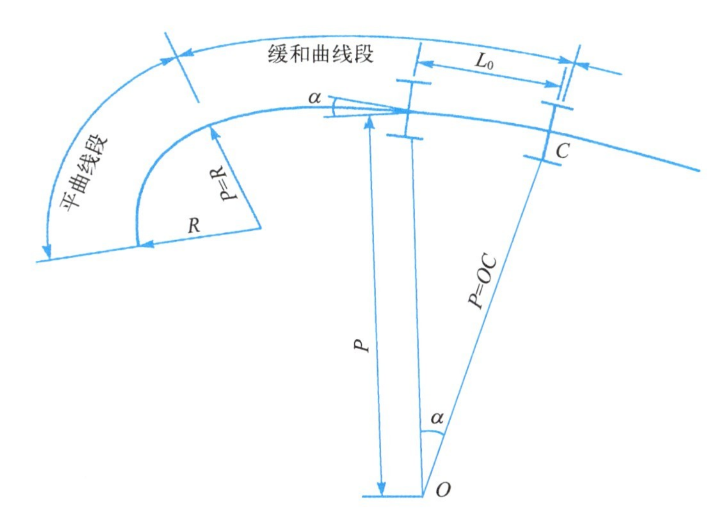

图 3.10　汽车在缓和曲线上行驶示意图

3.3　城市道路路线平面图

城市道路平面图是应用正投影的方法，先根据标高投影（等高线）或地形地物图例绘制出地形图，然后将道路平面设计的结果绘制在地形图上，该图样称为道路平面图。道路平面图是用来表现城市道路的方向、平面线型、两侧地形地物情况、路线的横向布置、路线定位等内容的主要图样。本节以图 3.11 道路路线平面图为例，分析道路平面图的图示内容。

3.3.1　道路平面图的图示内容及识读

1. 地形部分的图示内容

（1）图样比例的选择：根据地形地物情况的不同，地形图可采用不同的比例。一般常用的比例为 1∶1 000。比例选择应以能清晰表达图样为准。由于城市规划图比例一般为 1∶500，则道路平面图的比例多采用 1∶5 000，本图比例为 1∶2 000。

（2）方位确定：为了表明该地形区域的方位及道路路线的走向，地形图样中需要用箭头表示其方位。方位确定的方法有坐标网或指北针两种，如采用坐标网来定位，则应在图样中绘出坐标网并注明坐标，例如其 X 轴向为南北方向（上为北），Y 轴向为东西方向；如若采用指北针，应在图样适当位置按标准画出指北针。

（3）地形地物情况：地形情况一般采用等高线或地形点表示。由于城市道路一般比较平坦，因此多采用大量的地形点来表示地形高程，如图 3.11(a)城市道路路线平面图所示，两等高线的高差为 2 m，图中用小“V”表示测点，其标高数值注在其右侧。图中正前方有一座山丘，山脚下河套地带有名为石门的村落，村落南面有一条河，河的南岸是一条沥青路面的旧路。本图是待建的公路在山腰下方依山势以“S”形通过该村落。地物情况一般采用图例表示，通常使用标准规定的图例，如采用非标准图例时，需要在图样中注明，道路平面图中的常用图例和符号如表 3.3 所示，道路工程常用图例如表 3.4 所示。

图 3.11(a)　城市道路路线平面图

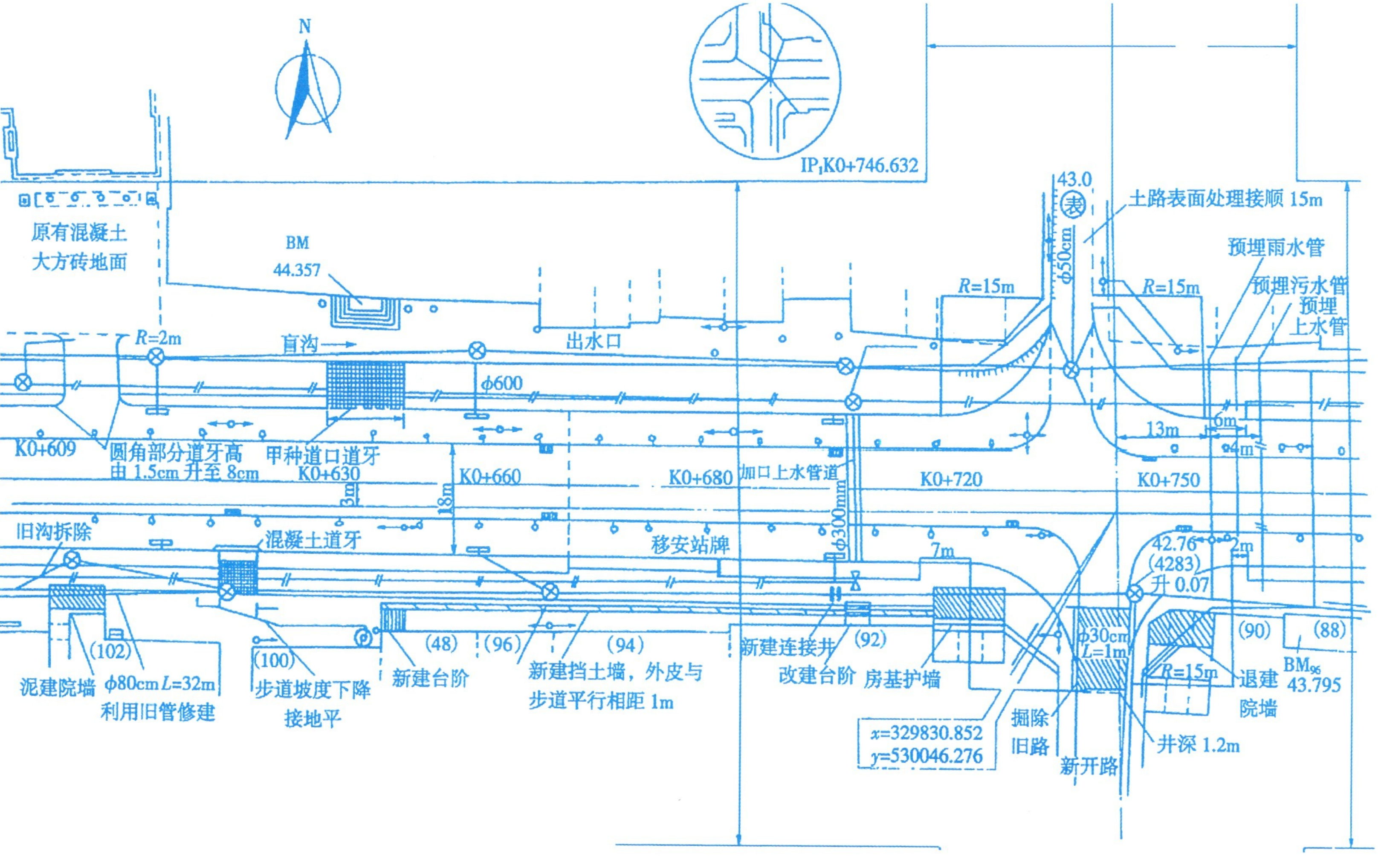

图 3.11(b)　城市道路路线平面图

表 3.3 道路平面图中的常用图例和符号

图例						符号	
浆砌块石		房屋	独立 成片	材料	松	转角点	JD
						半径	R
水准点	BM编号 高程	高压电线		围墙		切线长度	T
						曲线长度	L
导线点	编号 高程	低压电线		堤		缓和曲线长度	L_s
						外距	E
转角点	JD 编号	通信线		路堑		偏角	α
						曲线起点	ZY
铁路		水田		坟地		第一缓和曲线起点	ZH
公路		旱地				第一缓和曲线终点	HY
大车道		菜地		变压器		第二缓和曲线起点	YH
						第二缓和曲线终点	HZ
桥梁及涵洞		水库鱼塘	塘	经济林	油茶	东	E
						西	W
水沟		坎		等高线冲沟		南	S
						北	N
河流		晒谷坪	谷	石质陡崖		横坐标	X
						纵坐标	Y
图根点		三角点		冲沟		圆曲线半径	R
						切线长	T
机场		指北针		房屋		曲线长	L
						外矢距	E

表 3.4 道路工程常用图例

项目	序号	名 称	图 例	项目	序号	名 称	图 例
平面	1	涵洞		纵断	12	箱涵	
	2	通道			13	管涵	
	3	分离式立交 a. 主线上跨 b. 主线下穿	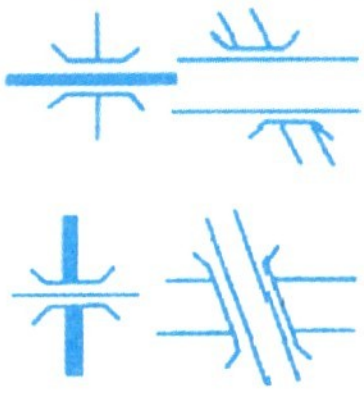		14	盖板涵	
	4	桥梁 （大、中桥梁按实际长度绘）	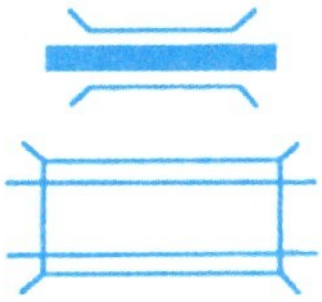		15	拱涵	
	5	互通式立交（按采用形式绘）			16	箱形通道	
	6	隧道			17	桥梁	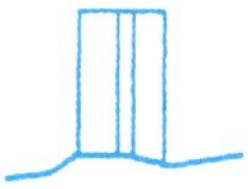
	7	养护机构			18	分离式立交 a. 主线上跨 b. 主线下穿	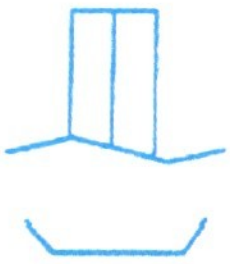
	8	管理机构			19	互通式立交 a. 主线上跨 b. 主线下穿	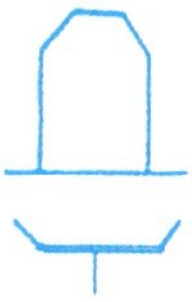
	9	防护网		材料	20	细粒式沥青混凝土	
	10	防护栏			21	中粒式沥青混凝土	
	11	隔离墩					

续 表

项目	序号	名称	图例	项目	序号	名称		图例
材料	22	粗粒式沥青混凝土		材料	34	石灰粉煤灰碎砾石		
	23	沥青碎石			35	泥结碎砾石		
	24	沥青贯入碎砾石			36	泥灰结碎砾石		
	25	沥青表面处理			37	级配碎砾石		
	26	水泥混凝土			38	浆砌片石		
	27	钢筋混凝土			39	干砌片石		
	28	水泥稳定土			40	金属		
	29	水泥稳定砂砾			41	木材	横纵	
	30	水泥稳定碎砾石						
	31	石灰土			42	橡胶		
	32	石灰粉煤灰			43	自然土壤		
					44	夯实土壤		
	33	石灰粉煤灰砂砾			45	防水卷材		

2. 道路路线部分图示内容

（1）道路规划红线是道路的用地界限，常用双点画线表示。道路规划红线范围内为道路用地，一切不符合设计要求的建设物、构筑物、各种管线等需要拆除。

（2）城市道路中心线一般采用细点画线表示。因为城市区域地形图比例一般为 1∶500，所以城市道路的平面图也采用 1∶500 的比例。这样城市道路中机动车道、非机动车道、人行道、分隔带等均可按比例绘制在图样中。城市道路中的机动车道宽度为 15 m，非机动车道宽度为 6 m，分隔带宽度为 1.5 m，人行道宽度为 5 m，均以粗实线表示。

（3）路线桩号：里程桩号反映了道路各段长度及总长，一般在道路中心线上。从起点到终点，沿前进方向注写里程桩号；也可向垂直道路中心线方向引一细直线，再在图样边上注写里程桩号。如 160＋700，即距路线起点为 160 700 m。如里程桩号直接注写在道路中心线上，则“＋”号位置即为桩的位置。

（4）道路中曲线的几何要素的表示及控制点位置的图示。如图 3.12 所示，以缓和曲线线型为例说明曲线要素标注问题。在平面图中是用路线转点编号来表示的，JD_1 表示为第一个路线转点。a 角为路线转向的折角，它是沿路线前进方向向左或向右偏转的角度。R 为圆曲线半径，T 为切线长，L 为曲线长，E 为外矢距。图中曲线控制点为：ZH（直缓）为曲线起点，HY 为“缓圆”交点，QZ 表示曲线中点，YH 为“圆缓”交点，HZ 为“缓直”的交点。当为圆曲线时，控制点为 ZY、QZ、YZ。

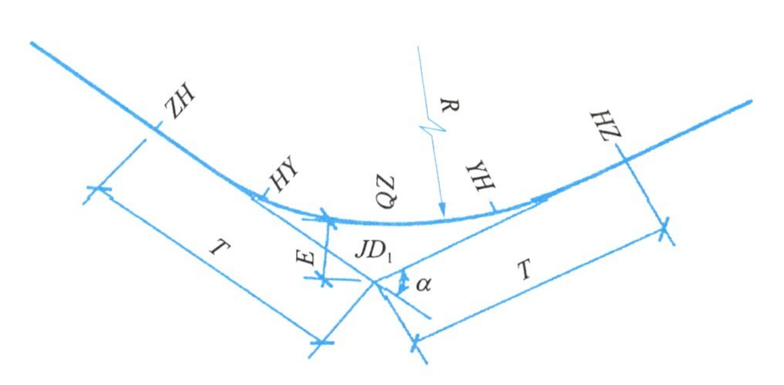

图 3.12　道路平曲线要素示意图

3. 道路路线平面图的识读

根据道路平面图的图示内容，该图样应按以下过程阅读。

（1）首先了解地形地物情况：根据平面图图例及等高线的特点，了解该图样反映的地形地物状况、地面各控制点高程、构筑物的位置、道路周围建筑的情况及性质、已知水准点的位置及编号、坐标网参数或地形点方位等。

（2）阅读道路设计情况：依次阅读道路中心线、规划红线、机动车道、非机动车道、人行道、分隔带、交叉口及道路中曲线设置情况等。

（3）了解道路方位及走向，路线控制点坐标、里程桩号等。

（4）根据道路用地范围了解原有建筑物及构筑物的拆除范围以及拟拆除部分的性质、数量，所占农田的性质及数量等。

（5）结合路线纵断面图掌握道路的填挖工程量。

（6）查出图中所标注水准点位置及编号，根据其编号到有关部门查出该水准点的绝对高程，以备施工中控制道路高程。

3.3.2 城市道路平面图的绘制

1. 平面图的绘制要点

(1) 符号注明：注明地形点的高程或等高线高程；标注出已知水准点位置及编号；画出坐标网或指北针，标注相关参数。

(2) 根据设计结果绘制出道路中心线、里程排桩、机动车道、人行道、非机动车道、分隔带、规划红线等，注明各部分的设计尺寸。

(3) 将路线中构筑物按规定图例绘制在图纸上，注明构筑物名称或编号、桩号等。

(4) 道路路线的控制点坐标、桩号，平曲线要素标注及相关数据的标注。

(5) 画出图纸的拼接位置及符号，注明该图样名称、图号顺序、道路名称等。

2. 平面图的绘制实例

(1) 在城市道路平面设计的绘图过程中，核心任务在于将道路设计的精髓与要点详尽无遗地呈现在城市道路平面图上，确保信息的清晰与直观。

(2) 如图 3.13 所示，这一实例生动展示了城市道路平面图的绘制方法。通常情况下，此类图纸所选用的比例尺设定为 1∶500 或 1∶1 000，旨在确保图纸的精确性与实用性。此外，图纸两侧的范围设定应充分考虑到规划红线之外的空间，通常各向外延伸 20～50 m，以确保设计的全面性和前瞻性。

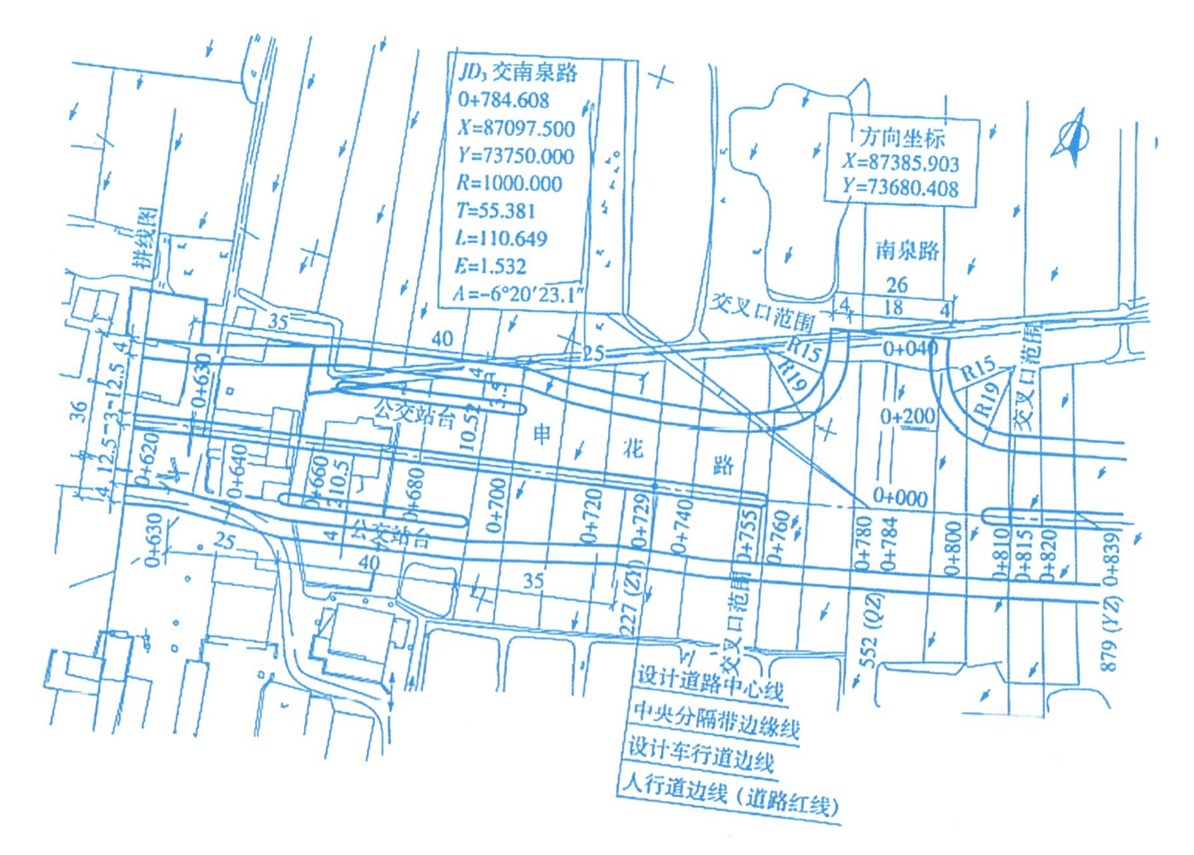

图 3.13 城市道路平面图的实例

(3) 除了上述基本要素外，平面图还需详尽标注一系列关键信息，包括但不限于规划红线、规划中心线、现状中心线、现状路边线，以及精心设计的车行道线（明确区分机动车道与非机动车道）、人行道线、停靠站位置、分隔带布局、交通岛设置、人行横道线规划等。同时，沿线建筑物的出入口（如接坡）、支路走向、电杆位置、雨水进水口与窨井布局、路线转点及相交道路交叉口的里程桩与坐标信息、交叉口缘石半径等细节亦需一一标注，以确保图纸的完整性与准确性。

(4) 对于路线中的弯道部分，应详细列出平曲线的各项关键要素，如圆心角（α）、半径（R）、切线长（T）、外距（L）、超高（E）等，并对交叉路口的交角进行精确标注。此外，图纸上还应明确标出指北针，以便于方向的判断。同时，附上详尽的图例说明与比例尺信息，通常将图纸的正上方设定为北方向，以便于读者的阅读与理解。

(5) 在图纸的适当位置，应添加一些简要的工程说明，以补充和完善图纸内容。这些说明可涵盖工程的具体范围、起讫点位置、所采用的坐标体系、设计标高的设定依据及水准点的选择原则等。此外，对于道路两侧的重要建筑物，如机关单位、学校、医院、商店等，其出入口的处理情况也应在图纸上予以明确标注，以便于后续施工与管理的顺利进行。

3.4　城市道路路线纵断面图

所谓的城市道路路线纵断面设计图，是通过将一条假想的铅垂面沿城市道路的中心线进行精准剖切，并将所得截面展开后进行正投影而精心绘制的图示，具体可参照图 3.14 进行详细了解。鉴于城市道路的中心线巧妙地融合了直线与曲线的优美线条，使得这一垂直剖切面自然而然地呈现出平面与曲面交织的复杂形态，既展现了设计的艺术性，又凸显了工程技术的精妙。

图 3.14　道路纵断面图形成示意图

3.4.1 道路路线纵断面图的图示内容与识读

城市道路路线纵断面图主要反映了道路沿纵向的设计高程变化、地质情况、填挖情况、原地面标高、桩号等多项图示内容及其数据。因此，城市道路路线纵断面图中主要包括：高程标尺、图样和测设数据表三大部分，《道路工程制图标准》GB 50162—1992 第 3.2.1 规定，图样应在图幅上部，测设数据应布置在图幅下部，高程标尺应布置在测设数据表上方左侧，如图 3.15 所示。

1. 图样部分的图示内容

（1）图样中水平方向表示路线长度，垂直方向表示高程。为了清晰反映垂直方向的高差，规定垂直方向的比例按水平方向比例放大 20 倍，如水平方向为 1∶1 000，则垂直方向为 1∶50。图上所画出的图线坡度较实际坡度大，看起来明显。

（2）图样中不规则的细折线表示沿道路设计中心线处的原地面线，是根据一系列中心桩的地面高程连接形成的，可与设计高程结合反映道路的填挖状态。

（3）路面设计高程线：图上比较规则的直线与曲线组成的粗实线为路面设计高程线，它反映了道路路面中心的高程。

（4）竖曲线：当设计路面纵向坡度变更处的两相邻坡度之差的绝对值超过一定数值时，为了有利于车辆行驶，应在坡度变更处设置圆形竖曲线。在设计高程线上方用“‾|_|‾”表示的是凹形竖曲线，用“_|‾|_”表示的为凸形竖曲线，并在符号处注明竖曲线半径 R、切线长 T、曲线长 L、外矢距 E，如图 3.15 所示，某城市道路纵断面图中所设置的竖曲线：$R=4\ 820$ m，$T=31.055$ m，$L=62.11$ m，$E=0.10$ m。竖曲线符号的长度与曲线的水平投影等长。

（5）路线中的构筑物：路线上的桥梁、涵洞、立交桥、通道等构筑物，在路线纵断面图的相应桩号位置以相关图例绘出，注明桩号及构筑物的名称和编号等。

（6）标注出道路交叉口位置及相交道路的名称、桩号，如图 3.15 所示。

（7）沿线设置的水准点，按其所在里程注在设计高程线的上方，并注明编号、高程及相对路线的位置。

2. 资料部分的图示内容

城市道路路线纵断面图的资料表设置在图样下方并与图样对应，格式有多种，有简有繁，视具体道路路线情况而定。具体项目一般有如下几种内容。

（1）地质情况：道路路段土质变化情况，注明各段土质名称。

（2）坡度与坡长：如图 3.15 所示，城市道路断面图中的斜线上方注明坡度，斜线下方注明坡长，使用单位为“m”。

（3）设计高程：注明各里程桩的路面中心设计高程，单位为“m”。

（4）原地面标高：根据测量结果填写各里程桩处路面中心的原地面高程，单位为“m”。

（5）填挖情况：即反映设计标高与原地面标高的高差。

（6）里程桩号：按比例标注里程桩号，一般设 1 km 桩号、100 m 桩号（或 50 m 桩号）、构筑物位置桩号及路线控制点桩号等。

（7）平面直线与曲线：道路中心线示意图，平曲线的起止点用直角折线表示，“‾|_|‾”表示左偏角的平曲线；而“‾|_|‾”则表示右偏角的曲线，且注明曲线几何要素。可综合纵断面情况反映出路线空间线型变化。

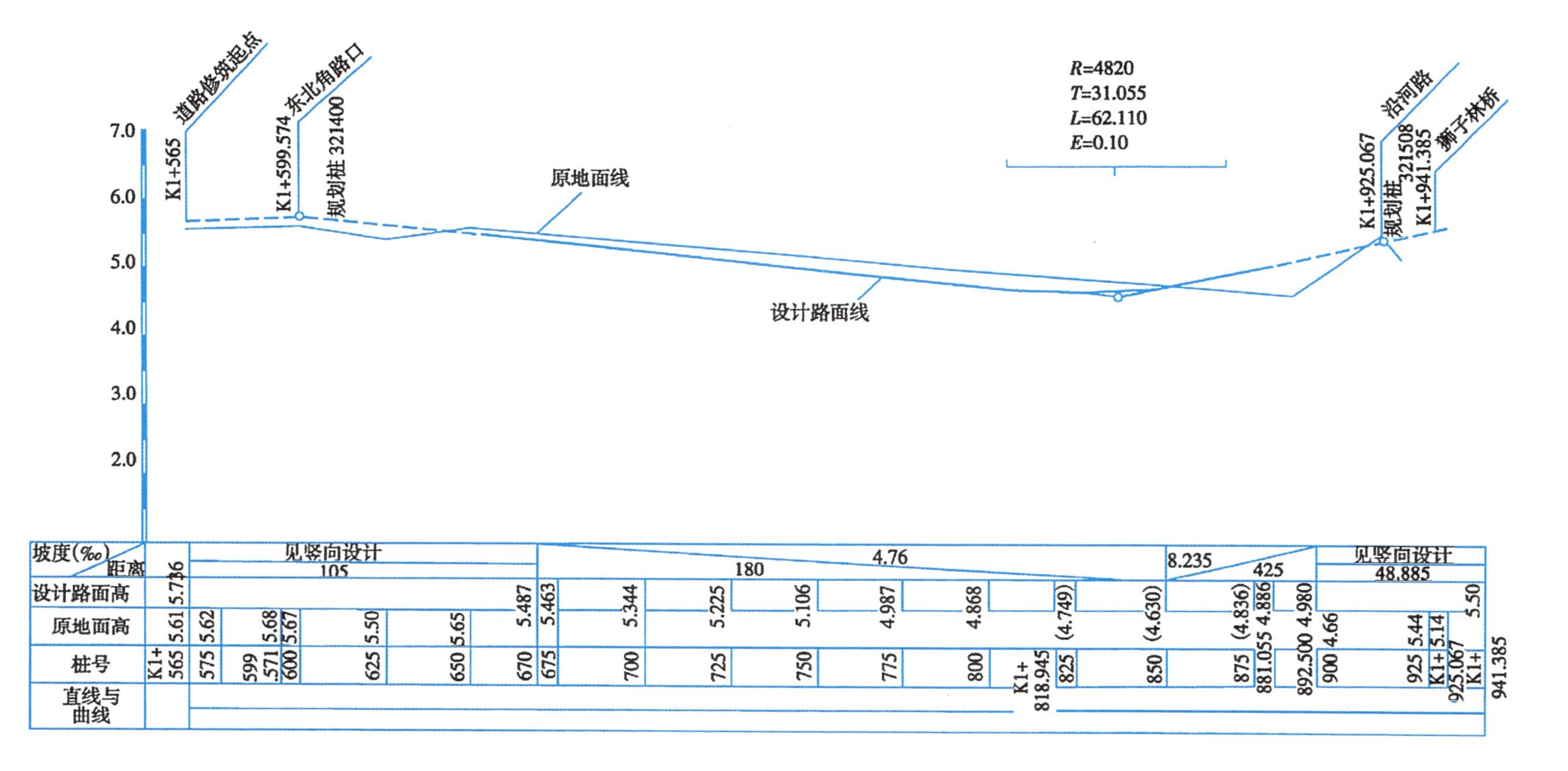

图 3.15　某道路纵断面图(竖 1：50，横 1：1 000)

3. 道路纵断面图的识读

城市道路路线纵断面图应根据图样部分、测设部分结合识读，并与城市道路平面图对照，得出图样所表示的确切内容，主要内容如下。

(1) 根据图样的横、竖比例读懂道路沿线的高程变化，并对照资料表了解确切高程。

(2) 竖曲线的起止点均对应里程桩号，图样中竖曲线的符号长、短与竖曲线的长、短对应，且读懂图样中注明的各项曲线几何要素，如切线长、曲线半径、外矢距、转角等。

(3) 道路路线中的构筑物图例、编号、所在位置的桩号是道路纵断面示意构筑物的基本方法。了解这些，可查出相应构筑物的图纸。

(4) 找出沿线设置的已知水准点，并根据编号、位置查出已知高程，以备施工使用。

(5) 根据里程桩号、路面设计高程和原地面高程，读懂道路路线的填挖情况。

(6) 根据资料表中坡度、坡长、平曲线示意图及相关数据，读懂路线线型的空间变化。

3.4.2 道路路线纵断面图的绘制要点

(1) 道路路线纵断面图一般绘制在透明的米格纸背面，以防止橡皮或刀片将米格擦掉。

(2) 首先是选定适当比例，绘制表格及高程坐标，列出工程需要的各项内容，如地质情况、设计路面标高、原地面标高、坡度与坡长、填挖情况、里程桩号、平面直线与曲线等资料，由左向右根据桩号位置认真填写。

(3) 然后根据所测量的结果，用细直线将各桩号位置的原地面高程点连接起来，这样就完成原地面标高线绘制。

(4) 再根据设计的纵坡及各桩号位置的设计路面高程点，按先曲线后直线的顺序用粗实线画出，即得到了设计路面标高线。

(5) 注意在图样上必须注明水准点的位置、编号及高程，并注明桥涵等构筑物的类型、编号及相关数据，竖曲线的图例及相关数据等，用中实线表示。

(6) 同时注写图名、图标、比例及图纸编号，并注意路线起止桩号，以便多张路线纵断面图的图样衔接。

(7) 画城市道路路线纵断面图时应注意的几点。

① 比例：纵断面的纵横比例一般在第一张图的注释中说明；

② 线型：从左向右按桩号大小绘出，设计线用粗实线，地面线用细实线，地下水位线应采用细双点画线及水位符号表示；地下水位测点可仅用水位符号表示；标高尺在图样部分的左侧，如图 3.16 所示。

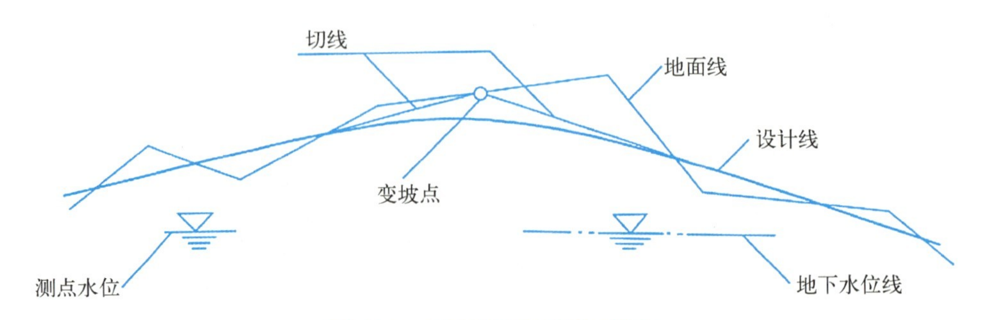

图 3.16　城市道路设计线示意图

③ 变坡点：当路线坡度发生变化时，变坡点应用直径为 2 mm 的中粗线圆圈表示；切线应采用细实线表示；竖曲线应采用粗实线表示。

3.5　城市道路路线横断面图

道路横断面图，作为道路设计中的重要组成部分，是通过在道路的特定位置，沿垂直路线方向进行截断后精心绘制的图形表示。道路横断面图详尽地展现了道路的横向设计布局，清晰地勾勒出了道路横断面的各个构造细节。

具体而言，道路横断面图不仅包含了路面的宽度、坡度以及排水设施等基本信息，还细致描绘了人行道、绿化带、隔离带等附属设施的位置与尺寸。通过这张图，我们可以直观地理解道路在横向维度上的整体构造与功能分区，为道路的施工与后续维护提供了重要的参考依据。

因此，道路横断面图不仅是道路设计阶段的重要成果之一，也是确保道路建设质量与安全性的关键环节。在绘制过程中，需要充分考虑道路的实际需求与周边环境的协调性，力求做到科学、合理、美观。

3.5.1　城市道路横断面的基本形式与选择

1. 单幅路

车行道上不设置分车带，而是通过路面画线标志来有序组织交通流。即便有时并未明确画出这些标志，但通常机动车会遵循习惯行驶于道路中央，而非机动车则自觉地在两侧靠近右侧行驶，这样的道路布局我们称之为单幅路。单幅路设计尤为适用于那些机动车交通流量不大、非机动车流量也较小的城市次干道、大城市中的支路，以及那些因用地紧张、拆迁难度大等因素限制而难以改造的旧城区道路。

然而，随着交通安全意识的不断提升，当前的单幅路已不再单纯依赖机非混行的灵活性来优化交通效率。为了确保交通安全，即使在允许机非混行的路段，也必须通过清晰的路面画线来明确区分机动车道与非机动车道，以此避免潜在的交通冲突，确保各类交通参与者的安全。图 3.17 生动展示了单幅路的典型布局形态。

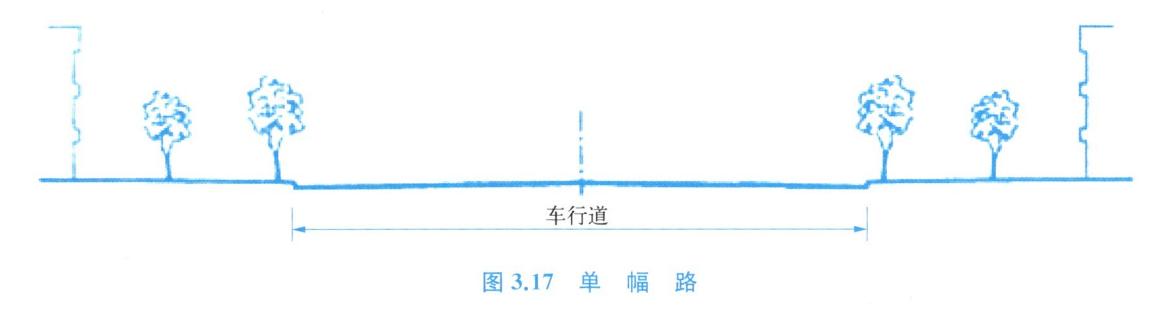

图 3.17　单　幅　路

2. 双幅路

通过使用中央分隔带将相对行驶的机动车流明确区分，从而将道路划分为两个并行且独立的行驶区域，这种道路设计被称为双幅路。此设计特别适用于那些拥有至少单向两条机动车车道，同时非机动车流量相对较少的道路。

此外，对于配备有平行道路，可供非机动车顺畅通行的快速路，以及那些位于郊区或风景区的道路，还有那些因地形特点导致横向高差显著或地形特殊的路段，双幅路同样是一个理想的选择。这种设计不仅能够有效提升道路的通行效率，还能确保各类车辆各行其道，减少交通事故的发生，从而为用户提供一个更加安全、便捷的出行环境。

城市双幅路不仅广泛使用在高速公路、一级公路、快速路等汽车专用道路上，而且已经广泛使用在新建城市的主、次干路上，其优点体现在以下几个方面。

（1）可通过双幅路的中间绿化带预留机动车道，利于远期流量变化时拓宽车道的需要。可以在中央分隔带上设置行人保护区，保障过街行人的安全。

（2）可通过在人行道上设置非机动车道，使得机动车和非机动车通过高差进行分隔，避免在交叉口处混行，影响机动车通行效率。

（3）有中央分隔带使绿化比较集中，同时也利于设置各种道路景观设施。双幅路如图 3.18 所示。

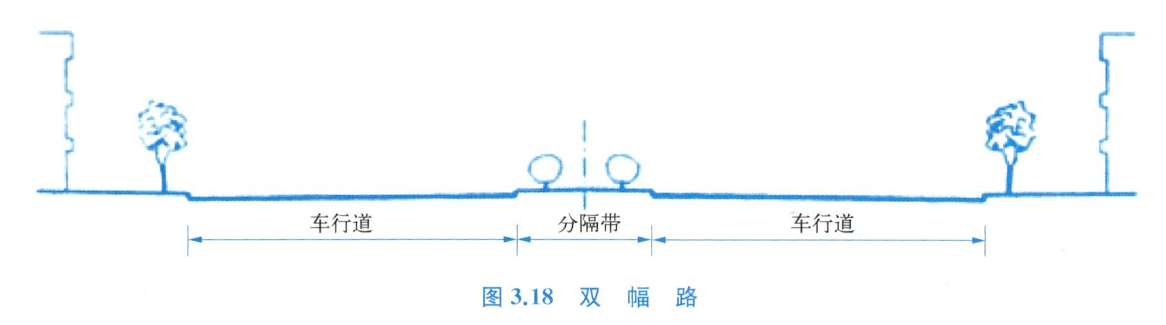

图 3.18 双 幅 路

3. 三幅路

两条分隔带巧妙地划分了机动车与非机动车的行驶空间，将车行道精心布局为三大部分，这种设计被称为三幅路，如图 3.19 所示。此类设计尤为适宜于那些机动车流量适中，而非机动车流量较大，且道路红线宽度达到或超过 40 m 的主干道路段。

图 3.19 三 幅 路

尽管三幅路有效实现了机动车与非机动车的路段分隔，但将大量非机动车置于主干路上，也带来了平面或立体交叉口交通组织的复杂性挑战，往往伴随着高昂的改造工程费用及较大的占地面积需求。因此，在新规划的城市道路网络中，我们应积极倡导在道路系统层面实现快慢交通的有效分流，这不仅能够显著提升道路通行速度，保障交通安全，还能有效节省非机动车道所需的土地资源。

面对机动车与非机动车交通量均十分庞大的道路交会点，若双方并无互通需求，则可考虑构建分离式立体交叉口，让非机动车道在机动车道下方安全穿越。对于承担主要交通功能的主干道路而言，采用机动车与非机动车分行模式的三幅路横断面设计，无疑是实现高效、安全交通的重要途径。

4. 四幅路

用三条分隔带使机动车对向分流、机非分隔的道路称为四幅路。适用于机动车量大，速度高的快速路，其两侧为辅路。也可用于单向两条机动车车道以上，非机动车多的主干路。四幅路也可用于中、小城市的景观大道，以宽阔的中央分隔带和机非绿化带衬托。四幅路如图 3.20 所示。

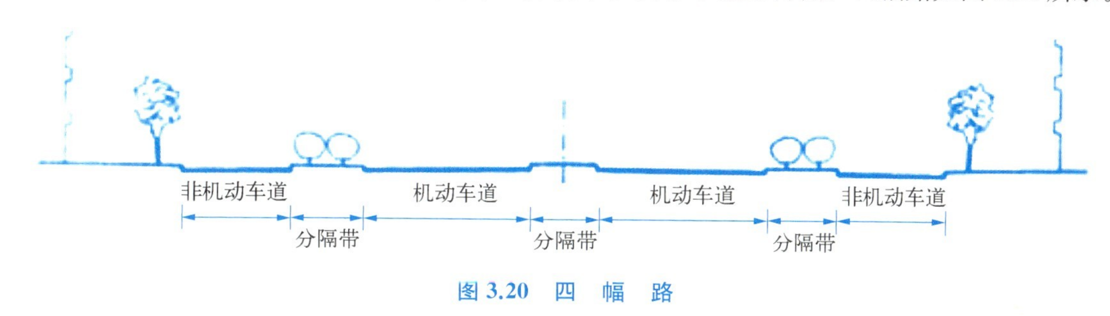

图 3.20　四　幅　路

带有非机动车道的四幅路不宜用在快速路上，快速路的两侧辅路宜用于机非混行的地方性交通，并且仅供右进右出，而不宜跨越交叉口，以确保快速路的功能。

随着城市的发展，机动化程度的提高，在一些开放新兴城市中非机动车出行越来越少，非机动车道往往被闲置浪费。而且由于机非分隔带的限制，又不能利用非机动车道增加机动车道数，从而造成道路资源的极大浪费。在总结实践的基础上，有些城市改为双幅路道路，更加符合城市发展的需要，应当成为城市新建和改建道路时的设计模式。

一条道路宜采用相同形式的横断面。当道路横断面形式或横断面各组成部分的宽度变化时，应设过渡段，宜以交叉口或结构物为起止点。为保证快速路汽车行驶安全、通畅、快速，要求道路横断面选用双幅路形式，中间带留有一定宽度，以设置防眩、防撞设施。如有非机动车通行时，则应采用四幅路横断面，以保证行车安全。

城市道路为达到机非分流，通常采用三幅式断面，随着车速的提高，为保证机动车辆行驶安全，满足快速行车的需要，多采用四幅式断面，但三幅式、四幅式断面均不能解决快速干道沿线单位车辆的进出及一般路口处理。

为使城市快速干道真正达到机非分流、快速专用、全封闭、全立交、快速畅通，同时又为两侧地方车辆出入主线提供尽可能方便，并与路网能够较好地连接，必须建立机非各自的专用道系统。

3.5.2　郊区道路横断面的基本形式

郊区道路作为连接市区与周边工业区、文教区、风景名胜区、机场、铁路枢纽以及卫星城镇的重要纽带，其特性显著。这些道路两侧往往铺陈着广袤的菜田、井然有序的仓库、繁忙运转的工厂以及宁静舒适的住宅区，构成了一幅独特的城乡交融画面。在此类道路上，货运交通占据着主导地位，而行人及非机动车的身影则较为罕见，形成了鲜明的交通特色。

谈及郊区道路的断面设计，其独特之处令人瞩目。郊区道路的组成结构如图 3.21 所示，首先，采用明沟排水系统，确保了道路的排水效率与稳定性。车行道数量灵活，依据实际需求可设计为 2～4 条，既满足了交通流量需求，又体现了设计的灵活性。路面边缘并未设置边石，这在一定程度上减少了建设成本，同时也为道路维护带来了便利。路基处理方面，大多采用低填方设计或保持自然地形，避免了大规模的土方工程，体现了环保与经济的双重考量。

尤为值得一提的是，尽管这些道路以货运为主，但在路面两侧仍设有一定宽度的路肩。这些路肩不仅起到了保护和支撑路面铺砌层的重要作用，还在需要时充当了临时停车场或步行通道的角色，展现了设计的人性化与实用性。整体而言，各部分协同工作，共同支撑起了城乡之间的便捷交通网络。

郊区道路的横断面形式如图 3.22 所示。

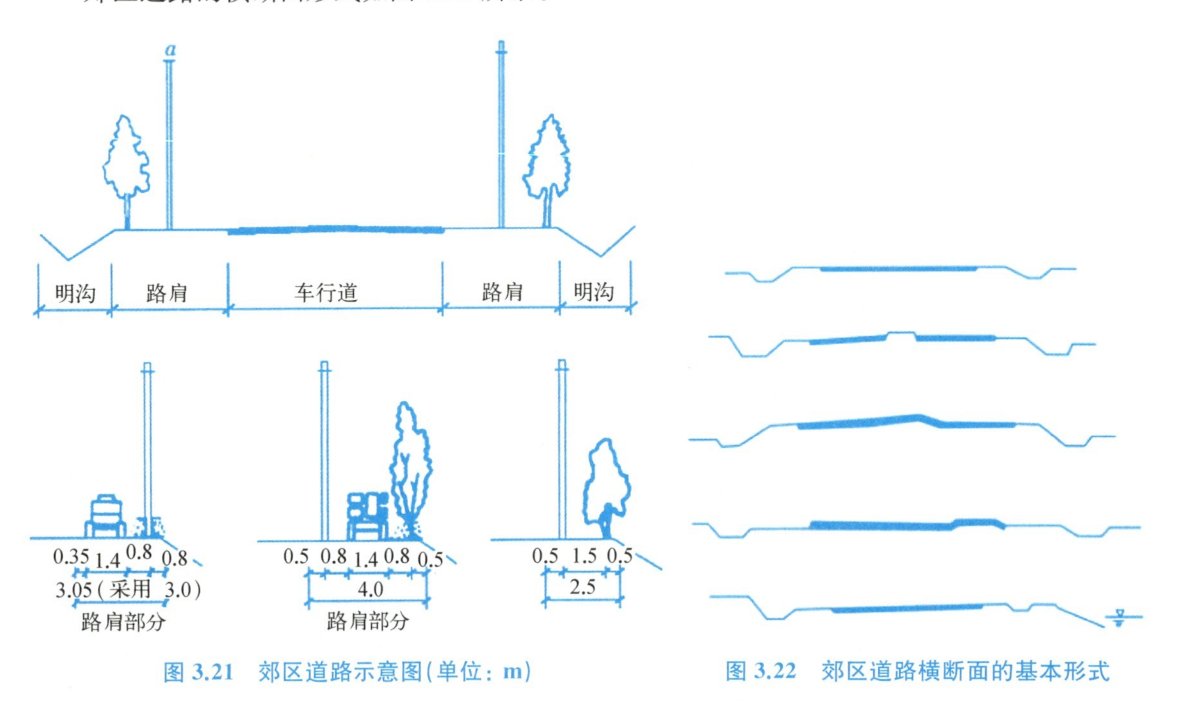

图 3.21 郊区道路示意图(单位：m)

图 3.22 郊区道路横断面的基本形式

3.5.3 城市道路横断面图的图示与识读

(1) 城市道路横断面的设计成果，我们通常采用标准横断面设计图来直观地展现。在这张详尽的设计图中，我们不仅需要明确标出机动车道、非机动车道、人行道这些基础组成部分，还要细致描绘出绿化带以及分隔带等区域，确保每一部分都清晰可辨，为道路建设提供准确的参考依据。

(2) 在城市道路横断面图中，我们不仅要关注地面上的设施布局，比如电力线路、电信设施等，还需详尽标注地下各类公用设施的具体位置、宽度以及横坡度等关键信息，如给水管网、雨水排放管道、污水收集管道、燃气管线以及错综复杂的地下电缆等。这张集成了地上地下各类设施信息的图纸，我们称之为标准横断面图，如图 3.23 所示，它全面而精确地反映了道路横断面的设计全貌。

(3) 城市道路横断面图的比例，视道路等级要求而定，一般采用 1∶100、1∶200 的比例，很少采用 1∶1 000、1∶2 000 的比例。

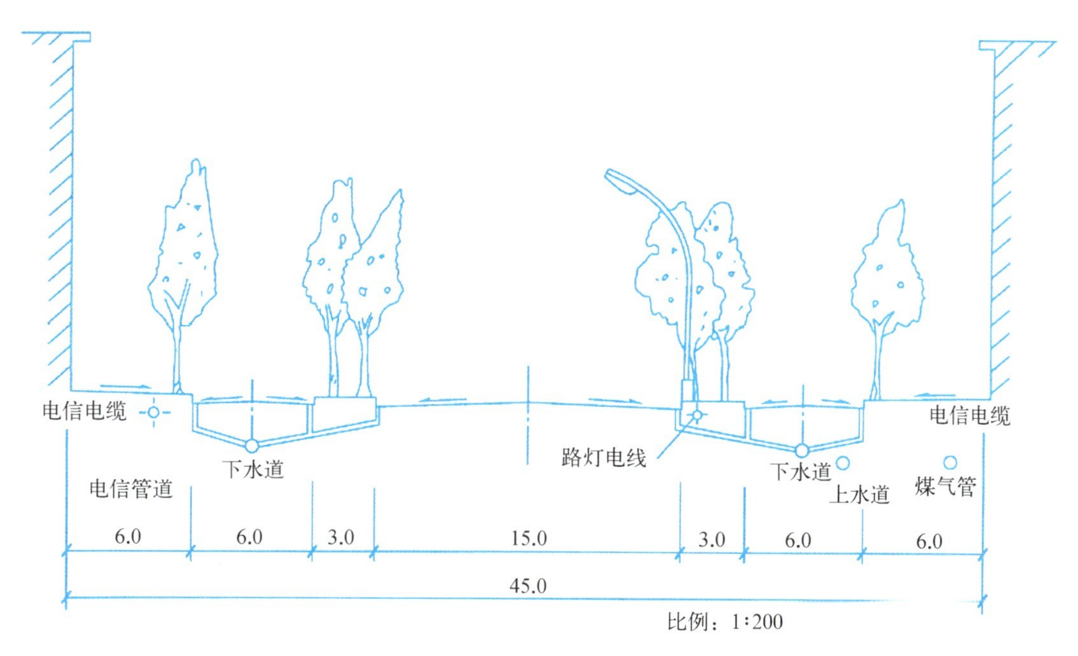

图 3.23　城市道路横断面图(单位：m)

(4) 用细点画线段表示道路中心线，车行道、人行道用粗实线表示，并注明构造分层情况，标明排水横坡度，图示出红线位置。

(5) 用图例示意出的绿地、房屋、河流、树木、灯杆等；用中实线图示出分隔带设置情况；注明各部分的尺寸，尺寸单位为“厘米”；与道路相关的地下设施用图例示出，并标注文字及必要的说明。

3.6　道路路基路面施工图

在绘制道路路线工程图的过程中，通过巧妙地融合平面、纵断面与横断面这三个维度的图样，我们已经能够详尽地展现出道路的线性走向、道路与周遭地形地貌及地物的紧密联系，以及道路在横向方向上的整体布局安排。然而，尽管这些基础信息已经得到了清晰的呈现，但关于土方工程的具体量级、路面结构的详尽状况，以及填方与挖方之间的复杂关系等更深层次的内容，却仍有待进一步的明确与阐述。

为此，必须继续深化设计流程，精心绘制一系列相关的设计图纸。这些图纸将如同桥梁一般，连接起设计方案与施工实践，确保每一个细节都能得到准确无误地传达与体现。通过运用丰富的词汇、短语和句型知识，我们力求使这些设计图不仅信息丰富、翔实可靠，而且易于理解、便于操作，从而为道路工程的建设提供坚实有力的技术支撑。

3.6.1　道路路基横断面图识读

道路路基，作为路面下方不可或缺的支撑结构，主要由土石材料构建而成，与路面携手承担行车荷载及自然力量的挑战。其形态多变，包括路堤、路堑、半

填半挖路基、护肩路基、砌石路基、挡土墙路基、护脚路基、矮墙路基、沿河路基，以及利用挖渠土进行填筑的特殊路基等，如图 3.24 所详尽展示。

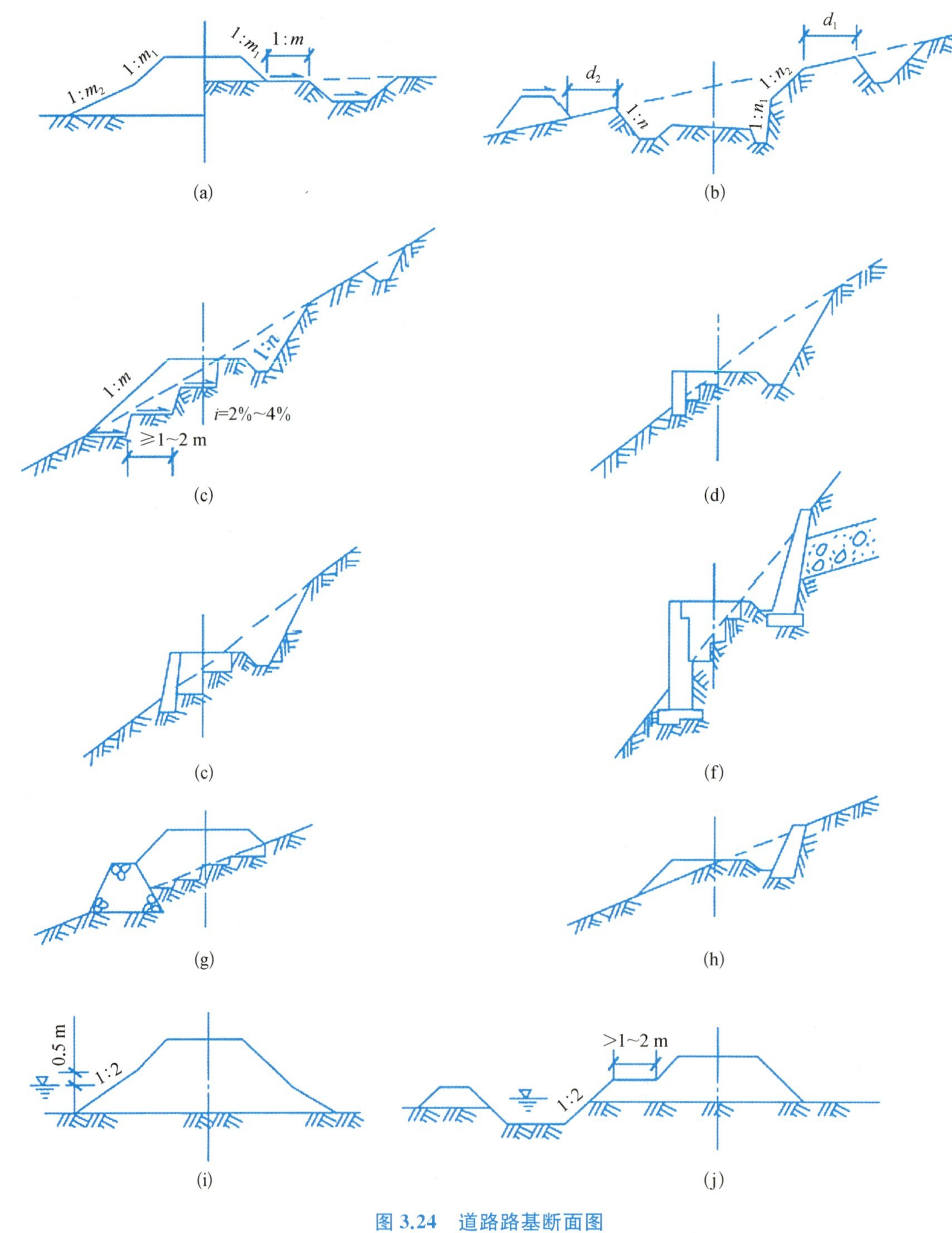

图 3.24 道路路基断面图

(a) 一般路堤；(b) 一般路堑；(c) 半填半挖路基；(d) 护肩路基；(e) 砌石路基；(f) 挡土墙路基；(g) 护脚路基；(h) 矮墙路基；(i) 沿河路基；(j) 利用挖渠土填筑路基

路基的构造精髓在于其本体，即由地面线、路基顶面以及边坡围合而成的坚固土石方结构体。这一结构体不仅是道路稳固的基石，还需面对并抵御各种自然环境的考验。此外，路基的防护与加固工程也是其不可或缺的一部分，通过采取科学有效的技术措施，提升路基的稳固性与耐久性，确保道路的安全畅通。

道路路基的设计与建设是道路工程中至关重要的一环。它要求我们在充分理解地质条件与自然环境的基础上，采用科学合理的规划与设计，以确保路基的稳定与耐久，为道路的安全运行提供坚实的保障。

1. 道路路基横断面图

路基横断面图的作用是表达各里程桩处道路标准横断面与地形的关系、路基的形式、边坡坡度、路基顶面标高、排水设施的布置情况和防护加固工程的设计。

路基横断面图的绘制方法是在对应桩号的地面线上，按标准横断面所确定的路基形式和尺寸，纵断面图上所确定的设计高程，将路基顶面线和边坡线绘制出来，俗称戴帽。

道路路基的结构一般不在路基横断面上表达，而在标准横断面或路基结构图上来表达或者采用文字说明。图3.25所示为标准道路路基横断面图。

2. 画路基横断面图的注意事项

路基横断面图的形式基本上有三种，如图3.26(a)所示。

(1) 填方路基：即路堤，在图下注有该断面的里程桩号、中心线处的填方高度 h_r(m)以及该断面的填方面积 A_r(m^2)。

(2) 挖方路基：即路堑，图下注有该断面的里程桩号、中心线处挖方高度 h_w(m)以及该断面的挖方面积 A_w(m^2)。

(3) 半填半挖路基：这种路基是前两种路基的综合，在图下仍注有该断面的里程桩号、中心线处的填(或挖)高度 H 以及该断面的填方面积 A_r 和挖方面积 A_w。

在绘制城市道路路基横断面图的流程中，应严格遵循桩号的顺序，采取自底部向上、自左向右的层次化布局，恰如图3.26(b)所示范例那般精确无误。为了清晰区分不同信息层级，通常约定俗成地将地面线以细实线形式描绘，而设计线则以醒目的粗实线展现，这样的处理既符合行业规范，又便于阅读者迅速捕捉关键信息。

此外，为了确保图纸内容的全面性与实用性，道路的超高及加宽等关键设计要素亦需在图中得以明确标示。这一细致入微的呈现方式，不仅有助于工程师在设计阶段进行全面考量，也为后续施工及验收环节提供了精确无误的参考依据。

桩号应标注在图样下方，填高(h_r)、挖深(h_w)、填方面积(A_r)和挖方面积(A_w)应标注在图样右下方，并用中粗点画线示出征地界线。

3.6.2 路面构造图识读

路面，就是在路基顶面以上行车道范围内用各种不同材料分层铺筑而成的一种层状结构物。路面根据其使用的材料和性能不同，可划分为柔性路面和刚性路面两类。刚性路面主要是水泥混凝土路面的结构形式，其图示特点与钢筋混凝土结构图相同，因此这里只介绍柔性路面结构图。

路面构造主要包括：行车道宽度、路拱、中央分隔带和路肩，以上各部分的关系已在标准横断面上表达清楚，但是路面的结构和路拱的形式等内容需绘制相关图样予以表达。

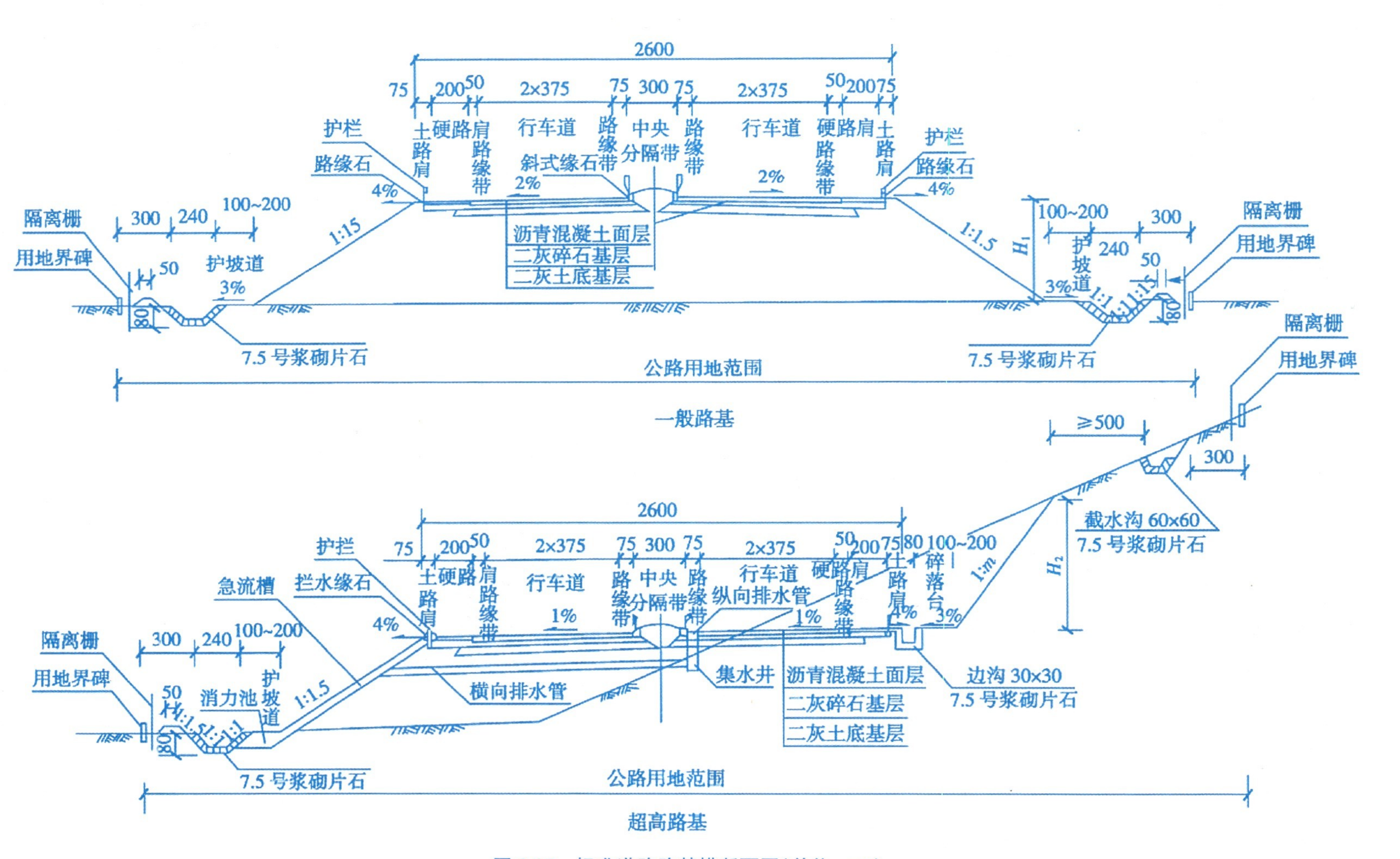

图 3.25 标准道路路基横断面图(单位：cm)

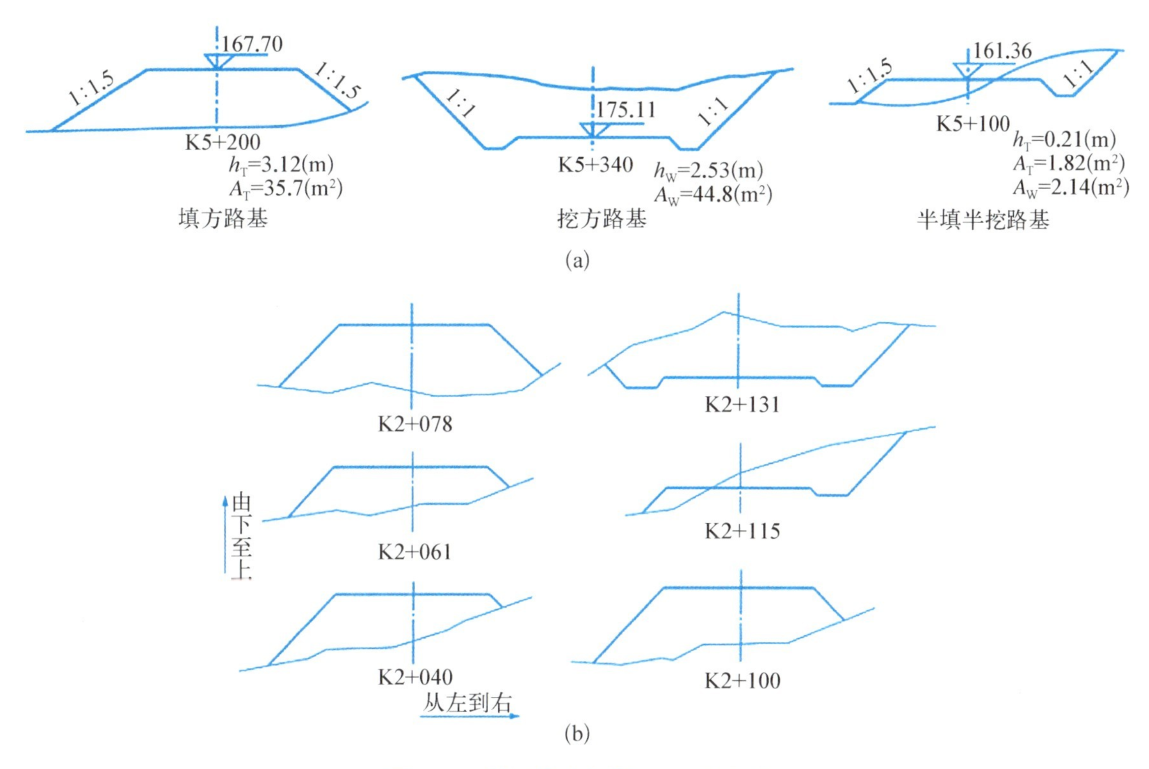

图 3.26　绘制道路路基断面图的程序

1. 路面结构图

典型的道路路面结构形式为：磨耗层、上面层、下面层、连接层、上基层、下基层和垫层按由上向下的顺序排列，如图 3.27 所示。

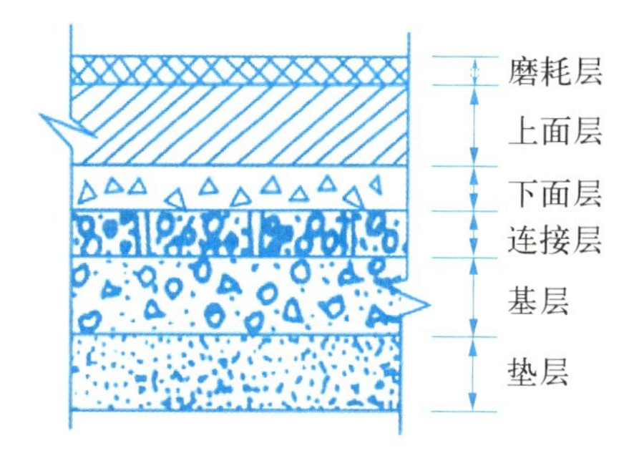

图 3.27　典型的道路路面结构

路面结构图就是表达各结构层的材料和设计厚度。由于沥青类路面是多层结构层组成的，在同车道的结构层沿宽度一般无变化。因此选择车道边缘处，即侧石位置一定宽度范围作为路面结构图图示的范围，这样既可图示出路面结构情况又可将侧石位置的细部构造及尺寸反映清楚，也可只反映路面结构分层情况，如图 3.28 所示。

路面结构图图样中，每层结构应用图例标示清楚，如灰土、沥青混凝土、侧石等。分层注明每层结构的厚度、性质、标准等，并将必要的尺寸注全。

当不同车道结构不同时可分别绘制路面结构图，应注明图名、比例及文字说明等。

2. 路拱、机动车道与人行道结构图的图示内容

路拱采用什么曲线形式，应在图中予以说明，如抛物线线型的路拱，则应以大样的形式标出其纵、横坐标以及每段的横坡度和平均横坡度，以供施工放样使用，如图 3.29 所示。

图 3.30 所示为某市机动车道路面的结构大样图，图 3.31 所示为常见的人行道路面结构大样图。

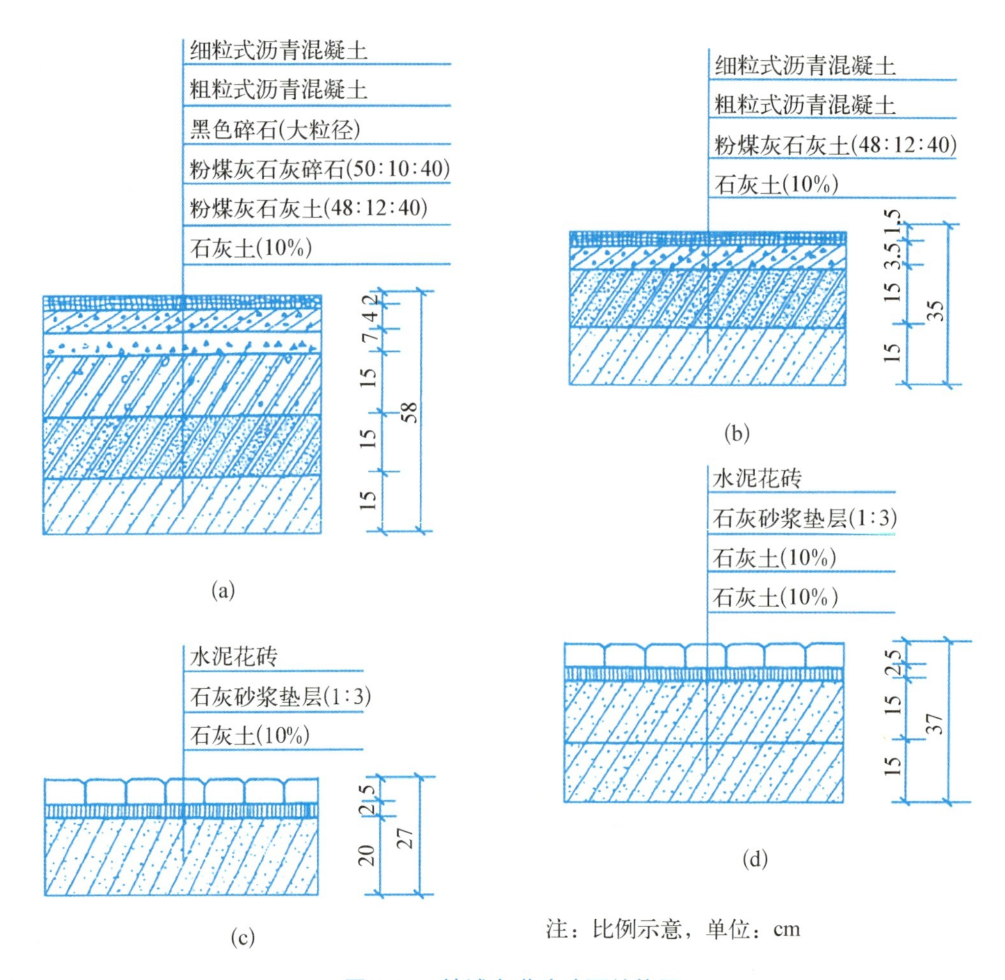

图 3.28　某城市道路路面结构图

(a) 机动车道路面结构；(b) 非机动车道路面结构；(c) 人行道路面结构(阳面)；(d) 人行道路面结构(阴面)

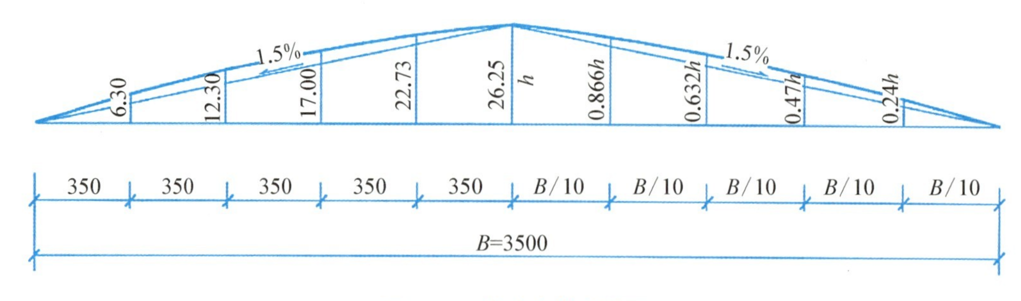

图 3.29　道路路拱大样图

3. 路面构造图的图示内容

路面施工图常采用断面图的形式表示其构造，道路工程常用图例参见表 3.4。一般情况下，路面结构根据当地条件不同有所区别，图 3.32 所示为我国干燥及季节性潮湿地常用的几种典型公路路面构造示意图。

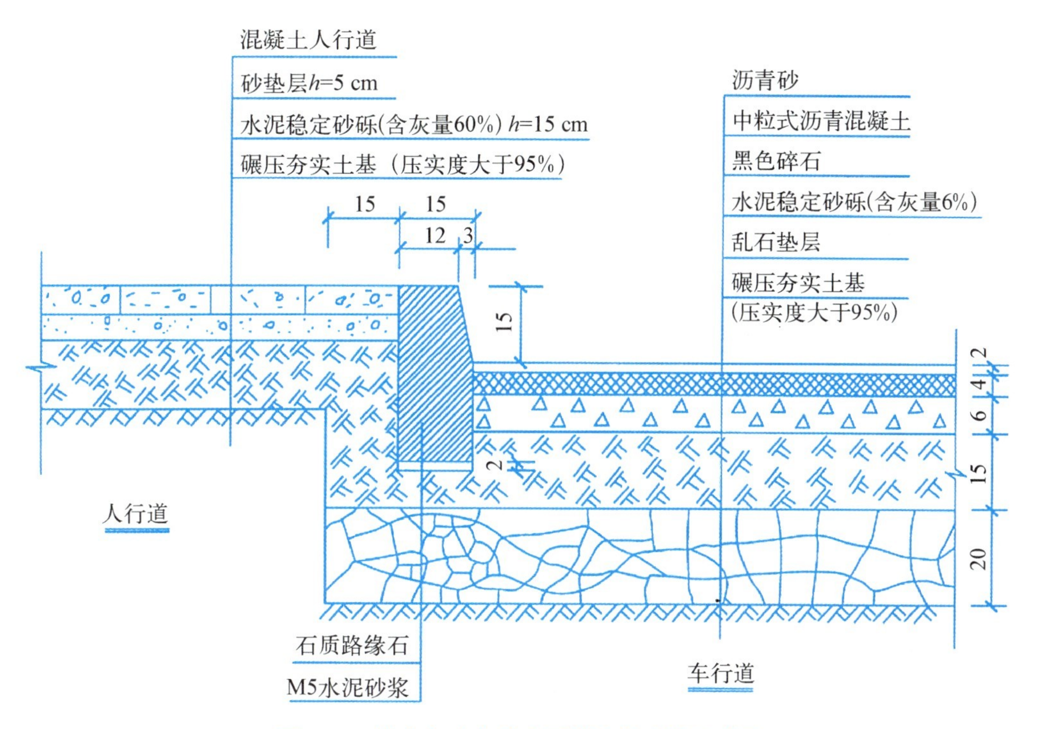

图 3.30　某市机动车道路面的结构大样示意图

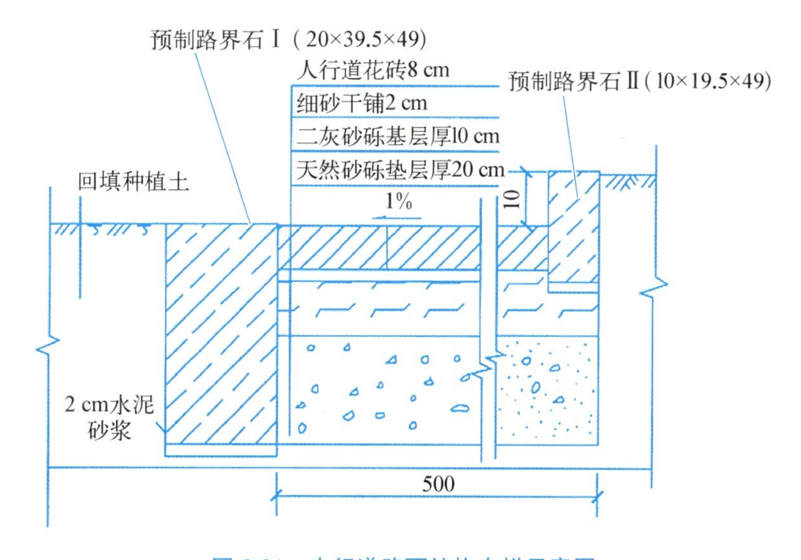

图 3.31　人行道路面结构大样示意图

4. 水泥路面接缝构造图的图示内容

水泥混凝土路面，包括素混凝土、钢筋混凝土、连续配筋混凝土、预应力混凝土、装配式混凝土、钢纤维混凝土和混凝土小块铺砌等面层板和基层组成的路面。目前采用最广泛的是就地浇筑的素混凝土路面，所谓素混凝土路面，是指除接缝区和局部范围外，不配置钢筋的混凝土路面。它的优点：强度高、稳定性好、耐久性好、养护费用少、经济效益高、有利于夜间行车。

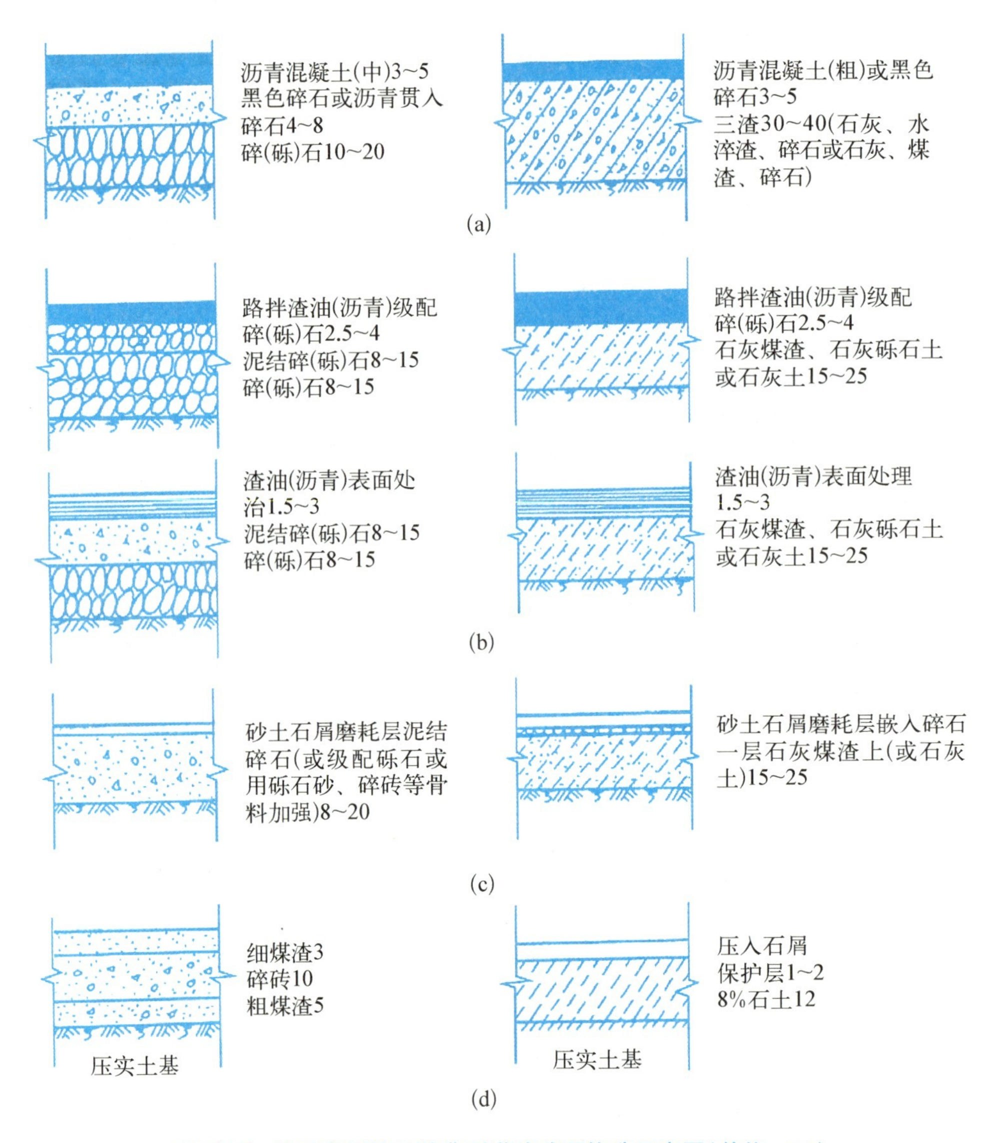

图 3.32　我国常用的几种典型道路路面构造示意图(单位：cm)

(a) 沥青混凝土路面构造图；(b) 渣油路面构造图；(c) 砂土石屑路面构造图；(d) 细煤渣和石屑路面构造图

但是，对水泥和水的用量大，路面有接缝，养护时间长，修复较困难。

接缝的构造与布置：混凝土面层是由一定厚度的混凝土板所组成，它具有热胀冷缩的性质。由于一年四季气温的变化，混凝土板会产生不同程度的膨胀和收缩。而在一昼夜中，白天气温升高，混凝土板顶面温度较底面为高，这种温度差会造成板的中部隆起。夜间气温降低，板顶的温度较底面低，会使板的周边和角隅翘起，如图 3.33(a)所示。这些变形会受到板与基础之间的摩阻力和黏结力以及板的自重和车轮荷载等的约束，致使板内产生过大的应力，造成板面断裂(图 3.33b)或拱胀等破坏。由翘曲引起的裂缝发生后，被分割的两块板体尚不致完全分离，倘若板体温度均匀下降引起收缩，则将使两块板体被拉开，如图 3.33(c)所示，从而失去荷载传递作用。

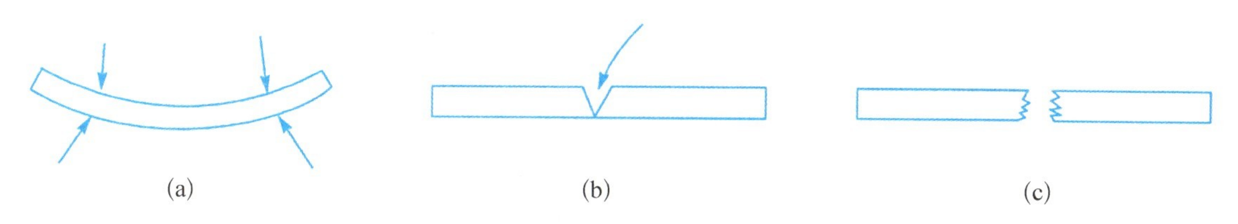

图 3.33 混凝土板由温差引起的变化示意图

为避免这些缺陷，混凝土路面不得不在纵横两个方向建造许多接缝，把整个路面分割成为许多板块，如图 3.34 所示。横向接缝是垂直于行车方向的接缝，共有三种：收缩缝、膨胀缝和施工缝。收缩缝保证板因温度和湿度的降低而收缩时沿该薄弱端面缩裂，从而避免产生不规则的裂缝。膨胀缝保证板在温度升高时能部分伸张，从而避免产生路面板在热天的拱胀和折裂破坏，同时膨胀缝也能起到收缩缝的作用。另外，混凝土路面每天完工以及因雨天或其他原因不能继续施工时，应尽量做到膨胀缝处。如不可能，也应做至收缩缝处，并做成施工缝的构造形式。

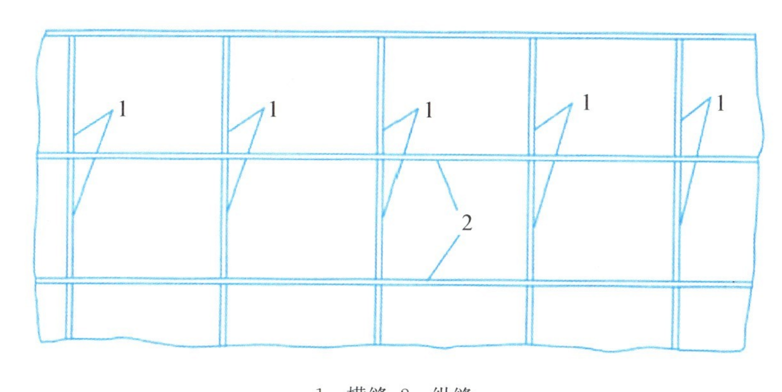

1—横缝；2—纵缝。

图 3.34 水泥混凝土板的分块与接缝

1）膨胀缝的构造

（1）缝隙宽为 18～25 mm。如施工时气温较高，或膨胀缝间距较短，应采用低限；反之用高限。缝隙上部约为厚板的 1/4 或 5 mm 深度内浇灌填缝料，下部则设置富有弹性的嵌缝板，它可由油浸或沥青制的软木板制成。

（2）对于交通繁忙的道路，为保证混凝土板之间能有效地传递荷载，防止形成错台，可在胀缝处板厚中央设置传力杆。传力杆一般为长 0.4～0.6 m，直径 20～25 mm 的光圆钢筋，每隔 0.3～0.5 m 设一根。杆的半段固定在混凝土内，另半段涂以沥青，套上长约 8～10 cm 的铁皮或塑料筒，筒底与杆端之间留出宽约 3～4 cm 的空隙，并用木屑与弹性材料填充，以利于板的自由伸缩，如图 3.35(a)所示。在同一条胀缝上的传力杆，设有套筒的活动端最好在缝的两边交错布置。

（3）由于设置传力杆需要钢材，故有时不设传力杆，而在板下用 C15 混凝土或其他刚性较大的材料，铺成断面为矩形或梯形的垫枕，如图 3.35(b)所示。当用炉渣石灰土等半刚性材料作基层时，可将基层加厚形成垫枕，使结构简单，造价低廉。为防止水经过胀缝渗入基层和土层，还可以在板与垫枕或基层之间铺一层或两层油毛毡或 2 cm 厚沥青砂。

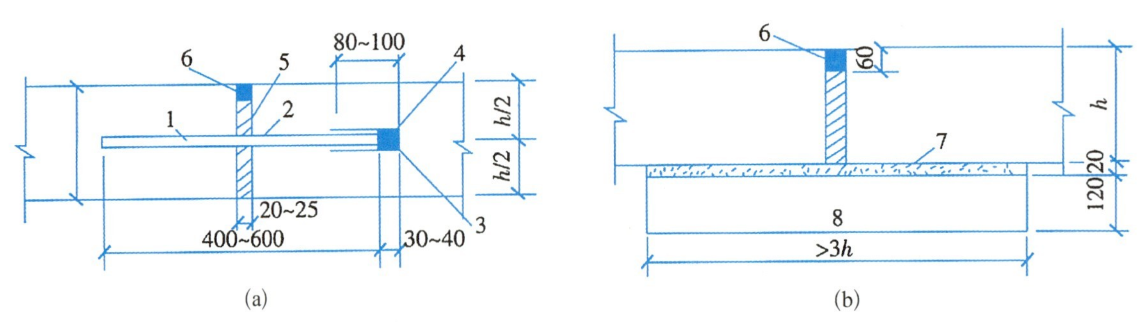

1—传力杆固定端；2—传力杆活动端；3—金属套筒；4—弹性材料；5—软木板；
6—沥青填缝料；7—沥青砂；8—C15 水泥混凝土预制枕垫。

图 3.35　膨胀缝的构造形式(单位：mm)

(a) 传力杆式；(b) 枕垫式

2）收缩缝的构造

(1) 收缩缝一般采用假缝形式，如图 3.36(a)所示，即只在板的上部设缝隙，当板收缩时将沿此最薄弱断面有规则地自行断裂。收缩缝缝隙宽约 5～10 mm，深度约为板厚的 1/4～1/3，一般为 4～6 cm，近年来国外有减小假缝宽度与深度的趋势。假缝缝隙内亦需浇灌填缝料，以防地面雨水下渗及石砂杂物进入缝内。但是实践证明，当基层表面采用了全面防水措施之后，收缩缝缝隙宽度小于 3 mm 时可不必浇灌填缝料。

(2) 由于收缩缝缝隙下面板断裂面凹凸不平，能起一定的传荷作用，一般不必设置传力杆，但对交通繁忙或地基水文条件不良路段，也应在板厚中央设置传力杆。这种传力杆长度约为 0.3～0.4 m，直径 14～16 mm，每隔 0.30～0.75 m 设一根，如图 3.36(b)所示，一般全部锚固

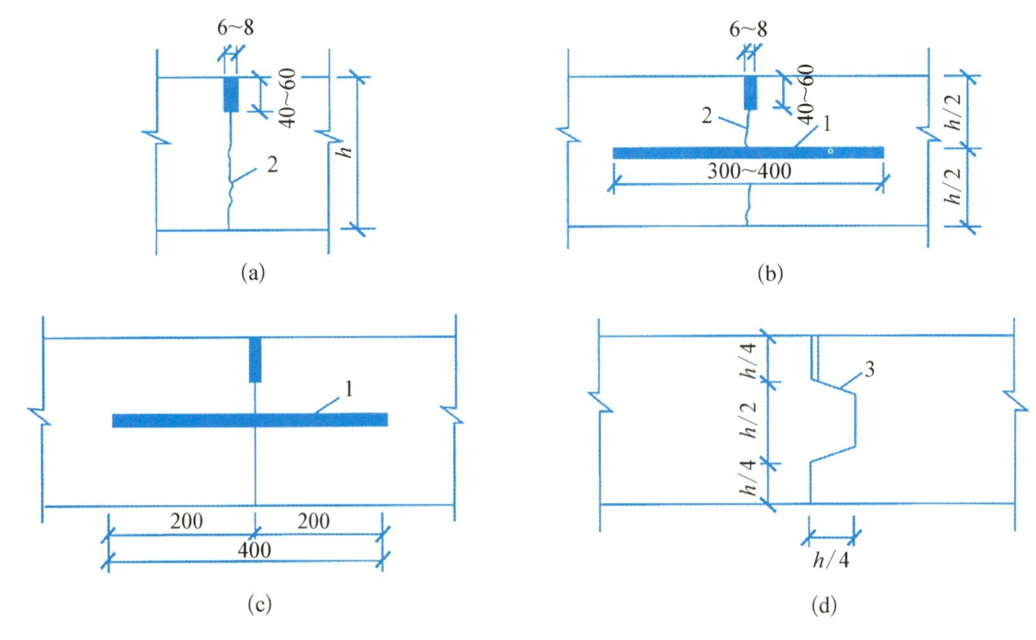

1—传力杆；2—自行断裂缝；3—涂沥青。

图 3.36　收缩缝的构造形式示意图(单位：mm)

(a) 无传力杆的假缝；(b) 有传力杆的假缝；(c) 有传力杆的工作缝；(d) 企口式工作缝

在混凝土内，以使收缩缝下部凹凸面的传荷作用有所保证；但为便于板的翘曲，有时也将传力杆半段涂以沥青，称为滑动传力杆，而这种缝称为翘曲缝。应当补充指出，当在膨胀缝或收缩缝上设置传力杆时，传力杆与路面边缘的距离，应较传力杆间距小些。

3）施工缝的构造

施工缝采用平头缝或企口缝的构造形式。平头缝上部应设置深为板厚 1/3～1/4、宽为 8～12 mm 的沟槽，内浇灌填缝料。为利于板间传递荷载，在板厚的中央也应设置传力杆，如图 3.36(c)所示。传力杆长约 0.40 m，直径 20 mm，半段锚固在混凝土中，另半段涂沥青，也称滑动传力杆。如不设传力杆，则要采用专门的拉毛模板，把混凝土接头处做成凹凸不平的表面，以利于传递荷载。另一种形式是企口缝，如图 3.36(d)所示。

4）纵缝的构造与布置

(1) 纵缝是指平行于行车方向的接缝。纵缝一般按 3～4.5 m 设置，这对行车和施工都较方便。当双车道路面按全幅宽度施工时，纵缝可做成假缝形式。对这种假缝，国外规定在板厚中央应设置拉杆，拉杆直径可小于传力杆，间距为 1.0 m 左右，锚固在混凝土内，以保证两侧板不致被拉开而失掉缝下部的颗粒嵌锁作用，如图 3.37(a)所示。

(2) 当按一个车道施工时，可做成平头纵缝，如图 3.37(b)所示，当半幅板做成后，对板侧壁涂以沥青，并在其上部安装厚约 0.01 m，高约 0.04 m 的压缝板，随即浇筑另半幅混凝土，待硬结后拔出压缝板，浇灌填缝料。

(3) 为利于板间传递荷载，也可采用企口式纵缝，如图 3.37(c)所示，缝壁应涂沥青，缝的上部也应留有宽 6～8 mm 的缝隙，内浇灌填缝料。为防止板沿两侧拱横坡爬动拉开和形成错台，以及防止横缝错开，有时在企口式及平头式纵缝上设置拉杆，如图 3.37(c)、(d)，拉杆长 0.5～0.7 m，直径 18～20 mm，间距 1.0～1.5 m。

(4) 对多车道路面，应每隔 3～4 车道设一条纵向膨胀缝，其构造与横向膨胀缝相同。当

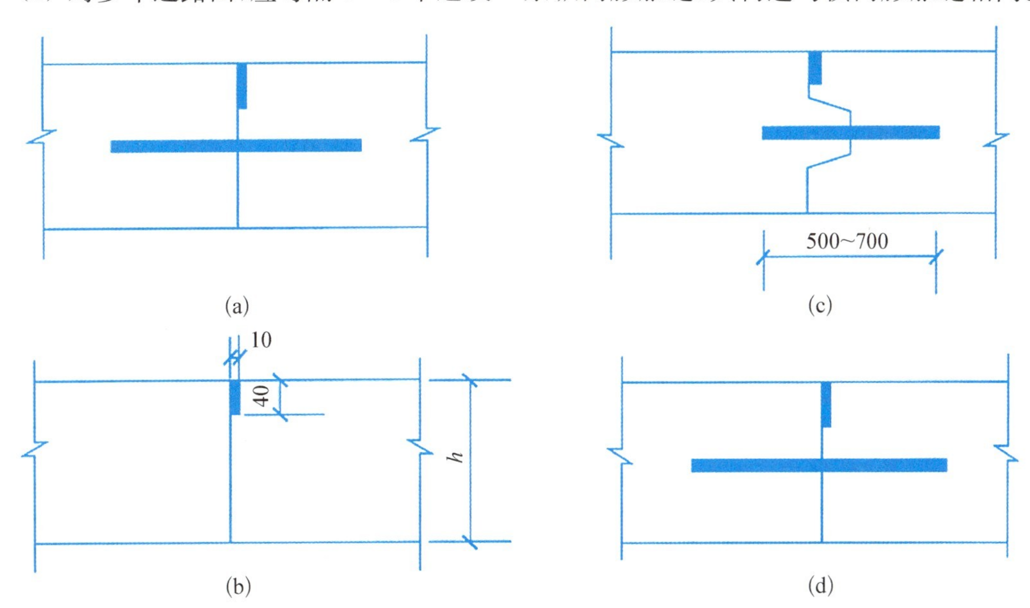

图 3.37　纵缝的构造形式示意图(单位：mm)

(a) 假缝带拉杆；(b) 平头缝；(c) 企口缝加拉杆；(d) 平头缝加拉杆

路旁有路缘石时，缘石与路面板之间也应设膨胀缝，但不必设置传力杆或垫枕。

3.7 城市道路平面交叉口

3.7.1 城市道路交叉口概述

1. 平面交叉口的形式

平面交叉口是将各相交道路的交通流组织在同一平面内的道路交叉形式。其形式如下。

(1) 十字形交叉：如图 3.38(a)所示，十字形交叉的相交道路是夹角在 90°或 90°±15°范围内的四路交叉。这种路口形式简单，交通组织方便，街角建筑易处理，适用范围广，是常见的最基本的交叉口形式。

(2) “X”形交叉：如图 3.38(b)所示，“X”形交叉是指相交道路交角小于 75°或大于 105°的四路交叉。当相交的锐角较小时，将形成狭长的交叉口，对交通不利，特别对左转弯车辆，锐角街口的建筑也难处理。因此，当两条道路相交，如不能采用十字形交叉口时，应尽量使相交的锐角大些。

(3) “T”形交叉：如图 3.38(c)所示，“T”形交叉的相交道路是夹角在 90°或 90°±15°范围内的三路交叉。这种交叉口形式与十字形交叉口相同，视线良好、行车安全，也是常见的交叉口形式，例如北京市的“T”形交叉口约占 30%，十字形约占 70%。

(4) “Y”形交叉：如图 3.38(d)所示，“Y”形交叉是指相交道路交角小于 75°或大于 105°的三路交叉。处于钝角的车行道缘石转弯半径应大于锐角对应的缘石转弯半径，以使线型协调，行车通畅。“Y”形与“X”形交叉均为斜交路口，其交叉口夹角不宜过小，角度小于 45°时，视线

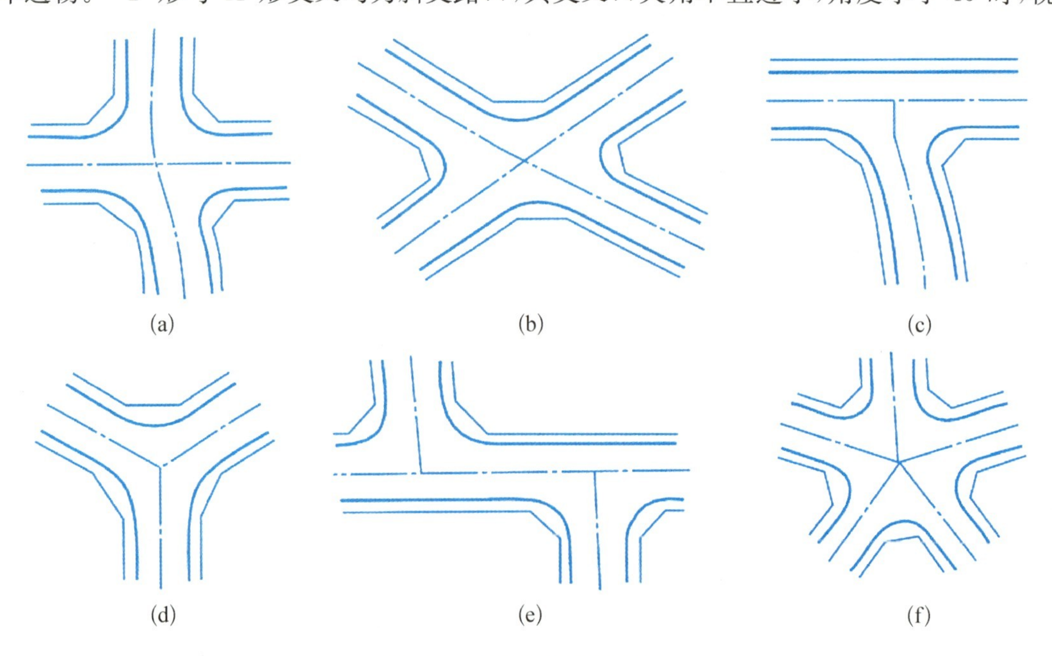

图 3.38 平面交叉口的形式

(a) 十字形；(b) “X”形；(c) “T”形；(d) “Y”形；(e) 错位交叉形；(f) 多路交叉形

受到限制，行车不安全，交叉口需要的面积增大，因此，一般的斜交角度宜大于60°。

(5) 错位交叉：如图3.38(e)所示，两条道路从相反方向终止于一条贯通道路而形成两个距离很近的"T"形交叉所组成的交叉即为错位交叉。规划阶段应尽量避免为追求街景而形成的近距离错位交叉。由于其距离短，交织长度不足，而使进出错位交叉口的车辆不能顺利行驶，从而阻碍贯通道路上的直行交通。由两个"Y"形连续组成的斜交错位交叉的交通组织将比"T"形的错位交叉更复杂。因此规划与设计时，应尽量避免双"Y"形错位交叉。我国不少旧城由于历史原因造成了斜交错位，宜在交叉口设计时逐步加以改建。

(6) 多路交叉：如图3.38(f)所示，多路交叉是由五条以上道路相交成的道路路口，又称为复合型交叉路口。道路网规划中，应避免形成多路交叉，以免交通组织的复杂化。已形成的多路交叉，可以设置中心岛改为环形交叉，或封路改道，或调整交通，将某些道路的双向交通改为单向交通。

2. 平面交叉口冲突点

在平面交叉口处不同方向的行车往往相互干扰、行车路线往往在某些点处相交、分叉或汇集，专业上将这些点分别称为冲突点、分流点和交织点。如图3.39所示，为五路交叉口各向车流的冲突情况，图中箭线表示车流，黑点表示冲突点。

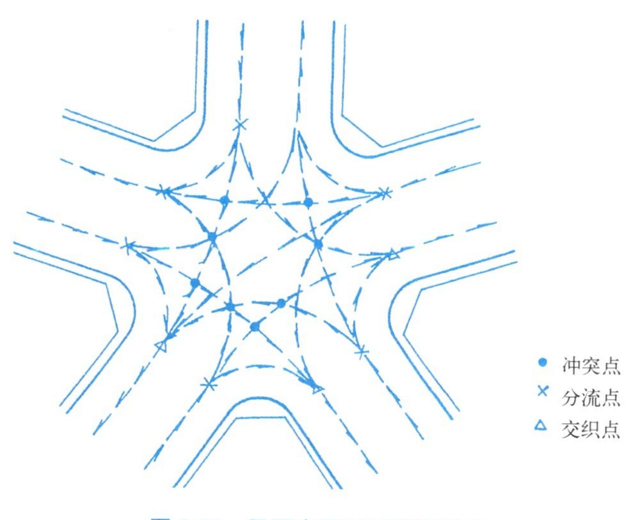

图3.39　平面交叉口处的冲突点

3. 交叉口交通组织

交通组织就是把各向各类行车和行人在时间和空间上进行合理安排，从而尽可能地消除"冲突点"，使得道路的通行能力和安全运行达到最佳状态。平面交叉口的交通组织形式有：环形、渠化和自动化交通组织等，图3.40是交通组织的两种形式。

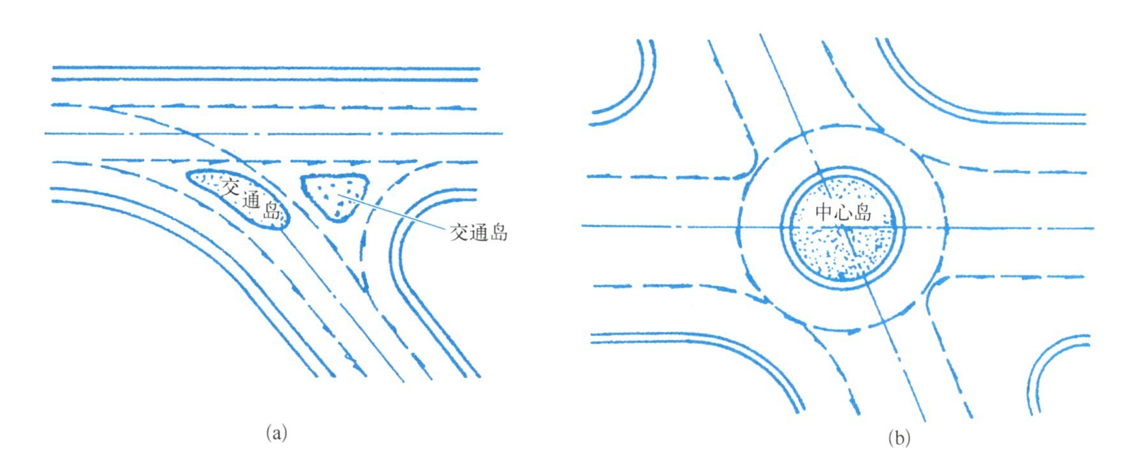

图3.40　平面道路交通组织图

(a) 环形组织；(b) 渠化组织方式

3.7.2 平面交叉口施工图的识读

1. 平面交叉口施工图的识读要求

平面交叉口施工图是道路施工放线的主要依据和标准，因此，在施工前施工技术人员必须将施工图所表达的内容全部弄清楚。施工图一般包括交叉口平面设计图和交叉口立面设计图。

（1）交叉口平面设计图的识读要求：必须认真了解设计范围和施工范围；并且掌握好相交道路的坡度和坡向；同时还需了解道路中心线、车行道、人行道、缘石半径、进水、排水等位置。

（2）交叉口立面设计图的识读要求：首先必须了解路面的性质与所采用的材料；然后掌握旧路现况等高线、设计等高线和了解方格网的具体尺寸，最后了解胀缝的位置和胀缝所采用的材料。

2. 平面交叉口施工图实例

（1）交叉口平面图，如图 3.41 所示为某城市道路交叉口平面设计示意图。

（2）交叉口立面图，如图 3.42 所示为某柔性路面交叉口立面设计示范图（正交）、图 3.43 所示为某刚性路面交叉口立面设计示范图（正交）。

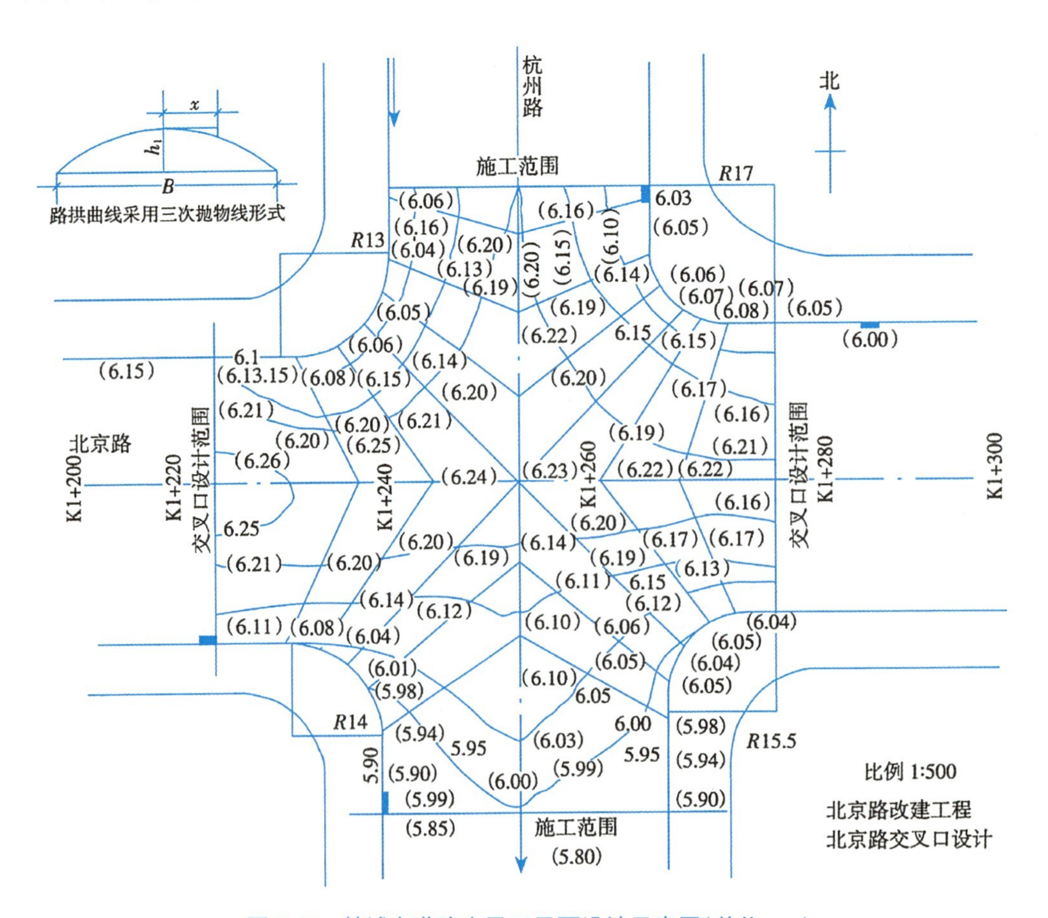

图 3.41 某城市道路交叉口平面设计示意图（单位：m）

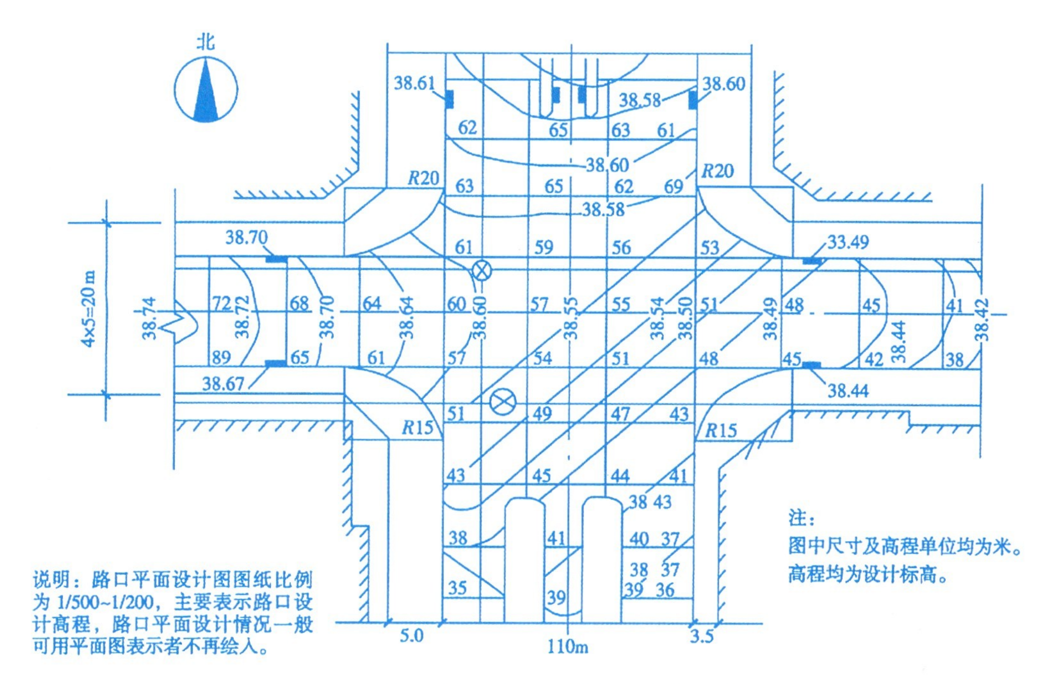

图 3.42　某柔性路面交叉口立面设计示范图(正交)

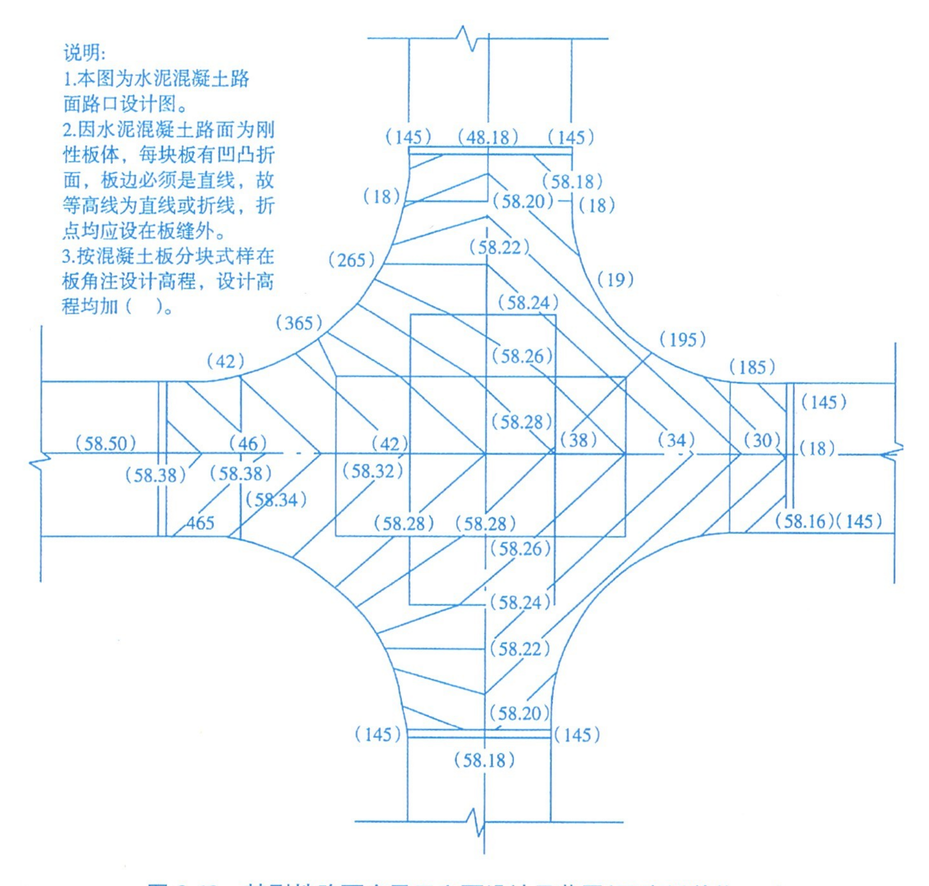

图 3.43　某刚性路面交叉口立面设计示范图(正交)(单位：m)

任务 4

市政管网工程识图

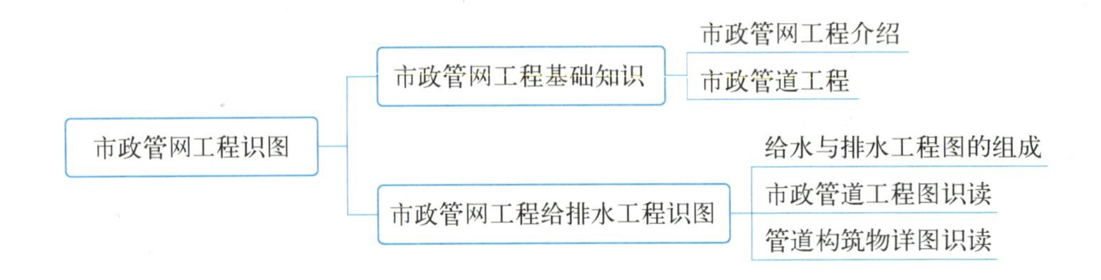

4.1 市政管网工程基础知识

4.1.1 市政管网工程介绍

市政管网工程是市政工程的重要组成部分，是城市重要的基础工程设施。包括：给水管道、排水管道、燃气管道、热力管道、电力电缆管道等。

给水管道：主要为城市输送供应生活用水、生产用水、消防用水和市政绿化及喷洒用水，包括输水管道和配水管网两部分。

排水管道：主要是及时收集城市生活污水、工业废水和雨水，并将生活污水和工业废水输送到污水处理厂进行处理后排放，雨水就近排放，以保证城市的环境卫生和公众生命财产的安全。

热力管道：供给用户取暖使用，包括热水管道和蒸汽管道。

燃气管道：主要是将燃气分配站中的燃气输送分配到各用户，供用户使用。

电力电缆：为城市输送电能。按功能可分为动力电缆、照明电缆、电车电缆等；按电压的高低可分为低压电缆、高压电缆和超高压电缆。

1. 给水管道工程

1）给水管道工程的组成

（1）给水系统包括取水、处理、输水、配水等设施，如图 4.1 所示。

给水系统是一个复杂的设施网络，它涵盖了从水源的采集、水的净化处理、水的输送，到最终用户的配水等一系列环节。在这个过程中，首先需要进行的是水源的采集，这通常涉及建设取水设施，如水库、水井、水泵站等，以确保稳定和足量的水源。接下来，采集来的水需要经过处理设施，如沉淀池、过滤池、加氯消毒站等，以确保水质符合饮用标准，去除其中的悬浮物、微

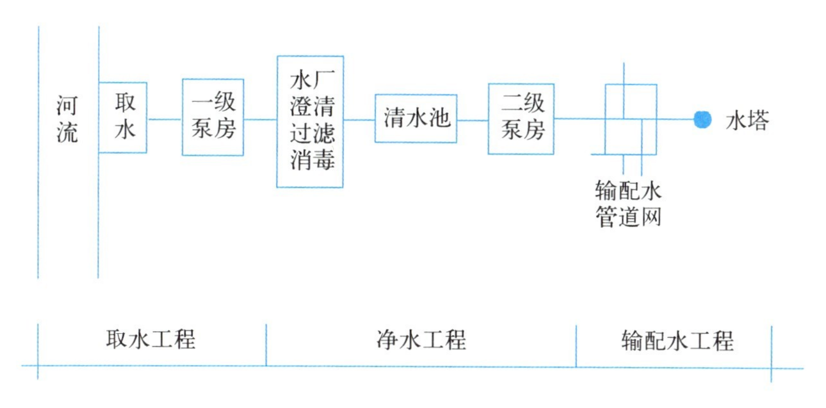

图 4.1 给水系统组成

生物和其他有害物质。

在水的处理完成后，输水设施便开始发挥作用，这可能包括长距离的输水管道、泵站和压力控制系统，确保水能够从处理设施安全、高效地输送到城市或乡村的各个角落。最后，配水系统则涉及水在城市或乡村中的分配，这需要建造相应的配水管网，以及调节和监测系统，确保每个用户都能够获得稳定和适量的供水。整个给水系统的设计和运营都需要遵循科学的管理原则，以及严格的安全和卫生标准，以保障公众的饮水安全和健康。

(2) 给水管道工程包括输水管道、配水管网。

输水管道的主要功能是完成从水源地向水厂的供水任务，然后再从水厂将水资源输送到城市的配水管网中。在整个输水过程中，这些管道并不直接向沿线两侧的区域提供水资源，而是通过其他方式来满足这些地区的用水需求。为了确保输水过程的顺利进行，并应对可能出现的各种突发情况，通常会设置两条平行的输水管道，以便在一条管道出现问题时，另一条管道可以立即接管供水任务，确保城市供水不受影响。

配水管网则是城市供水系统中的重要组成部分，它的服务范围覆盖了整个供水区域。配水管网的主要职责是接收输水管道输送来的水资源，并通过一系列的接管点，将这些水资源分配到城市的每一个角落，满足广大用户的用水需求。在这个过程中，配水管网会根据用户的用水量和水压要求，进行合理的水资源分配，以确保每个用户都能获得稳定、清洁的饮用水。同时，配水管网还会对输送来的水资源进行监测，确保水质符合国家标准，让用户放心使用。

2) 给水管道工程的布置

输水管道的输送方式有三种：重力输水、压力输水和重力压力相结合输水，如图 4.2 所示。

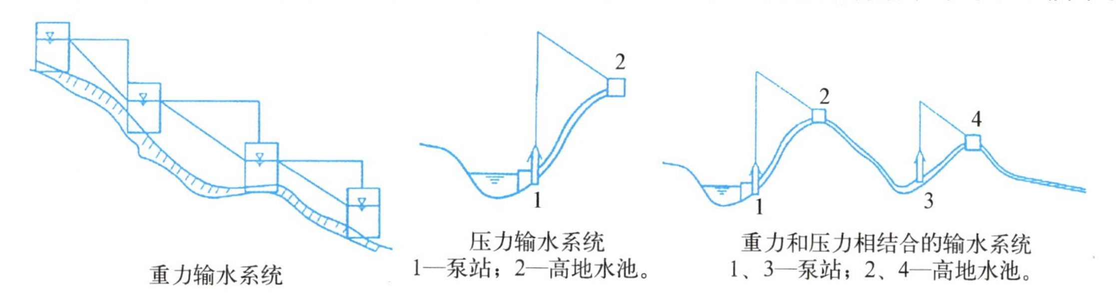

图 4.2 输 水 系 统

重力输水，是指利用水源地与给水区之间的高度差，让水流自高处流向低处，从而实现水的输送。这种方式适用于水源地的地形高于给水区，且两者之间的高度差足够大，这样可以充分利用重力作用，减少能源消耗，降低输送成本。

压力输水，则是在水源地与给水区之间建立压力输水系统，通过泵站等设备将水加压，以克服两者之间的高度差和输水管道阻力，实现水的远程输送。这种方式适用于水源地与给水区之间的高度差不大，或者水源地位于给水区下方的情况。

重力压力相结合的输水方式，是将重力输水和压力输水相结合，根据地形和输水距离的不同，合理布置输水管道，使其在利用重力输送的同时，适当采用压力输水的方式，以提高输水效率和降低运行成本。这种方式适用于地形复杂且输水距离较长的场合。

总的来说，这三种输水方式各有特点，应根据水源地与给水区之间的地形条件、高度差大小和输水距离等因素，选择合适的输水方式。

配水管网的两种主要布局形态有树枝状和环状，如图 4.3 所示。

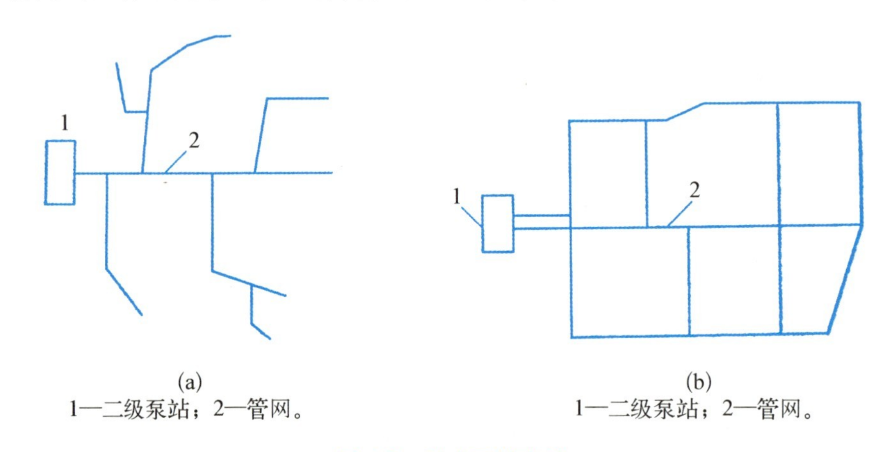

图 4.3 配水系统布局

(a) 枝状管网；(b) 环状管网

树枝状的配水管网布局特点是管线较短、结构简单、易于建设和维护，因此所需投资相对较少。然而，这种布局的缺点是系统的可靠性较低，一旦发生管道故障或维修，可能会影响到整个管网的供水情况。此外，由于供水路径较为单一，水质的稳定性也较差，一旦某个节点出现问题，水质容易受到影响，导致整体水质状况变差。

环状配水管网，其特点是管线布局形成闭合环状，这样即使某一段管线发生故障，水仍可以通过其他路径继续供应，大大提高了供水的可靠性。环状布局的另一个优点是，即使在进行管道维修和施工时，也能最小化对用户的影响。然而，环状配水管网的缺点是管线的总长度较长，结构较为复杂，这不仅增加了建设和维护的难度，也使得整体的投资成本显著提高。

2. 排水管道工程

1）排水工程的构成

排水工程是一个复杂的系统，它主要由以下两个重要部分构成。

(1) 排水系统：这是一个全面的工程体系，主要负责对污水进行收集、输送、处理以及再利用。它包括但不限于污水的收集、运输、净化处理以及最终的再利用等多个环节，确保了污水的有序、高效处理，同时也为水资源的循环再利用提供了可能。

(2) 排水管道工程：这一部分主要由管道以及与之相关的附属构造物组成。管道作为这一体系中的脉络，负责将污水从源头收集并输送到处理设施，是排水系统中不可或缺的一部分。而附属构造物，如检查井、泵站等，则起到了维护系统运行、保证排水效率的重要作用。这些构造物的设计、施工和维护，都需要严格按照相关规范进行，以确保排水系统的稳定运行。

2) 排水体制

(1) 污水的来源可以细分为生活污水、工业废水和降水径流三种。生活污水主要来源于居民生活过程中产生的废水，如洗澡、洗衣、厨房洗涤水等。工业废水则来源于工厂生产过程中产生的废弃溶液或者含有固体颗粒的液体，其水质复杂，含有各种有害物质。降水径流是指雨水在地面流动过程中收集的各种污染物，如灰尘、油脂、营养盐等。这些污水来源各有特点，对环境的影响也有所不同。

(2) 由于各种污水的水质各异，为了有效地对它们进行处理和排放，可以采取多种不同的管道系统来进行排除。这些不同的排除方式被称为排水体制。排水体制有多种类型，如分流制、合流制等。分流制是指将生活污水和工业废水分别收集并排放，而合流制则是将两者混合后一起排放。此外，还有截流式合流制、直排式合流制等多种形式。不同的排水体制适用于不同的地区和环境，需要根据实际情况进行选择。

3) 排水管道工程的布置形式

在排水工程中，管道的布置形式对于确保排水系统的有效运行和维护至关重要。图 4.4 展示了排水管道系统的六种布局形式。

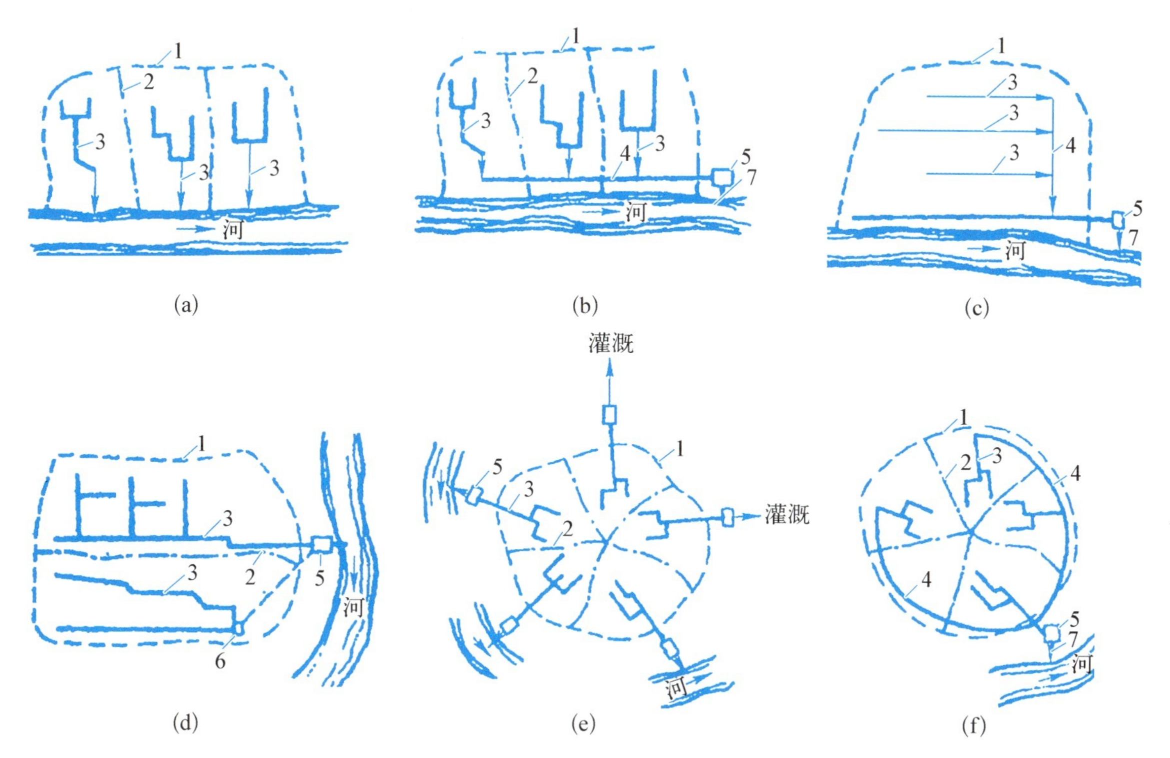

1—城市边界；2—排水流域分界线；3—干管；4—主干管；5—污水厂；6—污水泵站；7—出水口。

图 4.4 排水管道系统的布局形式

(a) 正交式；(b) 截流式；(c) 平行式；(d) 分区式；(e) 分散式；(f) 环绕式

(1) 正交式：正交式管道布置是指管道网络的布局以直角相交为主要特征。这种布置方式有利于均匀分布水流，确保排水效率。当水流从一个方向流入时，通过正交式的布局，可以快速引导水流进入正确的排水渠道，从而有效减少城市内涝的风险。此外，正交式布置也便于后期的检查和维护，因为其结构清晰，易于识别和操作。

(2) 截流式：截流式管道布置是指在排水系统中设置截流井，用以在不同阶段截流和调节水流。这种布置方式可以在一定程度上控制雨水和污水流动的方向和速度，有助于提高排水系统的灵活性和适应性。截流式布置也便于对污水进行初步的过滤和清理，以减少污染物对环境的直接影响。

(3) 平行式：平行式管道布置是指两个或多个管道并行设置，主要用于分离雨水和污水。这种布置方式可以在雨季和旱季分别处理不同类型的水流，有效避免混合污染，保证水资源的质量。同时，平行式布置也为未来的系统扩展提供了便利，因为增加新的管道不会对现有的系统造成太大影响。

(4) 分区式：分区式管道布置是将排水区域划分为若干个子系统，每个子系统拥有自己的排水管道。这种布置方式有助于实现区域化管理，各个子系统可以独立运行，互不干扰，当某一区域发生问题时，不会影响到整个排水系统。此外，分区式布置还有助于针对不同区域的排水需求制定个性化的解决方案。

(5) 分散式：分散式管道布置是指将排水管道分散布置在城市的各个角落，这种布置方式可以最大限度地减少长距离的水流输送，降低输送过程中的能量损失。同时，分散式布置也有助于提高排水系统的可靠性和稳定性，即使某一段管道出现问题，也不会对整个系统造成严重影响。

(6) 环绕式：环绕式管道布置是指将管道围绕建筑物或特定区域设置，形成环绕布局。这种布置方式可以在建筑物周围形成一道防线，有效防止外部水流进入建筑内部。环绕式布置也便于对建筑物进行保护和美化，因为它可以将水流引导到特定的区域，减少对建筑物和周边环境的影响。

以上就是排水工程中常见的管道布置形式，每种形式都有其独特的优点和适用场景。在实际工程中，应根据具体情况选择合适的布置方式，以实现排水系统的优化运行。

3. 管网工程管道的布置

1) 管道的布置要求

(1) 尽量布置在人行道、非机动车道和绿化带下方，以减少管道施工检修对交通的影响。

(2) 尽量避免与河流、铁路及其他管线交叉。

(3) 排水管道属于重力流，管道纵坡尽可能与道路纵坡一致。

(4) 布置原则：未建让已建，临时让永久，小管让大管，压力管让重力管，可弯管让不可弯管。

2) 管道的埋深

(1) 管顶覆土。

覆土起着防冻、承载荷载的作用。管道覆土深度是指管道的最低埋深，与管道外壁顶部到地面的距离，如图 4.5 所示，截面图中管道覆土深度等于管道埋深与管道外径之差。

管顶覆土主要作用表现在以下几个方面。

首先，管顶覆土可以有效地防止管道内的水在低温环境下结冰，避免由水结冰导致的管道内压力增大，从而防止管道破裂。此外，管顶覆土还能防止由冰冻造成的土壤膨胀对管道产生的破坏。

其次，管顶覆土能够分散和承受来自地面的各种荷载，包括静态荷载和动态荷载，从而保护管道不因地面荷载的差异而产生破坏。这是因为管顶覆土可以起到一定的缓冲作用，减小地面荷载对管道直接的压力。

再次，管顶覆土对于满足管道衔接的要求起到了关键作用。合理的管顶覆土厚度可以保证管道在衔接处的稳定性和安全性，避免因覆土厚度不足导致的管道接口处受到外部压力而产生破坏。同时，管顶覆土还能保证排水的坡度，确保排水系统的正常运行。

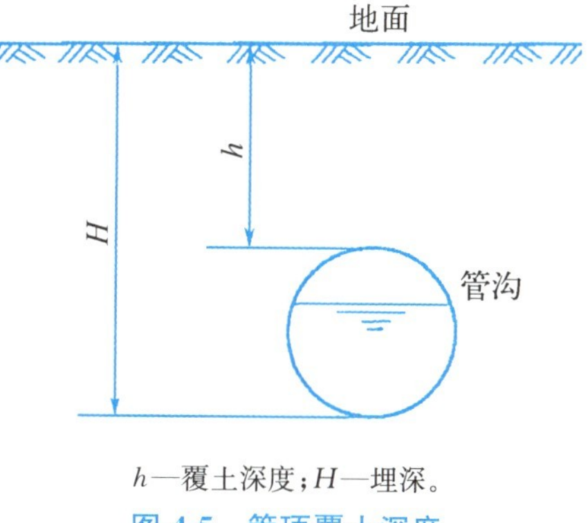

h—覆土深度；H—埋深。

图 4.5　管顶覆土深度

（2）影响管顶覆土作用发挥的因素。

管顶覆土的作用发挥受到多种因素的影响，主要包括以下几个方面。

首先是地面荷载，地面荷载的大小和分布直接影响到管顶覆土的受力情况，从而影响到管道的稳定性和安全性。

其次是管材的强度，管材的强度决定了管道能够承受的最大压力，这对于确定合理的管顶覆土厚度至关重要。

再次是管道的衔接情况，管道的衔接方式和使用材料都会影响到管道的整体稳定性，从而影响到管顶覆土的作用。

此外，敷设位置也是影响管顶覆土作用的重要因素，不同的敷设位置会导致管道受到的荷载和环境条件不同，因此需要根据不同的敷设位置来确定合适的管顶覆土厚度。

最后，冰冻线深度也是一个重要的影响因素。在寒冷地区，冰冻线深度会直接影响到管道的防冻措施，从而影响到管顶覆土的作用。因此，在设计管道工程时，需要充分考虑冰冻线深度对管顶覆土的影响。

（3）覆土厚度一般规定。

管顶最小覆土厚度，应根据外部荷载、管材强度和土的冰冻情况等条件，结合当地埋管经验确定。在车行道下，一般不宜小于 0.7 m。当土的冰冻线很浅，且管道保证不受外部荷载损坏时，其覆土厚度可酌情减小。

非冰冻地区的地带，根据相关规范，明确要求：在车行道之下，管道的顶部至少需要被 0.7 m的土壤覆盖；而在人行道之下，这个数值则不少于 0.6 m。这样的规定主要是为了确保给水管道和排水管道的安全，防止因为覆土深度不足而导致的一系列问题。

对于那些存在冰冻现象的地区，同样有严格的规定。对于给水管道，其通常需要被覆盖的土壤厚度必须大于该地区可能出现的最大冰冻深度，这是为了防止冰冻对管道造成破坏。而对于排水管道，在那些冰冻程度不是很深的地区，建议将管道埋设在冰冻线以下。这样的规定，既可以确保管道的安全，也可以提高管道的使用寿命。

4.1.2　市政管道工程

1. 管道材料

1）管道的基本要求

管道应具备足够的强度和一定的刚性，以确保在各种外力作用下不会发生

破坏。同时,管道内壁表面应保持光滑,以减少水流阻力,提高水流输送效率。此外,管道应具有一定的耐腐蚀能力,以应对各种化学物质的侵蚀。管道还应具有足够的密闭性,以防止介质泄漏,保证系统的安全运行。在制造和安装过程中,管道应易于加工,同时要考虑经济性,降低工程成本。

2) 常用的管材

(1) 混凝土管和钢筋混凝土管: 这类管材具有较高的强度,且取材方便,但它们的抗酸碱及抗渗性较差,接头较多,自重较大,运输过程中易破损。这类管材适用于土质不良地段、穿越铁路、道路等场合。管口形式有承插、企口、平口等,如图 4.6 所示。

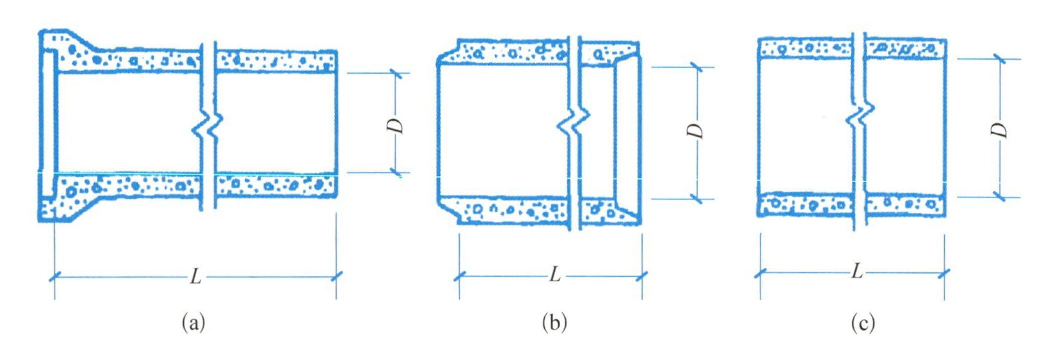

图 4.6 混凝土管管口连接形式

(a) 承插式;(b) 企口式;(c) 平口式

(2) 陶土管: 经过上釉处理后,管壁光滑,具有良好的抗渗和抗腐蚀性能,但这类管材易碎,强度较低。它适用于排除酸性工业废水或具有侵蚀性地下水。管口形式有直管、承插管等,如图 4.7 所示。

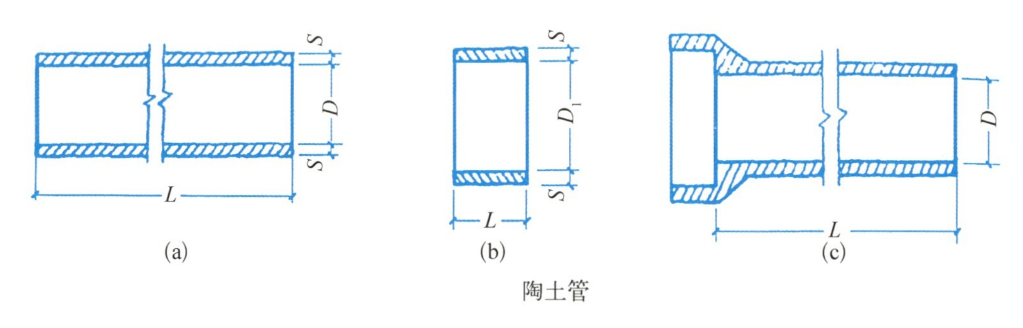

图 4.7 陶土管管口连接形式

(a) 直管;(b) 管箍;(c) 承插管

(3) 金属管: 金属管具有较高的强度,良好的抗渗性能,管壁光滑,接口较少,但价格较高,且易腐蚀。金属管适用于抗震等级高、地下水位高或承受高压、流砂严重或对渗漏要求特别高的地段。管口形式有法兰、承插等。常见的金属管材有钢管、铸铁管等。

(4) 塑料管道: 塑料管道施工方便,材质轻,内壁光滑。但强度较低,刚性差,热胀冷缩较大,易在日照下老化。管口连接方式有黏接、电熔焊接等。常见的塑料管材有 UPVC 硬聚氯乙烯、PE 聚乙烯、PP 聚丙烯等。

(5) 新型管材: 如高密度聚乙烯(HDPE)、玻璃钢(FRP)、玻纤混凝土等,它们具有许多传统管材不具备的优点，如良好的抗腐蚀性能、轻质、高强度等，正在逐渐应用于各种工程中。

3）给水管件

(1) 配件：在管道的转弯、分支、变径及连接其他设备处使用，如三通、四通、弯头、异径管(变径管)、短管(变接口)等。

(2) 附件：用于输配水控制，包括止回阀、排气阀、泄水阀、消防栓等。止回阀可控制水流只朝一个方向流动，防止倒流；排气阀用于排出管道中的气体，减小水流阻力；泄水阀用于排空管道，清除沉淀物；消防栓是消防车取水的设施。

2. 管道构造

1）管道基础

管道基础包括：地基、垫层、基础、管座，如图 4.8 所示。

(1) 砂土基础。弧形素土基础、砂垫层基础，如图 4.9 所示，适用于土壤条件非常好、无地下水的地区，管道直径小于 600 mm，管顶覆土厚度为 0.7～2.0 m 的管道，不在车行道下的次要管道及临时性管道。

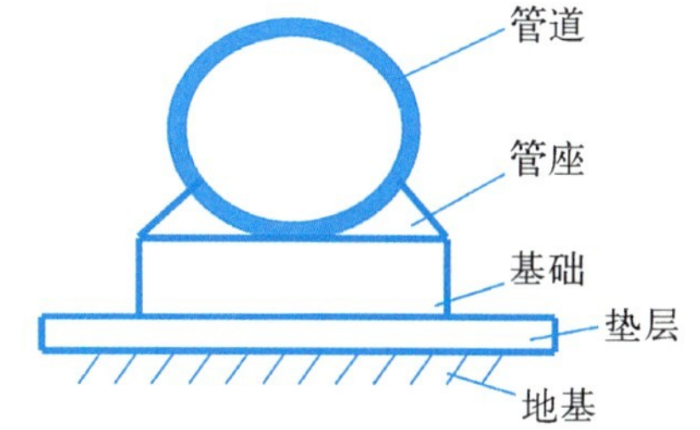

图 4.8　管道基础构造图

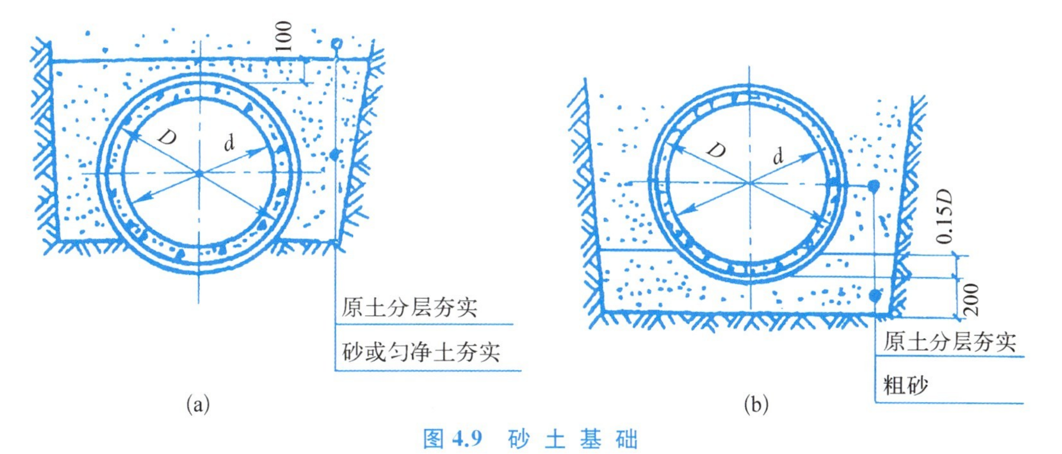

图 4.9　砂土基础

(a) 弧形素土基础；(b) 砂垫层基础

(2) 混凝土枕基。在管道接口下，运用混凝土垫块构建的混凝土枕基，其图示请参照图 4.10。这种设计尤其适用于土壤坚实、无地下水侵扰的地理区域，对于给排水支管的稳固

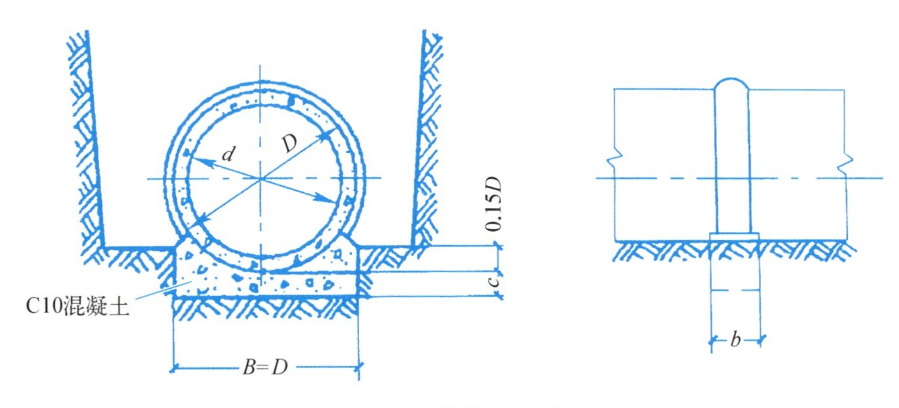

图 4.10　混凝土枕基

至关重要。混凝土枕基不仅为管道提供了坚实的支撑，还有效防止了因土壤松动或地下水位变化而导致的管道移位，确保了管道系统的长期稳定运行。

(3) 混凝土带形基础。沿着管道的全线铺设，采用带状的水泥混凝土作为基础，具体如图 4.11 所示。这一设计因其广泛的适用性而备受推崇，无论是何种土质条件，它都能展现出卓越的稳定性。特别是在土壤条件恶劣、地震频发或管道重要性极高的场合，混凝土带形基础更是不可或缺。

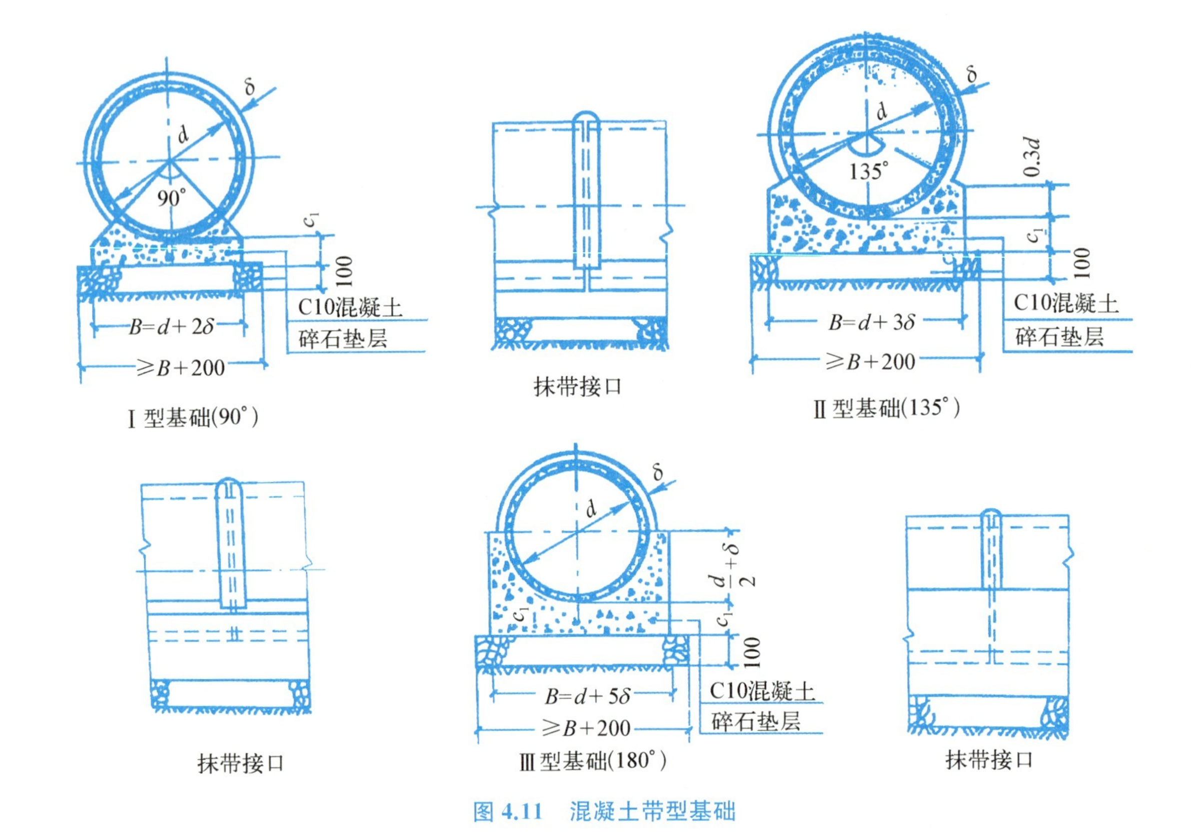

图 4.11 混凝土带型基础

根据管道的具体情况和埋设深度，可以灵活选择 90°、135°、180°或 360°这四种不同的管座形式，以满足各种复杂工程的需求。这种多样化的设计不仅提高了工程的灵活性，还进一步增强了管道系统的整体稳定性和安全性。

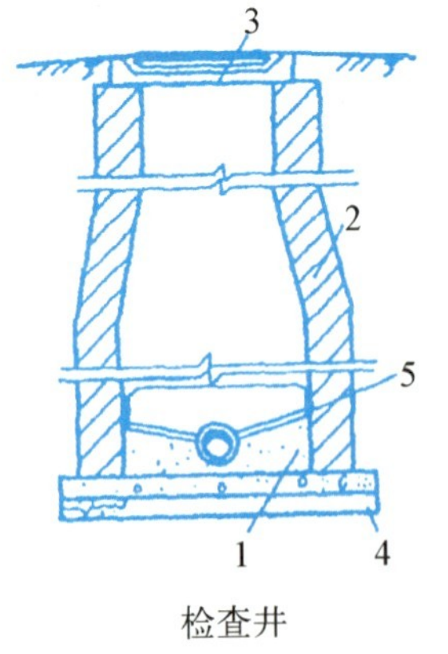

1—流槽；2—井身；
3—井盖及盖座；4—井基；5—沟肩。

图 4.12 检查井构造

2) 排水管道附属构筑物

(1) 检查井。

检查井的功能：便于对管道衔接以及定期检查和疏通。

检查井的位置：管道交会处、转弯处、尺寸或坡度改变处、跌水、相隔一定距离的直线段上。

检查井的构造：由井底、井身、井盖组成，如图 4.12 所示。

井底一般采用低标号混凝土，基础采用碎、卵石或混凝土；如图 4.13 所示，宜设流槽，并使流槽底具有一定坡度，以降低水流阻

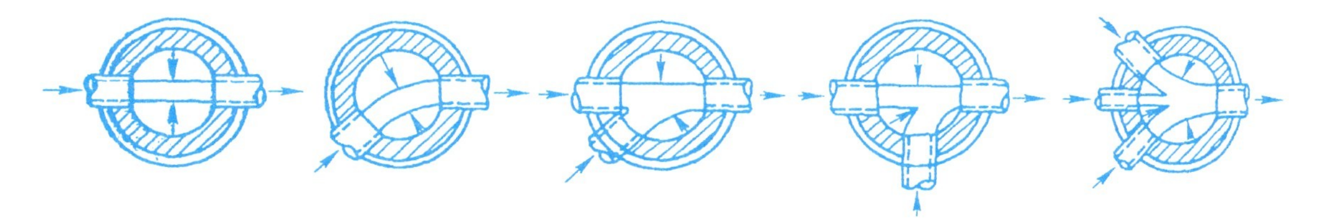

图 4.13　检查井流槽形式

力，防止淤积；流槽两侧至井壁间应有不小于 20 cm 的宽度，以便于养护人员下井时立足，即沟肩。

井身以砖、石砌筑，也可以用钢筋混凝土现浇。不需要下井的浅检查井，井身为直壁圆筒形；需要下井的其井身在构造上分为井室、渐缩部、井筒三个部分，如图 4.14 所示。

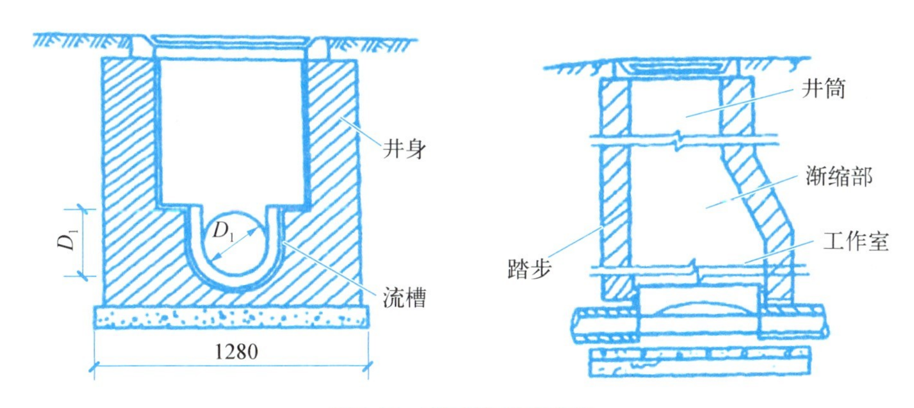

图 4.14　检查井井室构造

井室直径不小于 1 m，井筒直径不小于 0.7 m。井室与井筒间以渐缩部连接，也可在井室上加钢筋混凝土盖板，在盖板上砌筑井筒。

井盖由井盖和盖座组成，常采用铸铁、钢筋混凝土等制成。为防止雨水流入，盖顶应略高于地面。

（2）雨水口。

雨水口功能：收集地表径流的雨水，将其引入雨水管道。

雨水口位置：道路交叉口、直线上一定距离（25～50 m）处、路缘石低洼地。

雨水口构造：由基础、井箅、井筒、连接管组，如图 4.15 所示。

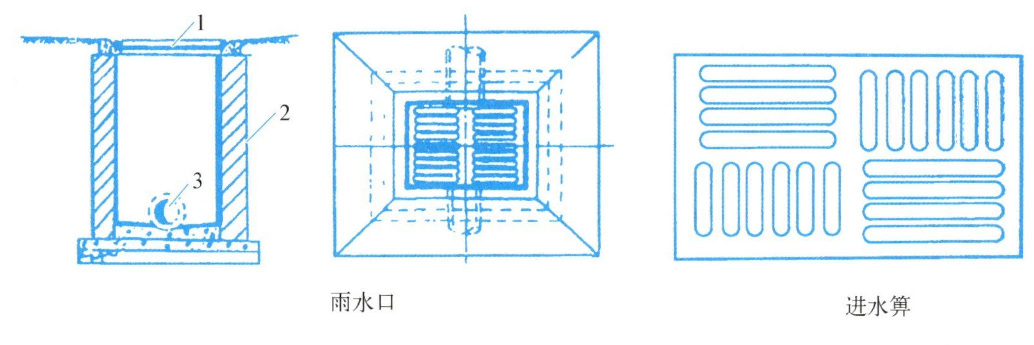

1—进水箅；2—井筒；3—连接管。

图 4.15　雨 水 口 构 造

雨水口按照集水方式可分为平箅式、立箅式、联合式三种。

(3) 出水口。

出水口是将雨水排入河渠的出口。

给水管道的附属构筑物主要包括以下几种类型,它们各自承担着重要的功能,以确保给水系统的正常运行和维护工作的便捷进行。

① 阀门井:这种构筑物是安装各种给水管道附件的关键位置,它为操作和养护这些附件提供了便利。在阀门井中,可以进行管道的开启、关闭、调节水流大小等操作,同时也便于对管道进行清洗、检修和更换。此外,阀门井还能够保护阀门免受外部环境的影响,延长其使用寿命。

② 泄水阀井:泄水阀井的主要作用是排除通过泄水阀排放的废水。它通常由湿井和阀门井相连构成,形成一个完整的排放系统。泄水阀井的设计和位置能够确保废水顺畅排出,同时避免对周围环境造成污染。

③ 支墩:支墩是给水管道系统中不可或缺的组成部分,其功能主要是防止管道的承插接口因为承受过大的水流推力而导致接口脱落。支墩能够对管道施加一定的支撑作用,保证管道的稳定性和安全性。在管道系统中,支墩通常设置在弯管、三通、变径等位置,这些位置是管道受力较大的地方,需要有支墩来加强管道的固定。

给水管道的附属构筑物在保证给水系统的正常运行和维护方面发挥着至关重要的作用。它们的设计和施工都需严格按照相关标准进行,以确保给水系统的安全、稳定和高效。

4.2 市政管网工程给排水工程识图

给水与排水施工图详尽地描绘了小区区域内各类室外给排水管道的布局,细致刻画了它们与室内管道系统中引入管及排出管之间的无缝衔接。同时,这些图纸还精确呈现了管道铺设过程中的关键参数,如坡度设计、埋设深度以及各管道间的交会情况等,为施工提供了详尽的指导。

在市政层面,给水与排水施工图的内容更为丰富,涵盖了给水排水平面图、管道纵断面图以及各类附属设备的详细施工图等,全方位地展示了市政给排水系统的复杂性与精密性。在此,这里仅就室外给水排水平面图与管道纵断面图两个核心部分进行简要介绍,以期为读者提供一个初步的了解框架。

室外给水排水平面图,作为整个系统设计的蓝图,清晰展现了小区内外给排水管道的平面布局,包括管道的走向、管径大小、阀门井位置等重要信息,为施工人员提供了直观的视觉参考。而管道纵断面图,则通过立体化的视角,深入剖析了管道在垂直方向上的布局情况,包括管道的埋设深度、坡度变化、穿越障碍物的方式等细节,为施工过程中的高程控制与地形适应提供了重要依据。

4.2.1 给水与排水工程图的组成

1. 给水排水平面图

图 4.16 是某学校一幢新建学生宿舍附近的一个小区的室外给水排水平面图,表示了新建学生宿舍附近的给水、污水、雨水等管道的布置,及其与新建学生宿舍室内给水排水管道的连接。现结合图 4.16 讲述室外给水和排水平面图的图示内容、表达方法以及绘图步骤。

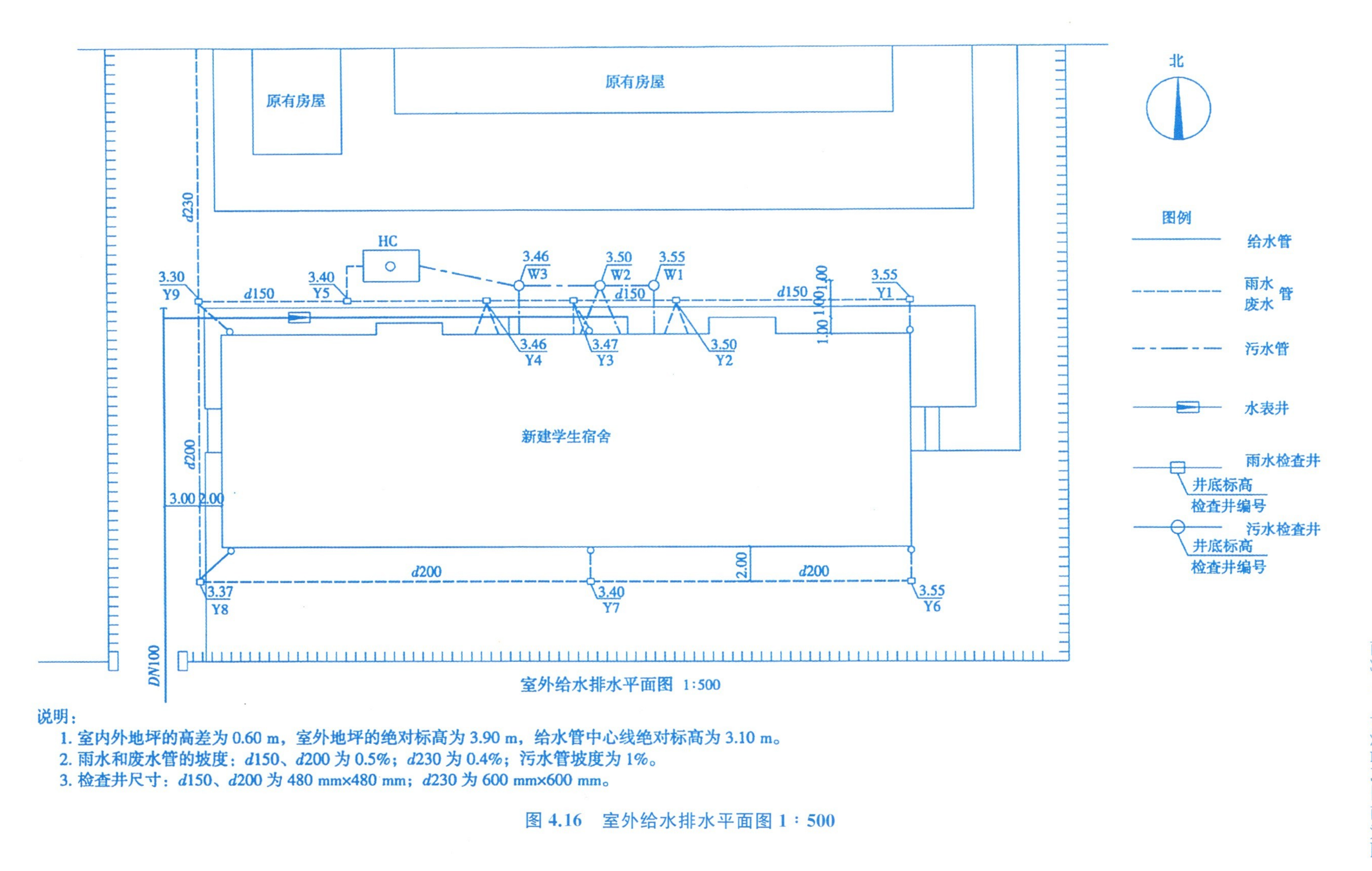

说明：

1. 室内外地坪的高差为 0.60 m，室外地坪的绝对标高为 3.90 m，给水管中心线绝对标高为 3.10 m。
2. 雨水和废水管的坡度：*d*150、*d*200 为 0.5%；*d*230 为 0.4%；污水管坡度为 1%。
3. 检查井尺寸：*d*150、*d*200 为 480 mm×480 mm；*d*230 为 600 mm×600 mm。

图 4.16　室外给水排水平面图 1∶500

2. 图示内容和表达方法

（1）比例一般采用与建筑总平面图相同的比例，常用 1∶1 000、1∶500、1∶300 等，该图的比例是 1∶500；范围较大的厂区或者小区的给水排水平面图常用比例为 1∶5 000、1∶2 000。

（2）由于在室外给水排水平面图中，主要反映室外管道的布置，所以在平面图中，原有房屋以及道路、围墙等附属设施，基本上按照建筑总平面图的图例绘制，但都是用细实线画出它的轮廓线，原有的各种给水和其他压力流管线，都画中实线。

3. 管道及附属设施

图 4.16 中，为了使图形清晰明显，采用了自设图例：新建给水管用粗实线表示，新建污水管用粗点画线表示，雨水管用粗虚线表示。管径都直接标注在相应的管道旁边：给水管一般采用铸铁管，以公称直径 DN 表示；雨水管、污水管一般采用混凝土管，则以内径 d 来表示。水井表、检查井、化粪池等附属设备则按相应的图例绘制。室外管道应标注绝对标高。

给水管道宜标注管中心标高，由于给水管是压力管，且无坡度要求，往往沿地面敷设，如敷设时为统一埋深，可在说明中列出给水管中心标高。从图中可以看出：从大门外引入的 $DN100$ 给水管，沿西墙 5 m 处和沿北墙 1 m 处敷设，中间接一水表，分两根引入管接入室内，沿管线都不标注标高。

排水管道（包括雨水管和污水管）应注出起讫点、转角点、连接点、交叉点、变坡点的标高，排水管道宜标注管内底标高。为简便起见，可在检查井处引一指引线，在指引线的水平线上面标注井底标高，水平线下面标注用管道种类及编号组成的检查井编号，如 W 为污水管，Y 为雨水管，标号顺序按水流方向，从管的上游向下游顺序编号。从图 4.16 中可以看出：污水干管在房屋中部离学生宿舍北墙 3 m 处沿北墙敷设，污水自室内排出管排出户外，用支管分别接入标高为 3.55 m、3.50 m、3.46 m 的污水检查井中，检查井用污水干管（$d150$ 连接），接入化粪池，化粪池用图例表示。雨水干管沿北墙、南墙、西墙在离墙 2 m 处敷设。自房屋的东端起分别有雨水管和废水干管，雨水管和废水管用同一根排水管：一根 $d150$ 的干管沿南墙敷设，雨水通过支管流入东端的检查井 Y6（标高 3.55 m），经过这根干管，流向检查井 Y7（标高 3.40 m），在 Y7 上又接一根支管；$d150$ 干管继续向西，与检查井 Y8（标高为 3.37 m）连接，Y8 上再接一根支管。干管从 Y8 转折向北，沿西墙敷设，管径增为 $d200$，排入检查井 Y9（标高为 3.30 m）。另一根 $d150$ 的干管自检查井 Y1（标高 3.55 m）开始，由支管接入 Y1，干管 $d150$ 将雨水沿北墙向西排向检查井 Y2（标高 3.50 m），Y2 连接室内的两根废水排水管；然后干管 $d150$ 再向西，经检查井 Y3（标高 3.47 m）、Y4（标高 3.46 m），排到 Y5（标高 3.40 m），其中 Y3 接入一根室内废水排水管和一根雨水管，Y4 接入两根室内废水排水管，Y5 则接入了经化粪池沉淀后所排出的污水；这根干管 $d150$ 再向西流入检查井 Y9。这两根干管都接于检查井 Y9 后，由检查井 Y9 再接到雨水和废水总管 $d230$ 继续向北延伸。雨水管、废水管、污水管的坡度及检查井的尺寸，均可在说明中注写，图中可以不予表示。

4. 指北针、图例和施工说明

如图 4.16 所示，在室外给水排水平面图中，图面的右上角应画出指北针（在给水排水总平面图中，在图面的右上角应绘制风玫瑰图，如无污染源时，可绘制指北针），标明图例，书写必要的说明，以便于读图和按图施工。

5. 绘图步骤

（1）先抄绘建筑总平面图中布置的各建筑物、道路等，画出指北针。

（2）按照新建房屋的室内给水排水底层平面图，将有关房屋中相应的给水引入管、废水排出管、污水排出管、雨水连接管等的位置在图中画出。

(3) 画出室外给水和排水的各种管道，以及水表、检查井、化粪池等附属设备。

(4) 标注管道管径、检查井的编号和标高以及有关尺寸。

(5) 标绘图例和注写说明。

4.2.2 市政管道工程图识读

1. 一般规定

1) 标高

标准规定，室外工程应标注绝对标高；无绝对标高时也可标注相对标高。压力管应标注管中心标高；沟渠和重力管应标注沟(管)内底标高。

2) 管径

公称直径：*DN*，常用于金属管材，如铸铁管 *DN*25。

外径：$D\times\delta$，常用于不锈钢管、无缝钢管，如不锈钢管 *D*108×4。

内径：*d*，常用于混凝土管、陶土管等，如钢筋混凝土管 *d*300。

2. 管网平面图

1) 平面图的识读

市政给水排水平面图是室外给水排水工程图中的主要图样之一，它表示室外给水排水管道的平面布置情况，表明管道的平面位置，管道直径、长度、坡度，检查井位置、编号，水流方向等，如图 4.17 所示。

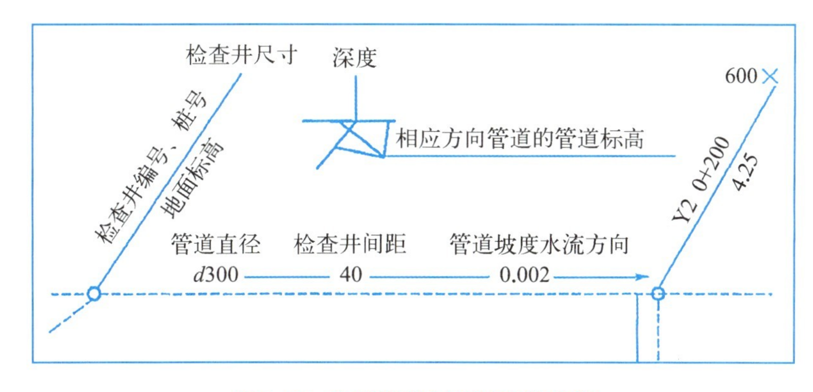

图 4.17 市政管道平面图表达内容

比例：1∶500 或 1∶1 000，与道路施工图一致。

方位：坐标网或指北针。

道路平面图：中心线、边线、桩号等。

管线：雨水 Y、污水 W、给水 J，以不同的线型表示。

附属构筑物：图例表示并编号，如 W5，5 号污水检查井。

标高：地面标高和管道标高。

管道：直径、长度、坡度、流向。

图中的虚线表示的是管道，虚线两端的小圆表示的是检查井，该管道可以通过检查井的标注来判断，图中标注 Y2 0+200 中“Y”代表的是雨水，因此该管道为雨水管，“2”代表 2 号检查井，0+200 表示管道所在道路上的里程桩号。通过图例和标注还可以看出 2 号雨水检查井的地面标高为 4.25 米。雨水管道上方，标注了“管道直径-检查井间距-管道坡度-水流方向”，需要注意的是检查井间距是相邻两井井中到井中的距离，不是管线的长度，所以后期计算工程量时要按要求进行扣减。

2）平面图的绘制

绘制市政给水排水平面图时主要有以下几点要求。

（1）应绘出该室外原有和新建的建筑物、构筑物、道路、等高线、施工坐标和指北针等。

（2）室外给水排水平面图的方向，应与该室外建筑平面图的方向一致。

（3）绘制室外给水排水平面图的比例，通常与该室外建筑平面图的比例相同。

（4）室外给水管道、污水管道和雨水管道应绘在同一张图上。

（5）同一张图上有给水管道、污水管道和雨水管道时，一般分别以符号 J、W、Y 加以标注。

（6）同一张图上的不同类附属构筑物，应以不同的代号加以标注；同类附属构筑物的数量多于一个时，应以其代号加阿拉伯数字进行编号。

（7）绘图时，当给水管与污水管、雨水管交叉时，应断开污水管和雨水排水管。当污水管和雨水排水管交叉时，应断开污水管。

（8）建筑物、构筑物通常标注其 3 个角坐标。当建筑物、构筑物与施工坐标轴线平行时，可标注其相对角坐标。

附属建筑物（检查井、阀门井）可标注其中心坐标。管道应标注其管中心坐标。当个别管道和附属构筑物不便于标注坐标时，可标注其控制尺寸。

（9）画出主要的图例符号。

3. 市政给水排水管道纵断面图

纵断面图表示地面起伏情况、管道敷设深度、管道直径及坡度、与其他管道交接情况。与道路纵断面图相同，横向表示长度、竖向表示管径与标高，包括图样部分和表格部分。

图样部分的内容包括：比例，竖向比例常为横向比例的 10 倍；线形：粗双线表示管道、粗实线表示地面、双竖线表示检查井；支管标注方位、代号、管径，例如 *SYD*400 表示由南向接入的直径 400 mm 的雨水管道。

（1）比例。由于管道的长度方向比直径方向大得多，为了说明地面起伏情况，在纵断面图中，通常采用横向和纵向不同的组合比例，例如纵向比例常用 1∶200、1∶100、1∶50，横向比例常用 1∶1 000、1∶500、1∶300 等。

（2）断面轮廓线的线型。室外给水排水管道纵断面图主要表达地面起伏、管道敷设的埋深和管道交接等情况。图 4.18 是某一街道给水排水平面图和污水管道纵断面图，现结合图 4.18，讲述室外给水排水管道纵断面图的图示内容和表达方法。

管道纵断面图是沿干管轴线铅垂剖切后画出的断面图，压力流管道用单粗实线绘制，重力流管道用双粗点画线和粗虚线绘制（图 4.18 所示的污水管、雨水管）；地面、检查井、其他管道的横断面（不按比例，用小圆圈表示）等用细实线绘制。

（3）图表部分，表达干管的有关情况和设计数据，以及与在该干管纵断面、剖切到的检查井、地面，以及其他管道的横断面，都用断面图的形式表示，图中还在其他管道的横断面处，标注了管道类型的代号、定位尺寸和标高。在断面图下方，用表格分项列出该干管的各项设计数据，例如：设计地面标高、设计管内底标高（这里指重力管）、管径、水平距离、编号、管道基础等

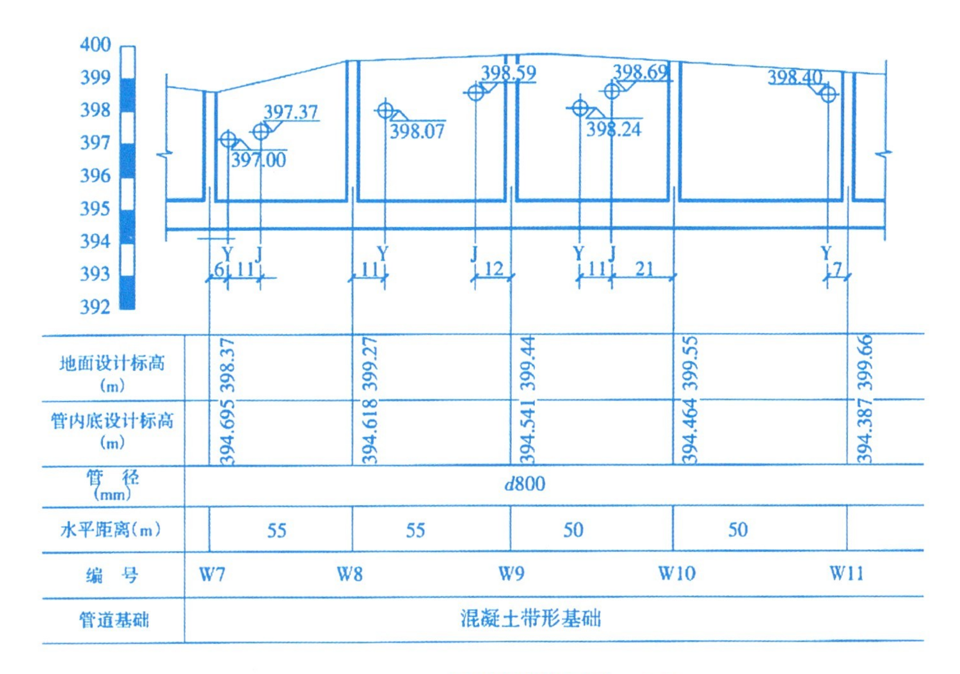

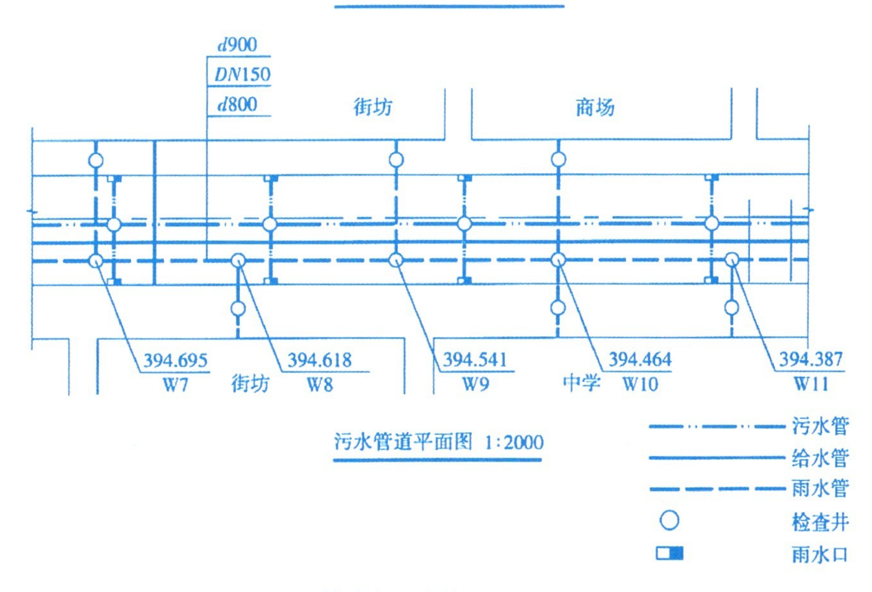

图 4.18 某城市污水管道施工图

内容。此外，还常在最下方画出管道的平面图，与管道纵断面图对应，便可补充表达出该污水干管附近的管道、设施和建筑物等情况，除了画出在纵断面中已表达的这根污水干管以及沿途的检查井外，管道平面图中还画出：这条街道下面的给水干管、雨水干管，并标注了这三根干管的管径，标注了它们之间以及与街道的中心线、人行道之间的水平距离；各类管道的支管和检查井以及街道两侧的雨水井；街道两侧的人行道、建筑物和支管道口等。

由图 4.18 中污水管道的纵断面图可知，管道基础为混凝土带型基础即混凝土平基，污水检查井编号从 W7 到 W11 共五座，污水管道有四段，均为内径 800 mm 的混凝土管，检查井地面标高和管内底标高参见表格部分，井中到井中的距离分别为 55 m、55 m、50 m、50 m。

4.2.3 管道构筑物详图识图

给水排水系统的平面图和管道纵断面图等图纸，详尽地展现了各类管道的布置情况，而在实际施工过程中，更是离不开详尽的施工详图作为施工依据。

施工详图的设计，其比例可根据具体需求灵活调整，以确保图纸内容的丰富与详尽。特别地，安装详图务必紧扣施工安装的每一个细节，力求表达得详尽、具体且明确。这类详图多采用正投影的绘制方式，设备的外形可简约勾勒，而管道则以双线清晰呈现，同时，安装尺寸亦需标注得完整且清晰。此外，主要材料表及相关说明也应清晰明了，以便于施工人员快速准确地理解并执行。

如图 4.19 所示，这是一张室外砖砌污水检查井的详图。在该图中，由于检查井的外形相

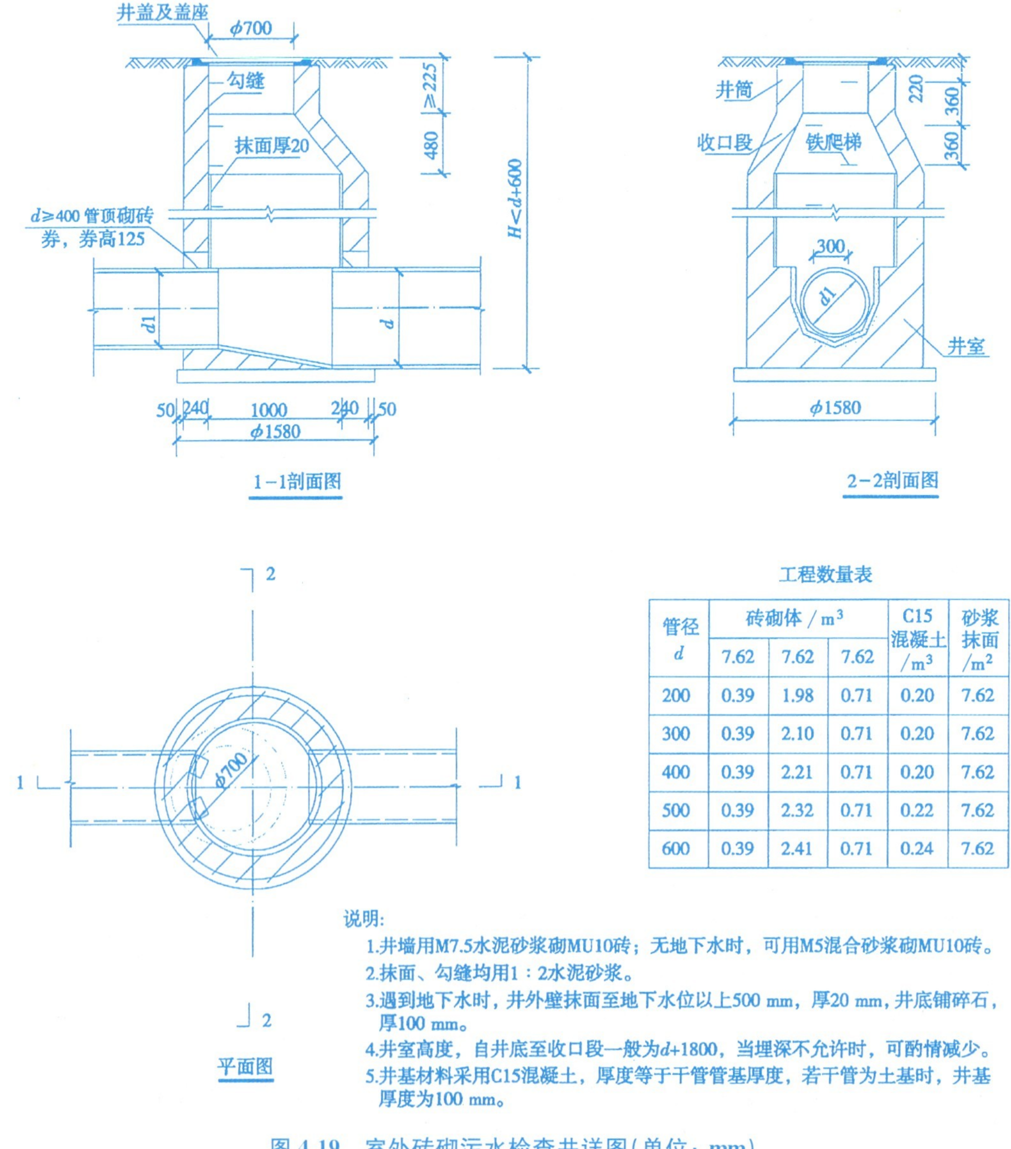

管径 d	砖砌体 / m³			C15混凝土 / m³	砂浆抹面 / m²
	7.62	7.62	7.62		
200	0.39	1.98	0.71	0.20	7.62
300	0.39	2.10	0.71	0.20	7.62
400	0.39	2.21	0.71	0.20	7.62
500	0.39	2.32	0.71	0.22	7.62
600	0.39	2.41	0.71	0.24	7.62

图 4.19 室外砖砌污水检查井详图(单位：mm)

对简单，因此主要需展现的是其内部干管与接入支管的连接方式，以及检查井的整体构造情况。为此，该图巧妙地采用了三幅剖面图的形式进行表达。其中，检查井的平面图与建筑平面图相似，均为水平剖面图，便于直观理解。而另外两个剖面图，则省略了剖切符号的标注，使图纸更为简洁。图中，两个以虚线表示的圆形，实为上端井盖的投影，进一步增强了图纸的立体感。

此外，图 4.20 还展示了盖座及井盖的配筋图，为施工过程中的钢筋配置提供了明确的指导。通过这一系列详尽的图纸，施工人员可以更加准确地把握施工要点，确保工程质量。

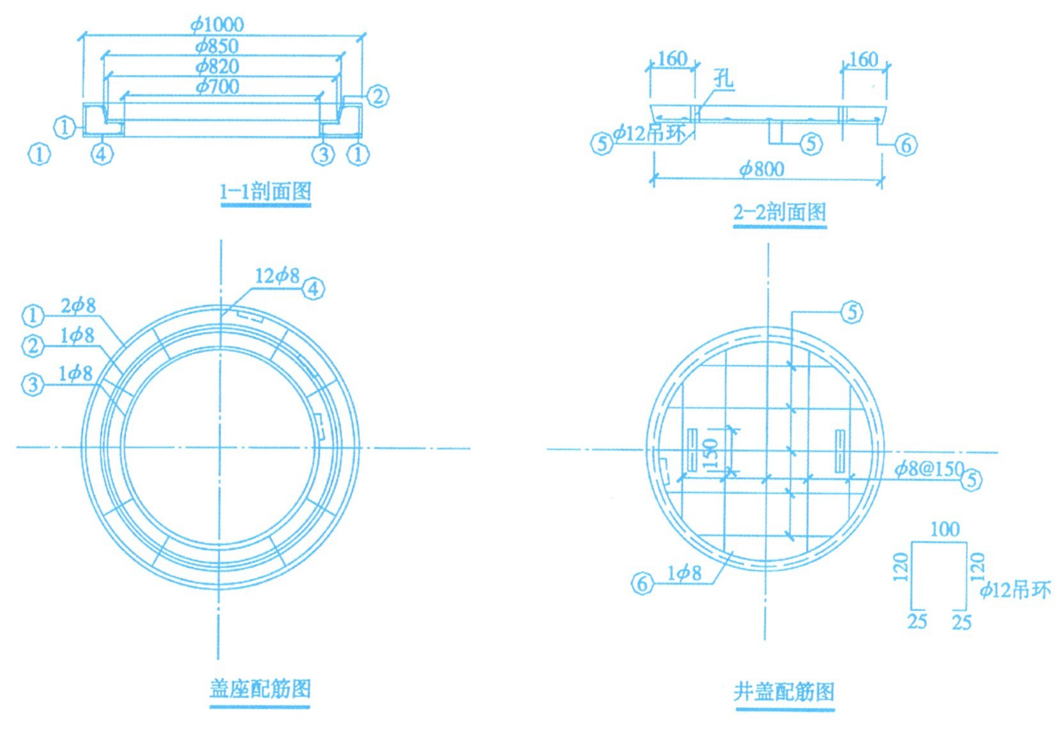

说明：
1. 混凝土C25。
2. 钢筋保护层盖座75 mm，井盖20 mm。
3. 设计荷载4 kN/m，适用于人行道及车辆通行之处。
4. 构件表面和底面要求平整，尺寸误差不应超过 ± 10 mm。
5. 吊环严禁使用冷加工钢筋。

图 4.20　盖座及井盖配筋图(单位：mm)

任务 5

市政桥梁、隧道工程、涵洞工程识图

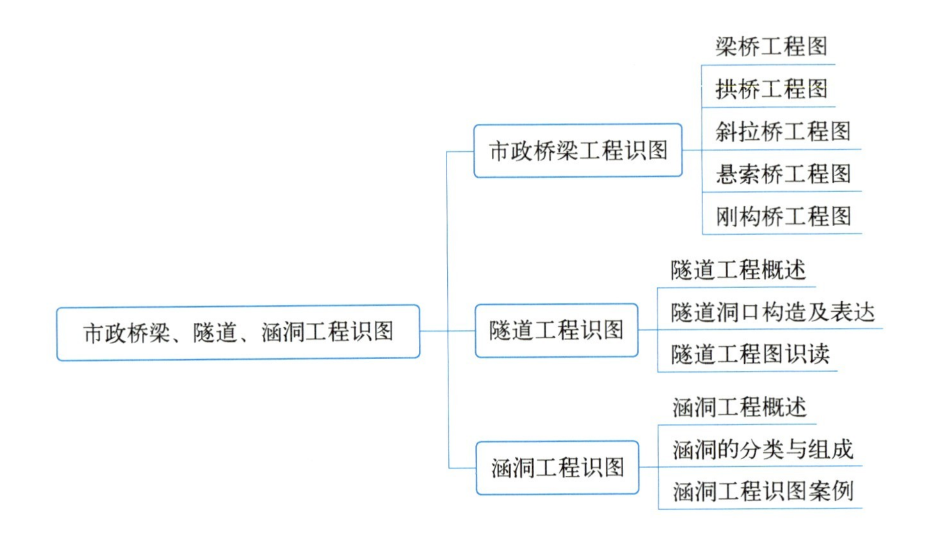

5.1 市政桥梁工程识图

桥梁由上部结构、下部结构和附属结构组成。

上部结构：也称桥跨结构，是路线跨越障碍的主要承重构件，其中包括承重结构和桥面系。

下部结构：支承桥跨结构的构筑物，包括桥台、桥墩和基础。

附属结构：包括锥形护坡、护岸、导流结构物等。

桥梁工程图由桥梁总体布置图和构件结构图等组成，下面分别介绍常见的桥梁结构形式：梁桥、拱桥、斜拉桥、悬索桥四种桥型的基本构造。

5.1.1 梁桥工程图

1. 总体布置图

总体布置图一般由立面图（半剖面图）、平面图和横断面图表示，主要表明桥梁的形式、跨径、孔数、总体尺寸、各主要构件的相互位置关系、桥梁各部分的标高及说明等，是桥梁定位中墩台定位构件安装及标高控制的重要依据。

1）立面图

总体立面图一般采用半立面图和半纵剖面图来表示，半立面图表示其外部形状，如图示出桩的形状及桩顶、桩底的标高、桥墩与桥台的立面形式、标高及尺寸，标高主梁的形式、梁底标高的相关尺寸，各控制位置如桥台起、止点和桥墩中线的里程桩号。

半纵剖面图表示其内部构造，如图示出桩的形式及桩底桩顶标高；桥墩与桥台的形式及帽梁、承台、桥台，剖面形式；主梁形式与梁底标高及梁的纵剖面形式，各控制点位置及里程桩号。图示出桥梁所在位置的河床断面，用图例示意出土质分属，并注明土质名称。用剖切符号注出横剖面位置，标注出桥梁中心桥面标高及桥梁两端标高，注明各部位尺寸及总体尺寸。图示出常年水位（洪水）最低水位及河床中心地面的标高，在图样左侧画出高程标尺。如图5.1所示。由总体布置立面图可以看出：

（1）跨径：全桥为一跨，跨径为20 m；

（2）桥墩台形式：桥台为重力式桥台，由台帽、台身、承台组成；

（3）基础：桩基为钻孔灌注桩基础，每个桥台下布设两排；

（4）总体尺寸、标高：由图可了解桥梁起终点桩号、桥面标高、河底标高、水位标高、桩基底标高及桩径尺寸等；

（5）其他：由地质剖面图可了解到地质大致情况及一些附属构件如桥台后搭板的长度等。

2）平面图

平面图表示桥梁的平面布置形式，可看出桥梁宽度、桥梁与河道的相交形式、桥台平面尺寸以及桩的平面布置方式，如图5.2所示。

3）横断面图

主要表示桥梁横向布置情况，从图中可看出桥梁宽度、桥上路幅布置、梁板布置及梁板形式，也可看出桩基的横向布置，如图5.3所示。

2. 构造及配筋图

1）空心板构造及配筋图

构造图由平面、立面、剖面共同表示，可清楚了解空心板的内外部构造尺寸，并由图中的绞缝图了解空心板与空心板间的连接情况，如图5.4所示。

配筋图由普通钢筋构造图与预应力钢筋构造图组成。预应力空心板受力筋为预应力钢筋，普通钢筋则为构造钢筋，如图5.5所示。

（1）普通钢筋构造图：表示空心板中构造钢筋布置情况，钢筋编号采用N表示，N1、N2、N3为纵向布置钢筋，为梁中主要构造钢筋，对分散梁中应力及控制非受力裂缝起较大作用，N1通长布置。由于绞缝的缘故，N2、N3号筋共同组成通长筋，N1下缘布置8根，上缘8根，两侧各3根，共22根；N4、N5、N6、N7共同组成箍筋，梁端部间距为10 cm，中部为20 cm，主要作用为架立并承担部分剪力，与纵向钢筋组成普通钢筋骨架；N8号筋为板间连接钢筋，作用为加强两空心板间的连接刚度；N9、N10为空心板顶板下缘筋，主要承担空心板顶板弯矩。图中画出了每种钢筋的详图。

（2）预应力钢束构造图：板梁为后张法预应力空心板梁，由图中预应力钢束坐标表可知预应力筋立面布置位置；一块空心板共四束钢束，每束由4根高强低松弛钢绞线组成，由说明还可看出预应力孔道由预埋波纹管形成及锚具型号。预应力钢筋为梁板中主要受力钢筋，承受梁板的主要弯矩及剪力，如图5.6所示。

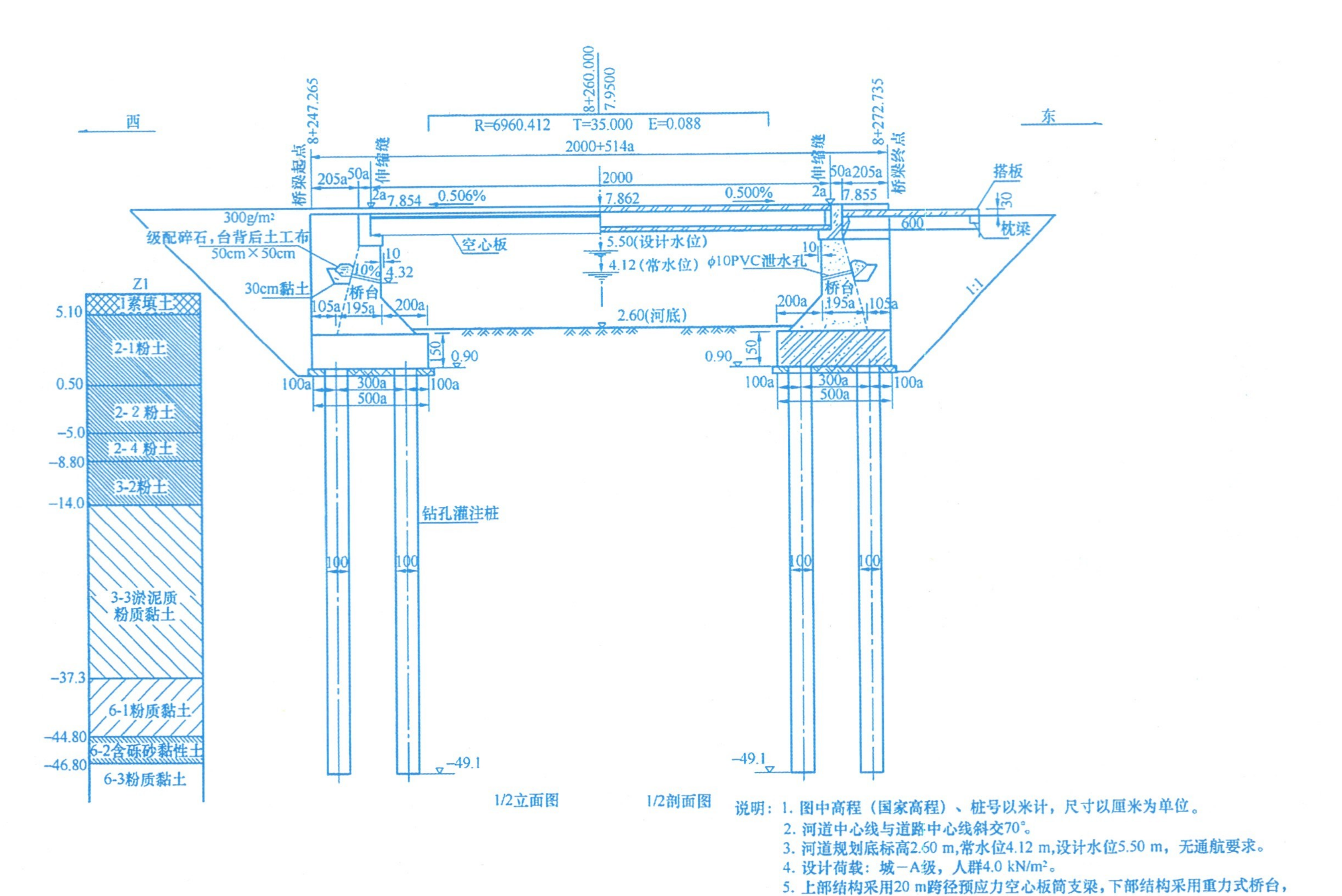

说明：1. 图中高程（国家高程）、桩号以米计，尺寸以厘米为单位。
2. 河道中心线与道路中心线斜交70°。
3. 河道规划底标高2.60 m,常水位4.12 m,设计水位5.50 m，无通航要求。
4. 设计荷载：城—A级，人群4.0 kN/m²。
5. 上部结构采用20 m跨径预应力空心板简支梁，下部结构采用重力式桥台，钻孔灌注桩基础。
6. 图中a=1/sin70°。
7. 单桩设计承载力2208 kN。

图 5.1　总体布置立面图

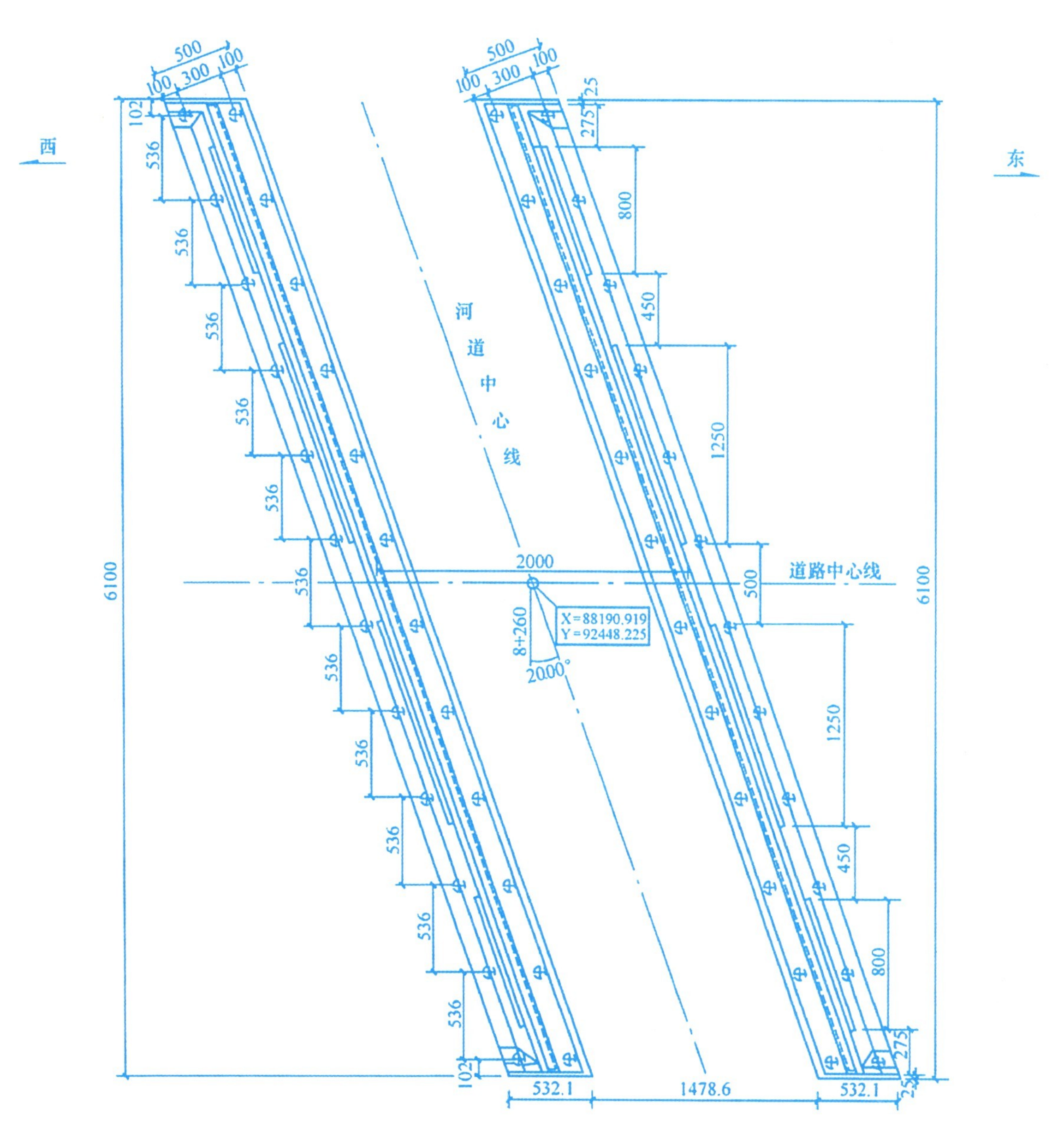

图 5.2　总图平面布置图(图中桩号、坐标以 m 记,其他尺寸单位为 cm)

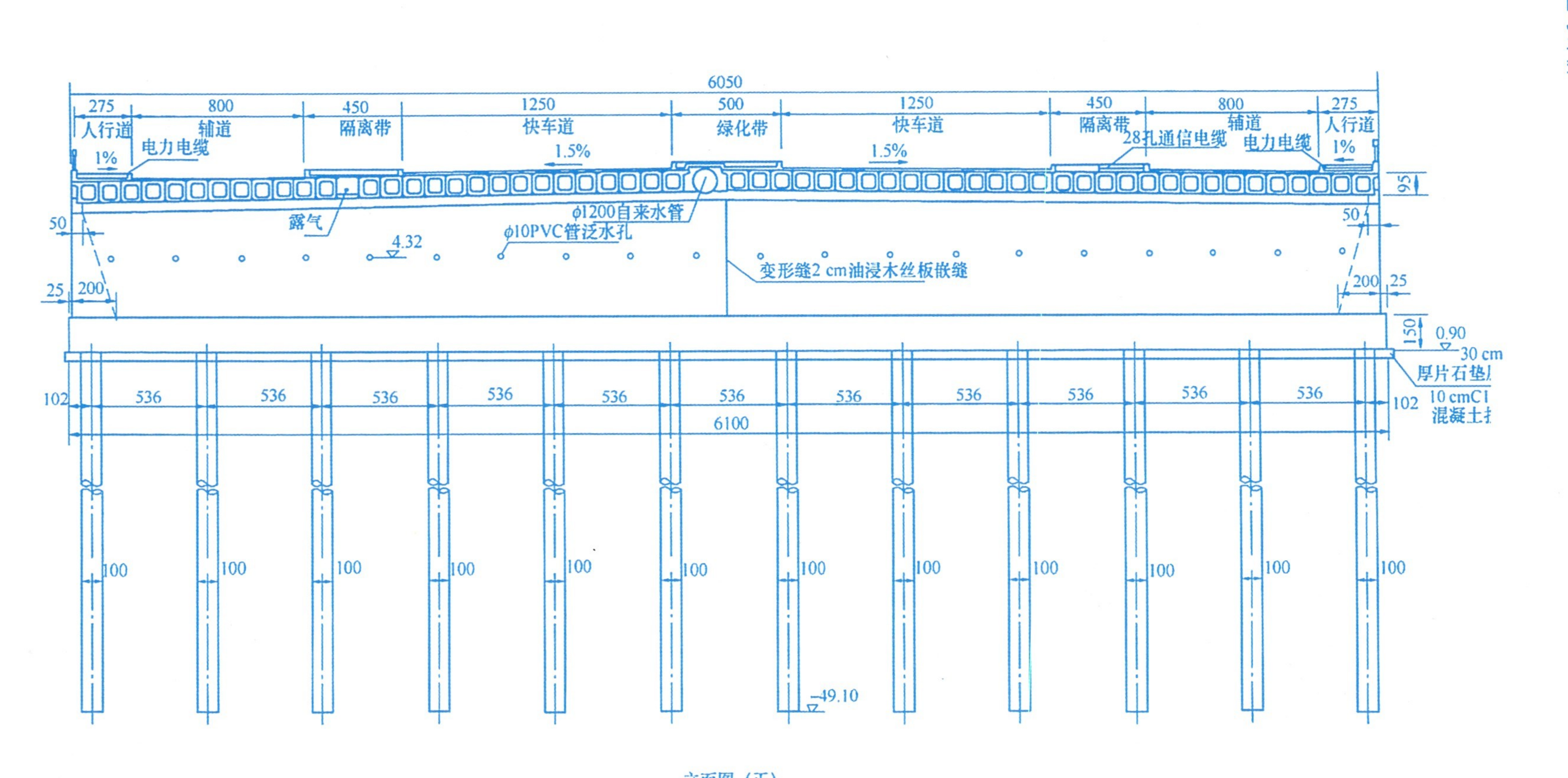

立面图（正）

图 5.3 桥台横断面图(图中标高以 m 记,其他尺寸单位为 cm)

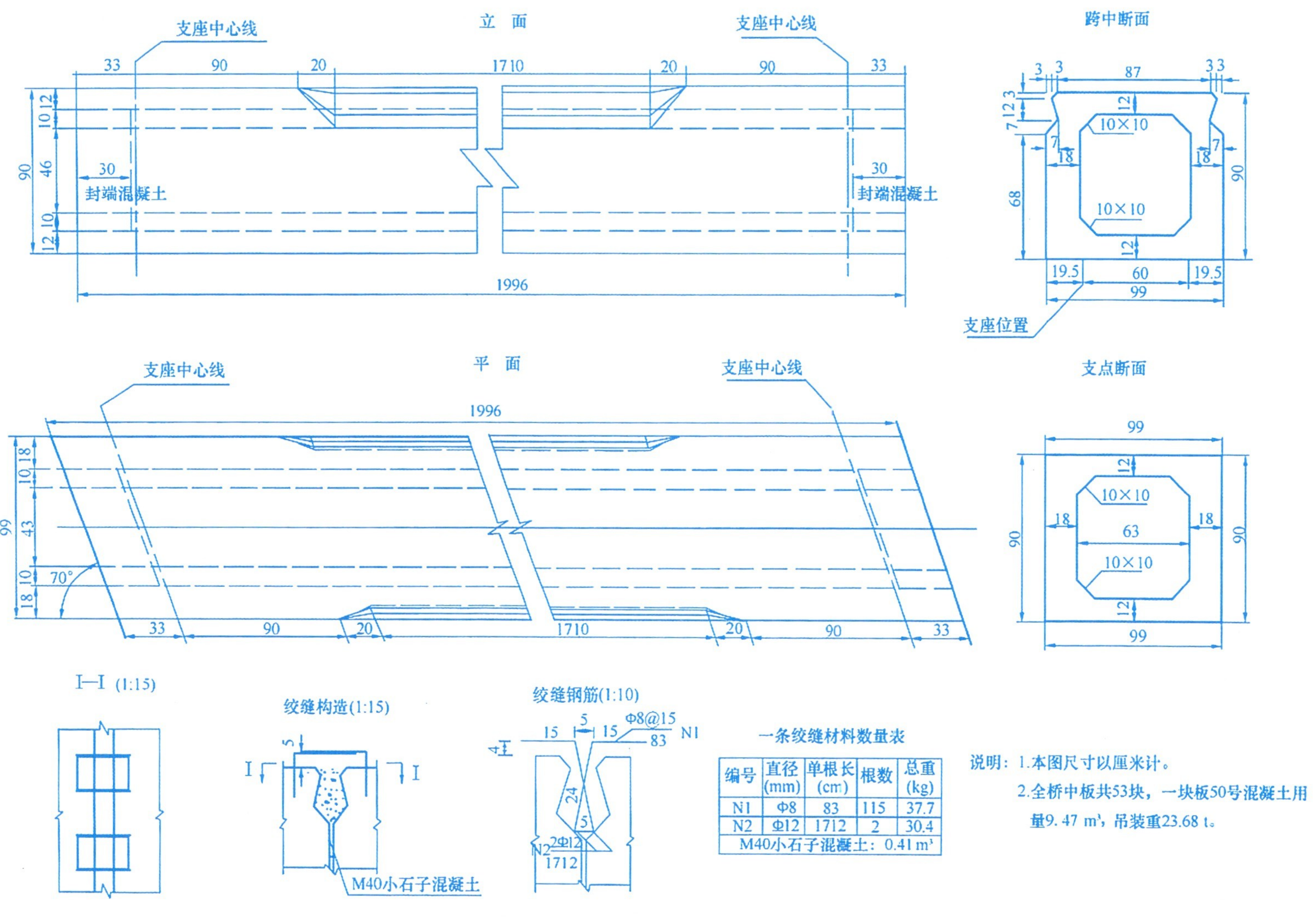

编号	直径(mm)	单根长(cm)	根数	总重(kg)
N1	Φ8	83	115	37.7
N2	Φ12	1712	2	30.4
M40小石子混凝土：0.41 m³				

说明：1.本图尺寸以厘米计。

2.全桥中板共53块，一块板50号混凝土用量9.47 m³，吊装重23.68 t。

图 5.4 20 cm空心板中板构造

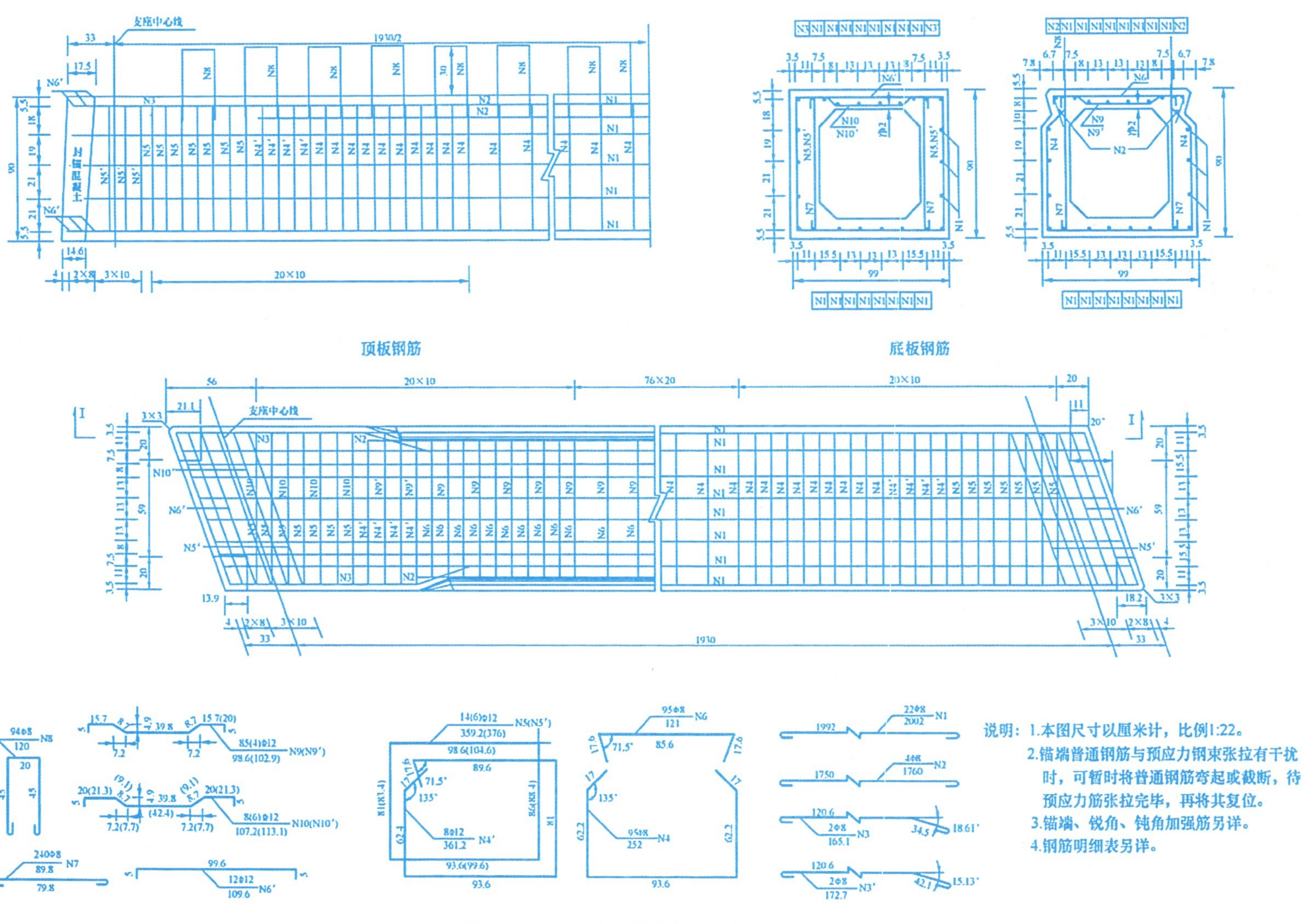

图 5.5　20 cm 空心板中板普通钢筋构造图

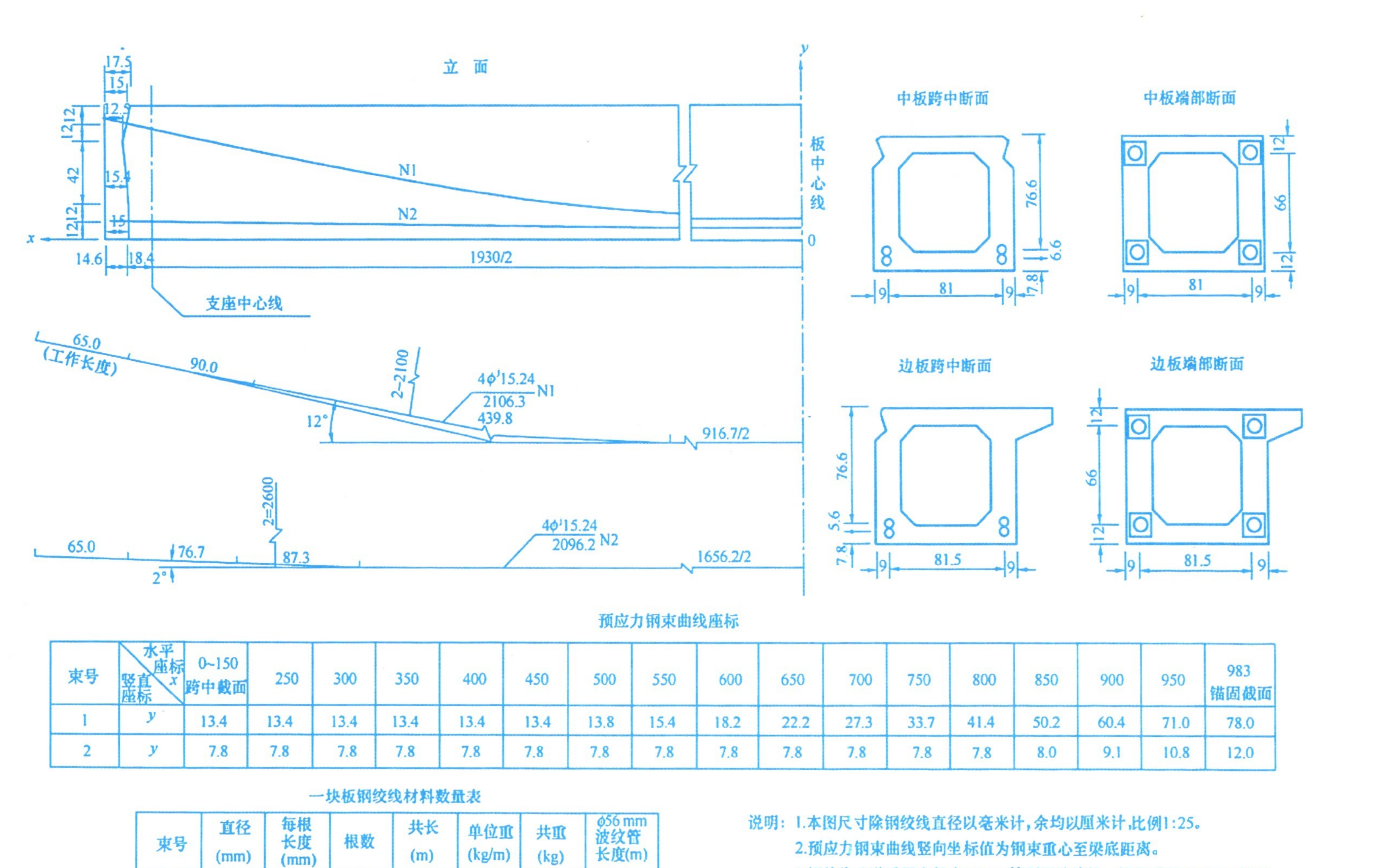

预应力钢束曲线座标

束号	竖直座标 \ 水平座标 x	0~150 跨中截面	250	300	350	400	450	500	550	600	650	700	750	800	850	900	950	983 锚固截面
1	y	13.4	13.4	13.4	13.4	13.4	13.4	13.8	15.4	18.2	22.2	27.3	33.7	41.4	50.2	60.4	71.0	78.0
2	y	7.8	7.8	7.8	7.8	7.8	7.8	7.8	7.8	7.8	7.8	7.8	7.8	7.8	8.0	9.1	10.8	12.0

一块板钢绞线材料数量表

束号	直径 (mm)	每根长度 (mm)	根数	共长 (m)	单位重 (kg/m)	共重 (kg)	φ56 mm 波纹管长度(m)
1	ϕ^j15.24	2106.3	8	168.50	1.102	370.49	78.84
2	ϕ^j15.24	2096.2	8	167.70			

说明：1.本图尺寸除钢绞线直径以毫米计，余均以厘米计，比例1:25。

2.预应力钢束曲线竖向坐标值为钢束重心至梁底距离。

3.钢绞线孔道采用直径为56 mm的预埋波纹管。锚具采用YM15-4锚具。

4.设计采用标准强度R_y^b=1860 MPa的高强低松弛钢绞线，4ϕ^j15.24 mm一束，两端张拉，每束钢绞线的张拉控制力为781.2 kN。

图5.6 20 cm空心板预应力钢束构造图

2）桩基构造及配筋图

因桩基外形简单无须另出构造图，由图中可知桩基为桩径 1 m 的钻孔灌注桩基础。①、②号筋为主筋，主要承受桩所受的弯矩及部分剪力，由于本桥桩基采用摩擦桩，考虑桩顶以下一定深度弯矩及水平力均较小，主筋不需通长布置，①号筋从上到下约布置到桩长 2/3、②号筋约为桩长的 1/2；③号筋为加强钢筋，与主筋焊接，每 2 m 布设一道；④、⑤号筋为螺旋箍筋，与主筋绑扎形成钢筋笼，并受部分水平力，其中⑤号筋为桩顶处螺旋筋，主筋在桩顶处弯起，使其与承台连接更牢固；⑥号筋为定位钢筋，布置在加强筋四周，如图 5.7 所示。

5.1.2 拱桥工程图

拱桥是在竖向力作用下具有水平推力的结构物，以承受压力为主。传统的拱桥以砖、石、混凝土为主修建，也称圬工桥梁。现代的拱桥如钢筋混凝土拱桥则以优美的造型成为市政桥梁的首选桥梁，这是传统拱桥和现代梁桥的完美结合。

1. 立面图

如图 5.8 所示为一座跨径 $L=6$ m 空腹式悬挂线双曲无铰拱桥。左半立面图表示，左侧桥台、拱、人行道栏杆及护坡等主要部分的外形视图；右半纵剖面图是沿拱桥中心线纵向剖开而得到的，右侧桥台、拱和桥面均应按剖开绘制。主拱圈采用圆弧双曲无铰拱，矢跨比 1/5，拱顶与拱腹墩下各设两道横系梁，拱座采用 C20 混凝土。桥跨与桥台结构均为混凝土壳板内填筑粉煤灰土。

2. 平面图

左半平面图是从上向下投影得到的桥面俯视图，主要画出了车行道、栏杆等位置，由所注尺寸可知桥面净宽为 4.00 m，横坡为 2%；右半剖面图画出了混凝土壳板、伸缩缝及桥台尺寸。

3. 剖面图

根据立面图中所注的剖切位置可以看出 1-1 剖面是在中跨位置剖切的，2-2 剖面是在左边位置剖切的。

5.1.3 斜拉桥工程图

斜拉桥具有外形轻巧、简洁美观、跨越能力大的特点。主梁、索塔、拉索、锚固体系和支承体系是构成斜拉桥的五大要素，如图 5.9(a)所示。

1. 立面图

如图 5.9(b)所示，为一座双塔单索面钢筋混凝土斜拉桥，主跨为 185 m、两边边跨各为 80 m。立面图反映了河床起伏及水文情况，根据标高尺寸可知钻孔灌注桩直径、基础的深度、梁底、桥面中心和通航水位的标高尺寸。

2. 平面图

如图 5.9(c)所示，以中心线为界，左半边画外形，显示了人行道和桥面的宽度，并显示了塔柱断面和拉索。右半边是把桥的上部分揭去后，显示桩位的平面布置图。

3. 横剖面图

如图 5.9(d)所示，梁的上部结构，桥面总宽为 29 m，两边人行道包括栏杆为 1.75 m，车道为 11.25 m，中央分隔带为 3 m，塔柱高为 58 m。同时还显示了拉索在塔柱上的分布尺寸、基础标高和灌注桩的埋置深度等。

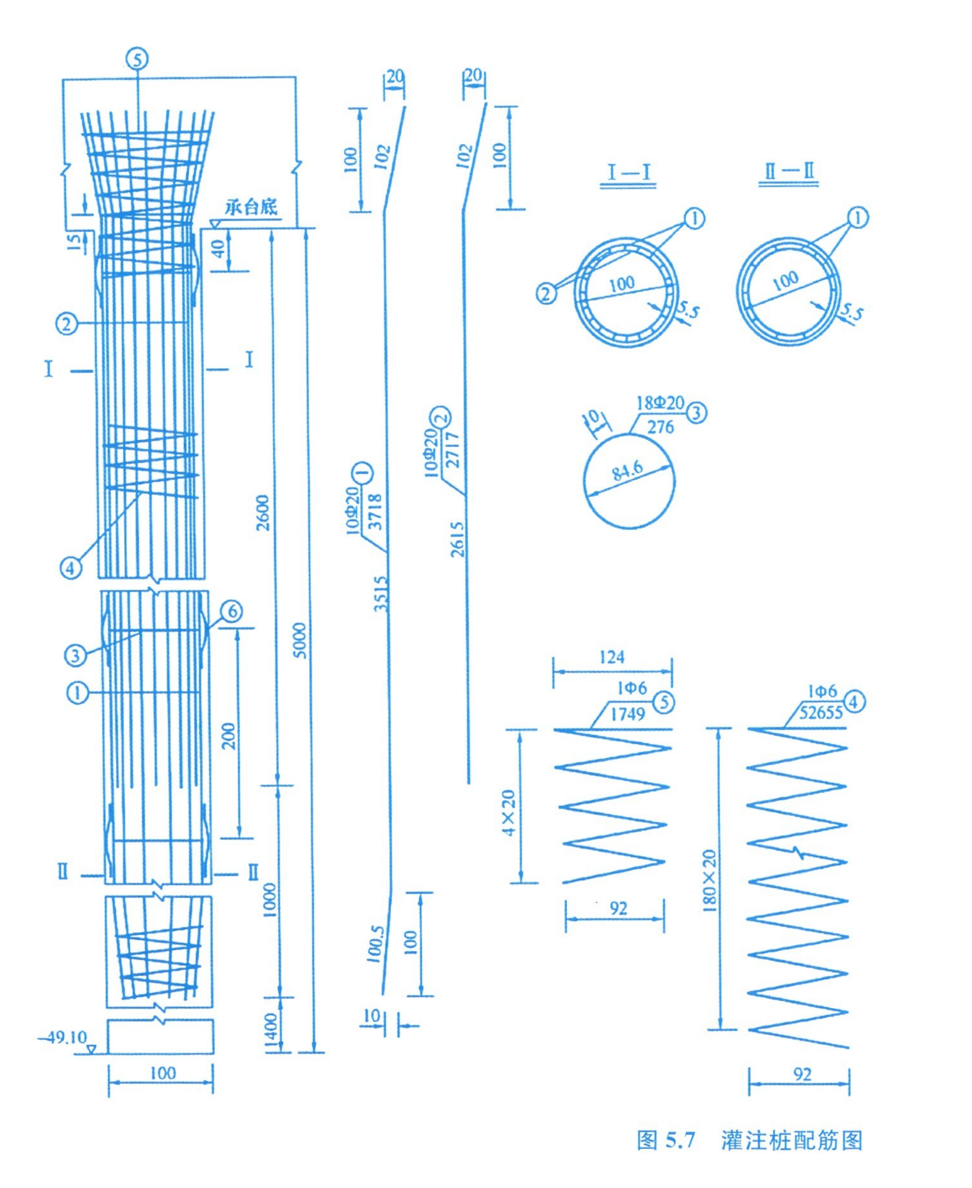

一根桩材料数量表

编号	直径 (mm)	长度 (cm)	根数	共长 (m)	共重 (kg)	总重 (kg)
1	Φ20	3718	10	371.80	918.3	1712.1
2	Φ20	2717	10	271.70	671.1	
3	Φ20	276	15	49.65	122.7	
4	Φ8	52655	1	526.55	206.0	214.9
5	Φ6	1749	1	17.49	6.9	
6	Φ12	53	72	38.16	33.9	33.9
C25混凝土(m^3)					39.27	

说明：1. 图中尺寸除钢筋直径以毫米计，余均以厘米为单位。
2.加强钢筋绑扎在主筋内侧，其焊接方式采用双面焊。
3.定位钢筋N6每隔2 m设一组，每组4根均匀设于加强筋N3四周。
4.沉淀物厚度不大于15 cm。
5.钻孔桩全桥48根。

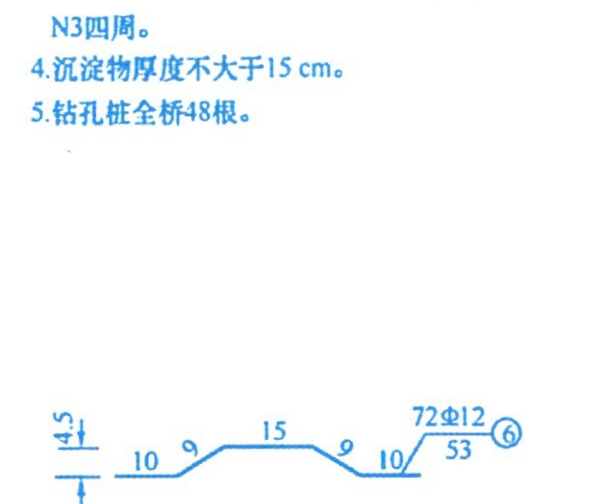

图 5.7　灌注桩配筋图

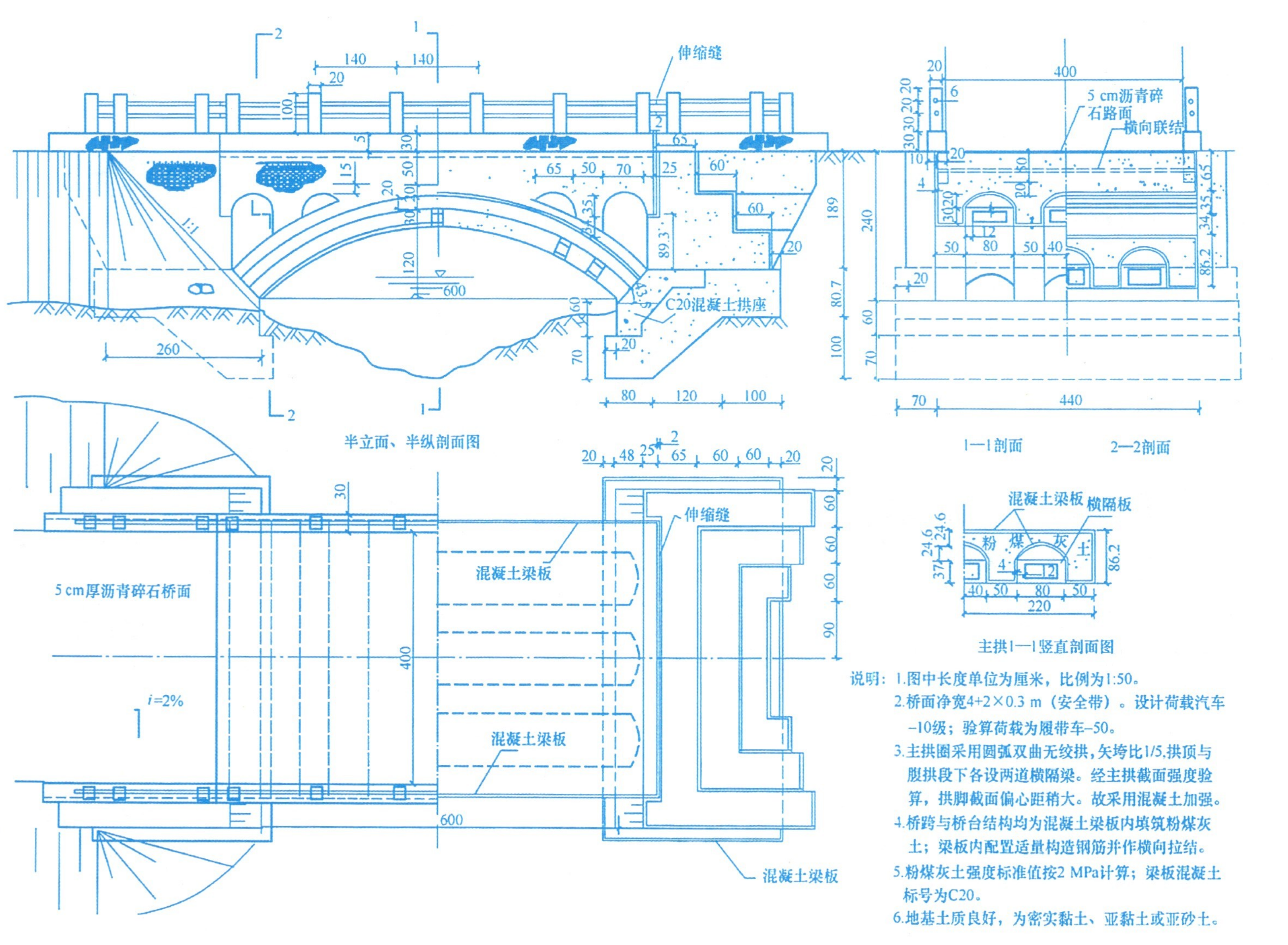
伸缩缝
半立面、半纵剖面图
C20混凝土拱座
5 cm沥青碎石路面
横向联结
1—1剖面
2—2剖面
混凝土梁板
横隔板
粉 煤 灰 土
主拱1—1竖直剖面图
5 cm厚沥青碎石桥面
i=2%
混凝土梁板
说明：1.图中长度单位为厘米，比例为1:50。
2.桥面净宽4+2×0.3 m（安全带）。设计荷载汽车-10级；验算荷载为履带车-50。
3.主拱圈采用圆弧双曲无绞拱，矢垮比1/5.拱顶与腹拱段下各设两道横隔梁。经主拱截面强度验算，拱脚截面偏心距稍大。故采用混凝土加强。
4.桥跨与桥台结构均为混凝土梁板内填筑粉煤灰土；梁板内配置适量构造钢筋并作横向拉结。
5.粉煤灰土强度标准值按2 MPa计算；梁板混凝土标号为C20。
6.地基土质良好，为密实黏土、亚黏土或亚砂土。

图 5.8 拱桥平、立、剖面图

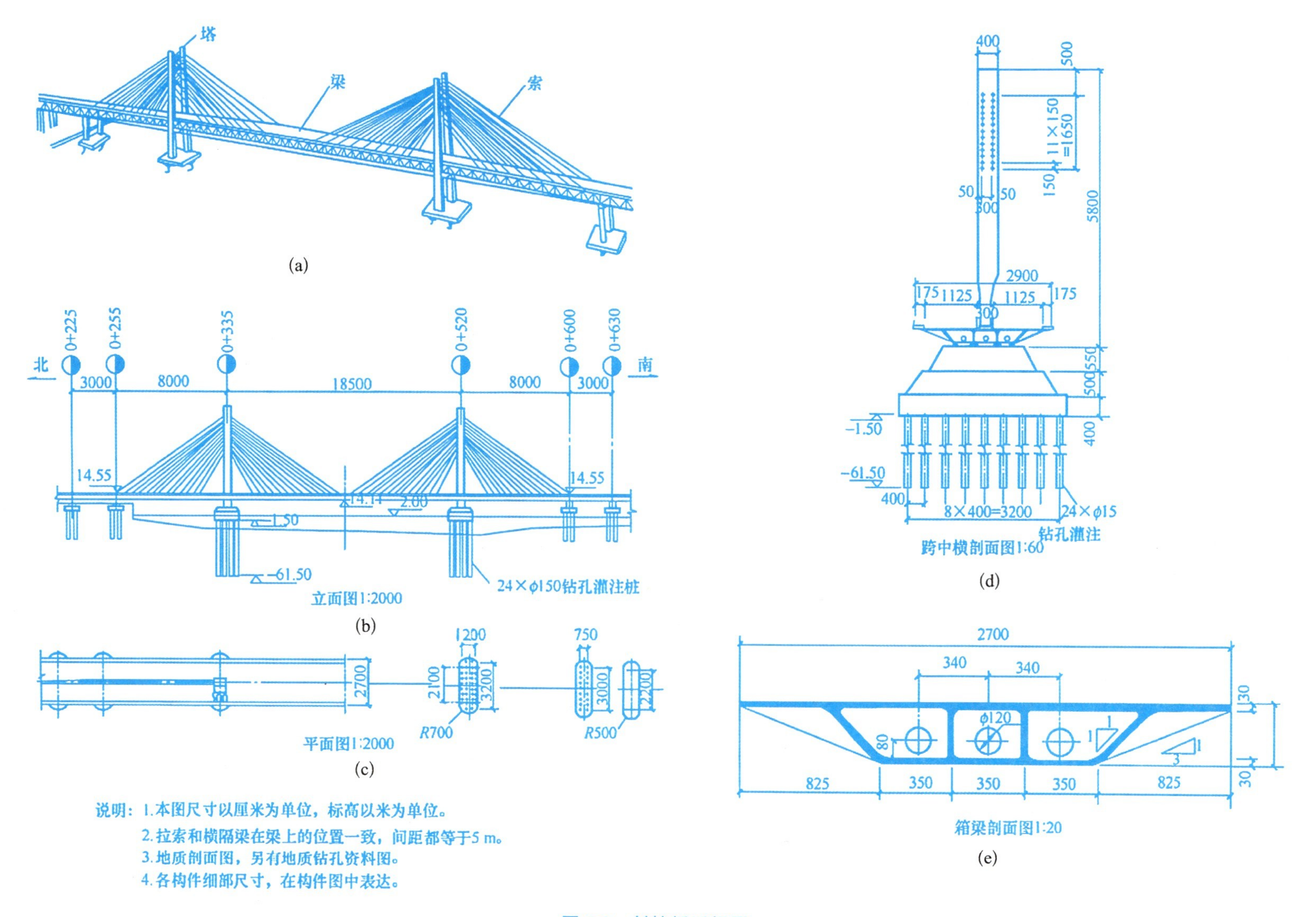
塔
梁
索
(a)
北
南
0+225
0+255
0+335
0+520
0+600
0+630
3000
8000
18500
8000
3000
14.55
14.14
2.00
-1.50
-61.50
24×φ150钻孔灌注桩
立面图1:2000
(b)
2700
1200
2100
3200
R700
750
3000
2200
R500
平面图1:2000
(c)
400
500
11×150
=1650
150
50
300
5800
2900
175
1125
550
400
8×400=3200
24×φ15
钻孔灌注
跨中横剖面图1:60
(d)
2700
340
φ120
80
30
825
350
箱梁剖面图1:20
(e)
说明：1.本图尺寸以厘米为单位，标高以米为单位。
2.拉索和横隔梁在梁上的位置一致，间距都等于5 m。
3.地质剖面图，另有地质钻孔资料图。
4.各构件细部尺寸，在构件图中表达。

图 5.9 斜拉桥透视图

4. 箱梁剖面图

如图 5.9(e)所示，显示单箱三室钢筋混凝土梁的各主要部分尺寸。

5.1.4 悬索桥工程图

悬索桥也称吊桥，具有结构自重轻、简洁美观、能以较小的建筑高度跨越其他任何桥型无与伦比的特大跨度。悬索桥主要由主缆、锚碇、索塔、加劲梁、吊索组成，细部构造还有主索鞍、散索鞍、索夹等，如图 5.10 所示。

1. 立面图

如图 5.10 所示，为一座连续加劲钢箱梁悬索桥，主跨为 648 m，两边边跨各为 230 m，设边吊杆，中跨矢跨比为 1/10.5，边跨矢跨比为 1/29.58，塔顶主缆标高为 131.425 m，散索鞍中主梁标高为 66.711 m。

2. 平面图

显示锚碇和索塔等，并显示桥总宽为 36.60 m。

3. 加劲梁构造图

梁的上部结构，桥宽为 30.594 m，八车道，设计横坡为 2%。显示连续加劲钢箱梁的各主要部分尺寸。

5.1.5 刚构桥工程图

桥跨结构(主梁)和墩台(支柱)整体连接的桥梁称为刚构桥。它是在桁架拱桥和斜腿刚构桥的基础上发展起来的一种桥梁。它具有外观美观大方、整体性能好的优点。

图 5.11 所示是钢筋混凝土刚构拱桥的总体布置图。

1. 立面图

由于刚架拱桥一般跨径不是太大，故可采用 1∶200 的比例画出，从图 5.11(本图采用比例 1∶200)中可以看出，该桥总长 63.274 m，净跨径 45 m，净矢高 5.625 m，重力式 U 形桥台，刚架拱桥面宽 12 m。立面用半个外形投影图和半个纵剖面图合成。同时反映了刚架拱桥的内外结构构造情况，在立面的半纵剖面图中，将横系梁断面，主梁、次梁侧面，主拱腿和次拱腿侧面形状表达清楚，对右桥台的结构形式及材料，左桥台的锥坡立面也作了表示。同时显示了水文、地质及河床起伏变化情况和各控制高程。

2. 平面图

采用半个平面和半个剖面画法，把桥台平面投影画了出来，从尺寸标注上可以看出，桥面宽 11 m，两边各 50 cm 防撞护栏，对照立面，可见左侧次梁与桥台相接处留有 5 cm 伸缩缝。河水流向是朝向读者。

3. 侧面图及数据表

采用 I—I 半剖面，充分利用对称性、节省图纸，从图 5.11 中可以看出，四片刚架拱由横系梁连接而成，其上桥面铺装 6 cm 厚沥青混凝土作行车部分。

总体布置图的最下边是一长条形数据表，表明了桩号、纵坡及坡长，设计高和地面高，以作为校核和指导施工放样的控制数据。

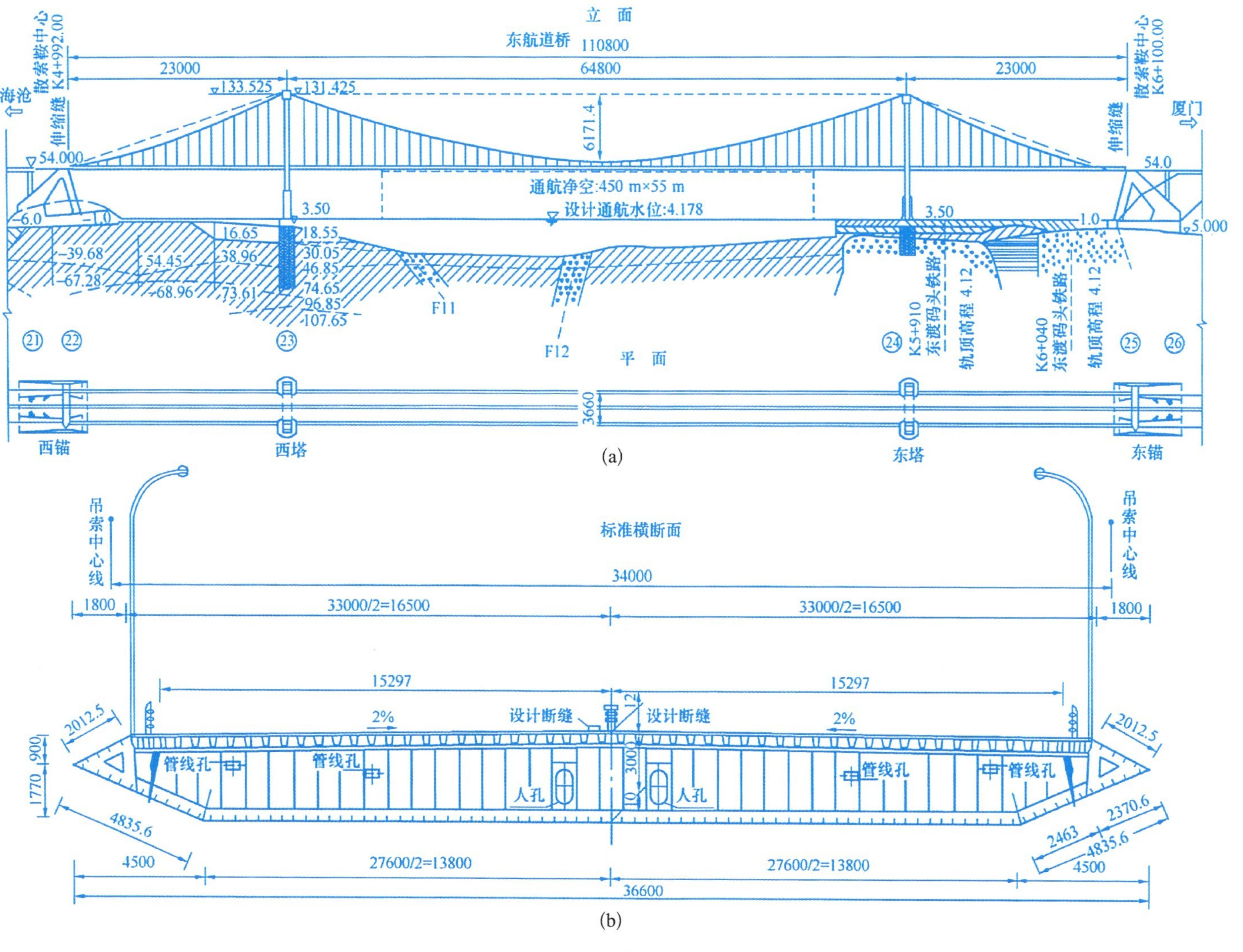

图 5.10　悬索桥总体布局(单位: cm)

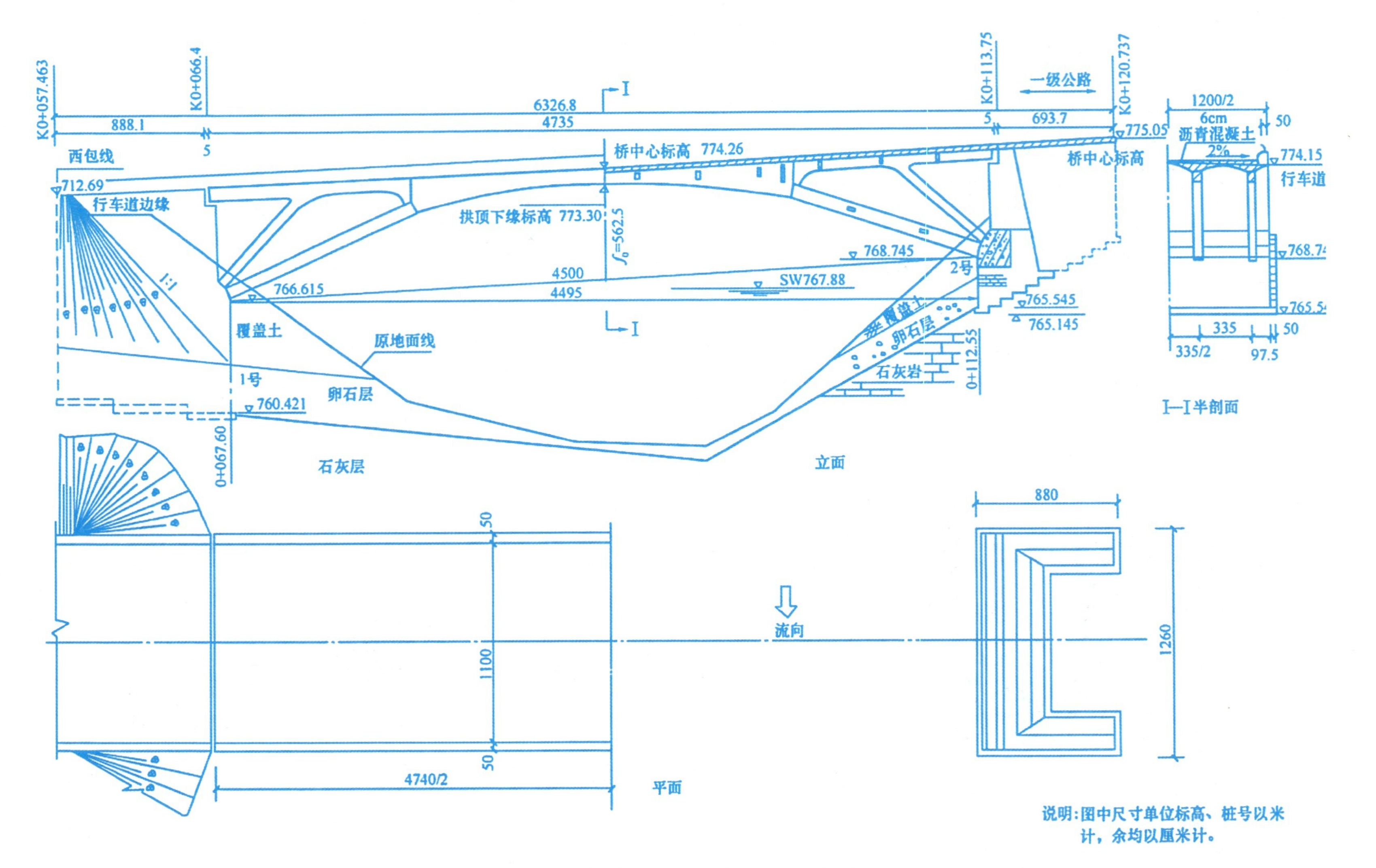

图 5.11 某钢筋混凝土的钢构拱桥总图布置

5.2　隧道工程识图

5.2.1　隧道工程概述

隧道是道路穿越山岭或水底的工程建筑物，若施作于地面下可称为地下隧道或地下通道等。应用于交通工程的有铁路隧道、公路隧道、地铁隧道、海底隧道等。其中海底隧道是为了解决横跨海峡、海湾之间的交通，而又不妨碍船舶航运的条件下，建造在海底之下供人员及车辆通行的海底下的海洋建筑物。

隧道虽然形体很长，但中间断面形状很少变化，因此它所需要的结构图样比桥梁工程图要少一些。一般隧道工程图包括四大部分，即地质图、线形设计图、隧道工程结构构造图及有关附属工程图。

隧道工程地质图包括隧道地区工程地质图、隧道地区区域地质图、工程地质剖面图、垂直隧道轴线的横向地质剖面图和洞口工程地质图。由于地质图的形成与图示方法前面已介绍，这里不赘述。

隧道的线形设计图包括平面设计图、纵断面设计图及接线设计图，它是隧道总体布置的设计图样。隧道工程结构构造图包括隧道洞门图、横断面图（表示洞身形状和衬砌及路面的构造）和避车洞图、行人或行车横洞等。

隧道附属工程图主要包括通风图、照明图、供电设施图和通信、信号及消防救援设施工程图样等。

5.2.2　隧道洞口构造及表达

1. 隧道洞口的构造

隧道洞门按地质情况和结构要求，有下列几种基本形式，如图5.12所示。

（1）洞口环框：当洞口石质坚硬稳定时，可仅设洞口环框，起加固洞口和减少洞口雨后漏水等作用。

（2）端墙式洞门：端墙式洞门适用于地形开阔、石质基本稳定的地区。端墙的作用在于支护洞门顶上的仰坡，保持其稳定，并将仰坡水流汇集排出。

（3）翼墙式洞门：当洞口地质条件较差时，在端墙式洞门的一侧或两侧加设挡墙，构成翼墙式洞门。

由图5.12翼墙式洞门可知，它是由端墙、洞口衬砌（包括拱圈和边墙）、翼墙、洞顶排水沟及洞内外侧沟等部分组成。隧道衬砌断面除直边墙式外，还有曲边墙式。

（4）柱式洞门：当地形较陡、地质条件较差，仰坡下滑可能性较大，而修筑翼墙又受地形、地质条件限制时，可采用柱式洞门。柱式洞门比较美观，适用于城市要道、风景区或长大隧道的洞口。

（5）凸出式新型洞门：目前，不论是公路还是铁路隧道采用凸出式新型洞门的越来越多了。这类洞门是将洞内衬砌延伸至洞外，一般凸出山体数米。它适用于各种地质条件。构筑时可不破坏原有边坡的稳定性，减少土石方的开挖工作量，降低造价，而且能更好地与周边环境相协调。

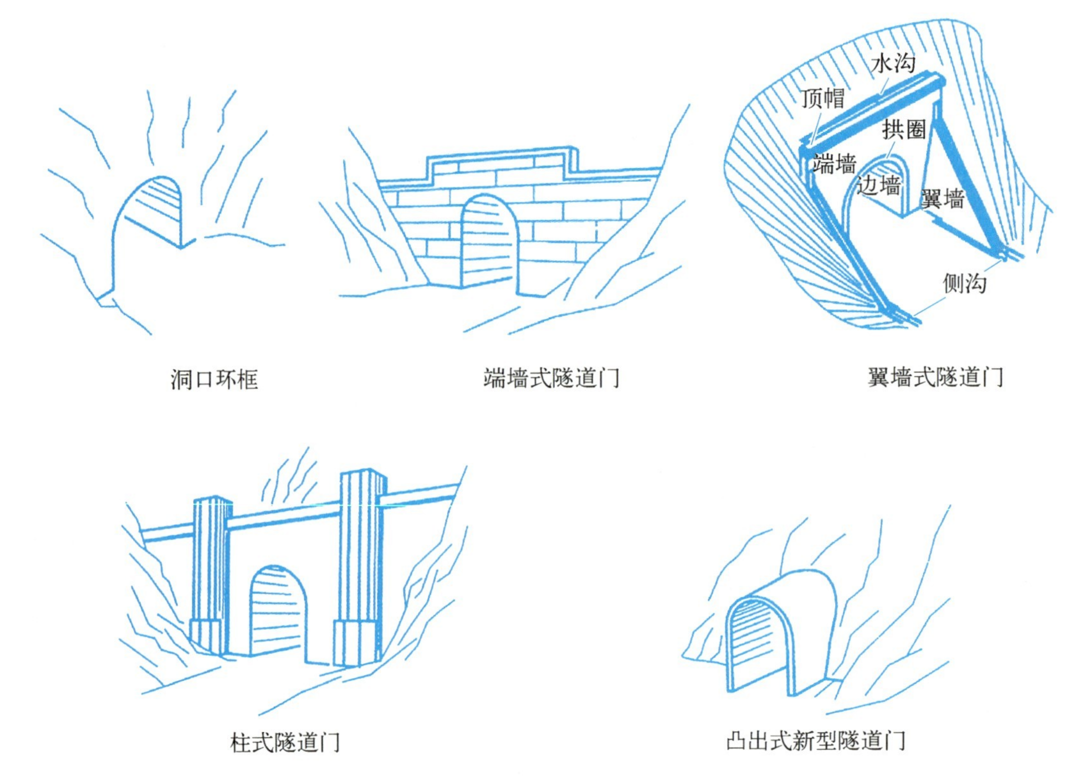

图 5.12　隧道洞门的基本形式

2. 隧道洞门的表达

隧道洞门图一般包括隧道洞门的立面图、平面图和剖面图、断面图等。

1）立面图

立面图也是隧道洞门的正面图，它是沿线路方向对隧道门进行投射所得的投影。它主要表示洞口衬砌的形状和尺寸、端墙的高度和长度、端墙及立柱与衬砌的相对位置，以及端墙顶水沟的坡度等。对于翼墙式洞门还应表示出翼墙的倾斜度、翼墙顶排水沟与端墙顶水沟的连接情况等。

2）平面图

平面图是隧道洞门的水平投影，用来表示端墙顶帽和立柱的宽度、端墙顶水沟的构造和洞门处排水系统的情况等。洞门拱圈在平面图中可近似地用圆弧画出。

3）剖面图

沿隧道中线所作的剖面图表示端墙、顶帽和立柱的宽度、端墙和立柱的倾斜度、端墙顶水沟的断面形状和尺寸，以及隧道顶上仰坡的坡度等。

5.2.3　隧道工程图识读

1. 正立面图

如图 5.13(a)所示，为端墙式隧道洞门三投影图，正立面图反映洞门墙的式样，洞门墙上面高出的部分为顶帽，表示出洞口衬砌断面类型，它是由两个不同的半径（$R=385$ cm 和 $R=585$ cm）的三段圆弧和两直边墙所组成，拱圈厚度为 45 cm。洞口净空尺寸高为 740 cm，宽为

790 cm；洞门墙的上面有一条从左往右方向倾斜的虚线，并注有 $i=0.02$ 箭头，这表明洞口顶部有坡度为 2%的排水沟，用箭头表示流水方向。其他虚线反映了洞门墙和隧道底面的不可见轮廓线。它们被洞门前面两侧路堑边坡和公路路面遮住，所以用虚线表示。

2. 平面图

如图 5.13(b)所示，仅画出洞门外露部分的投影。平面图表示了洞门墙顶帽的宽度、洞顶排水沟的构造及洞门口外两边沟的位置(边沟断面未示出)。

3. 剖面图

如图 5.13(c)所示，Ⅰ-Ⅰ剖面图仅画靠近洞口的一小段，从图中可以看到洞门墙倾斜坡度为 10∶1，洞门墙厚度为 60 cm，还可以看到排水沟的断面形状、拱圈厚度及材料断面符号等。

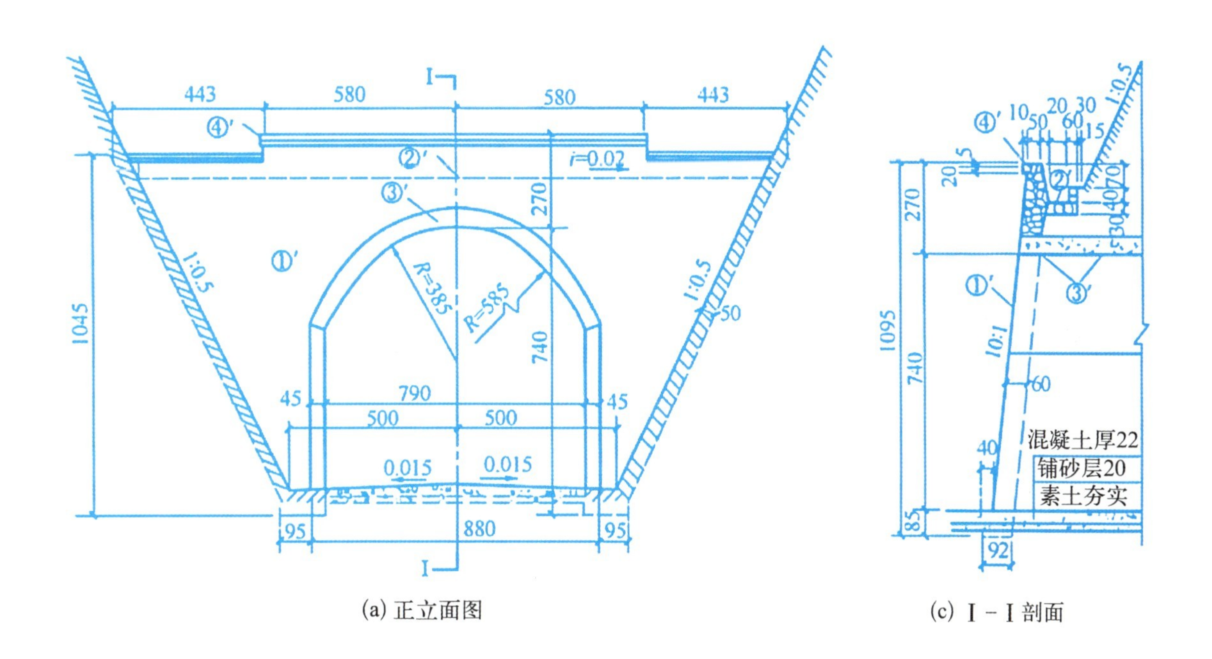

(a) 正立面图　　(c) Ⅰ-Ⅰ剖面

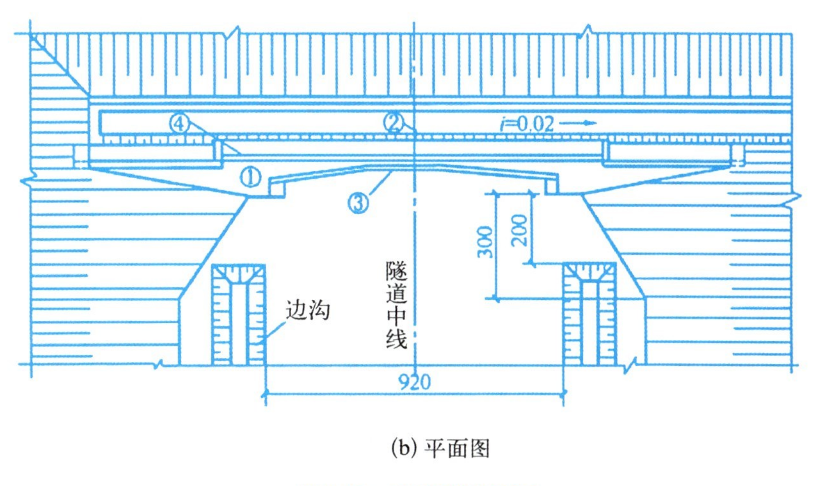

(b) 平面图

图 5.13　某隧道洞门图

5.3 涵洞工程识图

5.3.1 涵洞工程概述

涵洞是公路或铁路与沟渠相交的地方，使水从路下流过的一种通道，作用与桥相同，但一般孔径较小，形状有管形、箱形及拱形等。此外，涵洞还是一种洞穴式水利设施，采用闸门以调节水量。

过路涵洞，亦被广泛称为倒虹管，是一种精心设计的工程结构，旨在确保水渠在穿越公路、铁路或地势低洼区域时，能够顺畅无阻地继续其流动路径，同时避免对交通造成任何干扰。这些涵洞巧妙地嵌入路面之下，宛如隐形的桥梁，让水流得以悄无声息地从公路下方穿梭而过，随后再优雅地跃升至地面之上。

在形态上，过路涵洞展现出了多样化的风貌，既有简约流畅的管形设计，也有坚固稳重的箱形构造，更有气势恢宏的拱形结构，每一种都蕴含着工程师们的智慧与匠心。它们依据连通器的科学原理，巧妙地实现了水流的平稳过渡，而构建这些涵洞的材料，则涵盖了从传统的砖石到现代的混凝土及钢筋混凝土等多种选择，确保了结构的稳固与耐用。

尤为值得一提的是，过路涵洞在入口处的水位设计上有着严格的要求，必须确保水位高于出水洞口的高度，以确保水流能够顺畅地通过整个洞身。在这个过程中，洞身全长范围内始终被水流充盈，而洞顶则承受着来自水头的巨大压力，展现出了其卓越的承载能力与稳定性。

在城市中，我们常能见到这类过路涵洞的身影，它们不仅承担着排水的重要职责，更在平日里为行人与车辆提供了便捷的通行通道。而当大雨或暴雨来临时，这些涵洞更是成为紧急快速排水的关键设施，确保了城市排水系统的顺畅运行与市民生命财产的安全。

根据《公路工程技术标准》JTG B01—2014 规定，桥涵的跨径小于或等于 50 m 时宜采用标准化跨径，桥涵标准化跨径规定如下：0.75 m、1.0 m、1.25 m、1.5 m、2.0 m、2.5 m、3.0 m、4.0 m、5.0 m、6.0 m、8.0 m、10 m、13 m、16 m、20 m、25 m、30 m、35 m、40 m、45 m、50 m。涵洞的设计位置、孔径大小的确定、涵洞形式的选择，都直接关系到城市道路运输能否畅通。

5.3.2 涵洞的分类与组成

1. 涵洞的分类

根据道路沿线的地形、地质、水文及地物、农田等情况的不同，构筑的涵洞种类很多，具体有如下几种分类方法。

（1）按涵洞的建筑材料可分为砖涵、石涵、混凝土涵、钢筋混凝土涵、木涵、陶瓷管涵和缸瓦管涵。

（2）按涵洞的构造形式可分为圆管涵、盖板涵、箱型涵和拱涵。

（3）按涵洞的断面形式可分为圆形涵、卵形涵、拱形涵、梯形涵和矩形涵。

（4）按涵洞的孔数可分为单孔涵、双孔涵和多孔涵。

（5）按涵洞上有无覆土可分为明涵和暗涵。

2. 涵洞设计的一般规定

1）涵洞长度与净高的关系

(1) $h=1.25$ m，涵洞长度不宜超过 25 m；$h \geqslant 1.5$ m，长度不受限制；

(2) 对 0.75 m 盖板涵，$h<1.0$ m，长度不宜超过 10 m，$h \geqslant 1.0$ m，长度不宜超过 15 m。

2）涵洞最小孔径的规定

(1) 0.75 m 盖板涵仅适用于无淤积的灌溉涵；

(2) 排洪涵孔径不应小于 1.25 m；

(3) 板顶填土高度不应小于 1.2 m。

3. 涵洞的组成

(1) 涵洞一般由洞身、洞口、基础三部分组成，如图 5.14 所示。

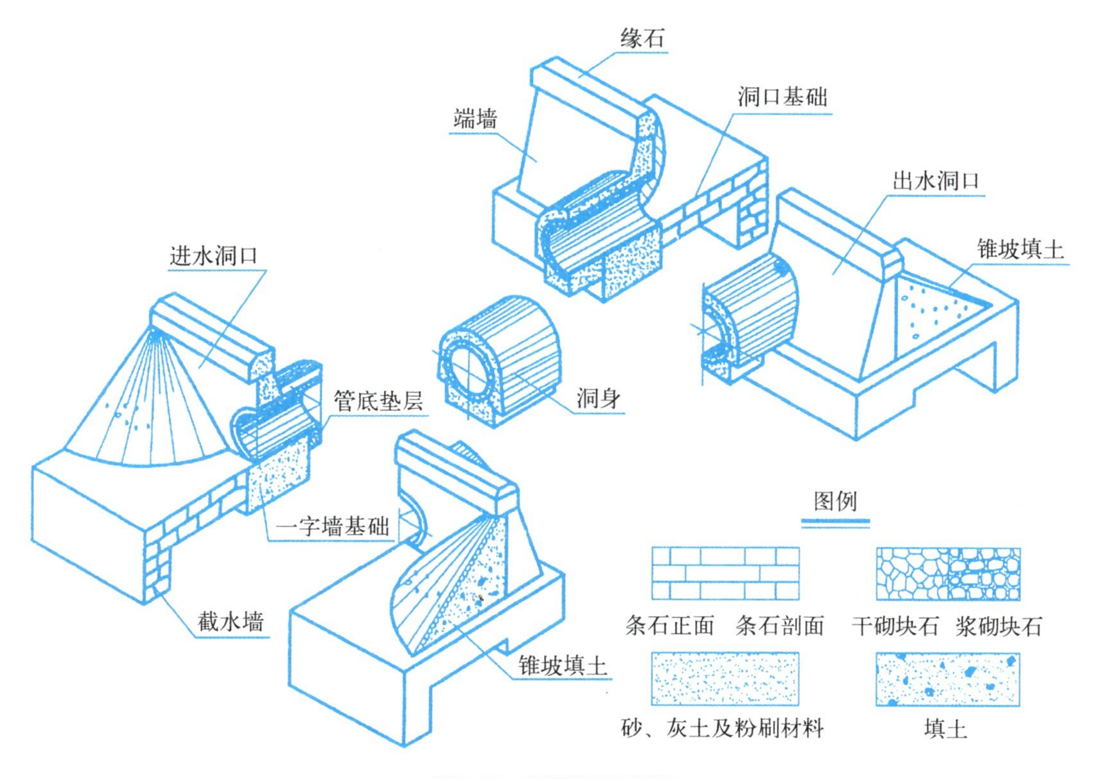

图 5.14　圆管涵洞分解

(2) 洞身是形成过水孔道的主要构造。它一方面保证流水通过，另一方面也直接承受荷载压力和填土压力，并将压力传给基础。洞身通常由承重构造物（如拱圈、盖板、圆管等）、涵台、基础和防水层组成。

(3) 洞口是洞身、路基、沟道三者的连接构造，其作用是保证涵洞基础和两侧路基免受冲刷，使流水进出顺畅。位于涵洞上游侧的洞口称为进水口，位于涵洞下游侧的洞口称为出水口。洞口的形式是多样的，构造也不同，常见的洞口形式有八字式（翼墙式）、锥坡式和端墙式等，如图 5.15 所示。

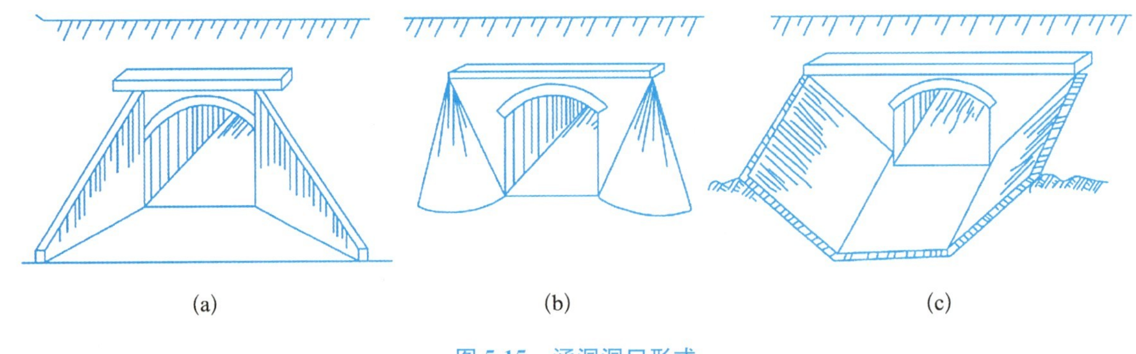

(a) (b) (c)

图 5.15 涵洞洞口形式

(a) 八字式;(b) 锥坡式;(c) 端墙式

5.3.3 涵洞工程识图案例

涵洞工程属于狭长构筑物。根据图样的组成,涵洞构造图主要图示涵洞的整体构造、各部分之间的关系及尺寸等。通常以涵洞的流水方向为纵向,垂直流水方向为横向。涵洞构造图一般是由半纵剖面图、半平面图和半侧立面图及半横剖面图组成;细部构造大样图及构件详图,则主要是由洞身构造图、基础构造图、端墙及翼墙大样图、连接(接缝)构造图及其他构件详图组成。现以常用的盖板涵和圆管涵为例介绍涵洞的一般构造图。

1. 钢筋混凝土盖板涵

图 5.16 所示为单孔钢筋混凝土盖板涵立体图,图 5.17 所示是其构造图。由于其构造对称所以采用半纵剖面图、半剖平面图和侧面图等表示。

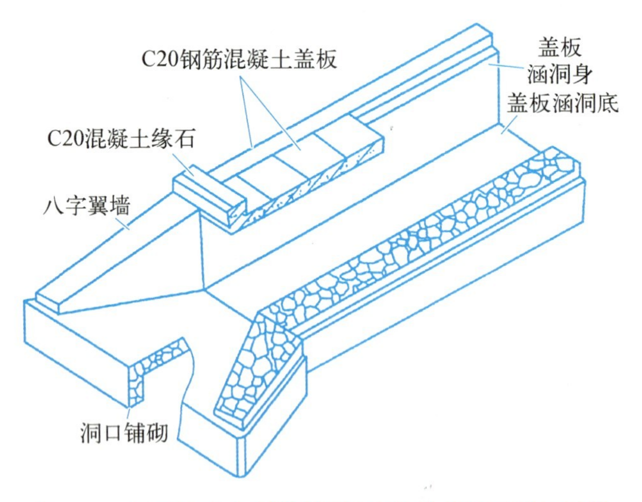

图 5.16 洞口为八字翼墙式钢筋混凝土盖板涵洞示意图

1) 半纵剖面图

图 5.17 可以看出坡度为 1∶1.5 的八字翼墙和洞身的连接关系以及洞高 120 cm、洞底铺砌 20 cm、基础纵断面形状、设计流水坡度 1%。基础和盖板所用的建筑材料也用图例表示出来。

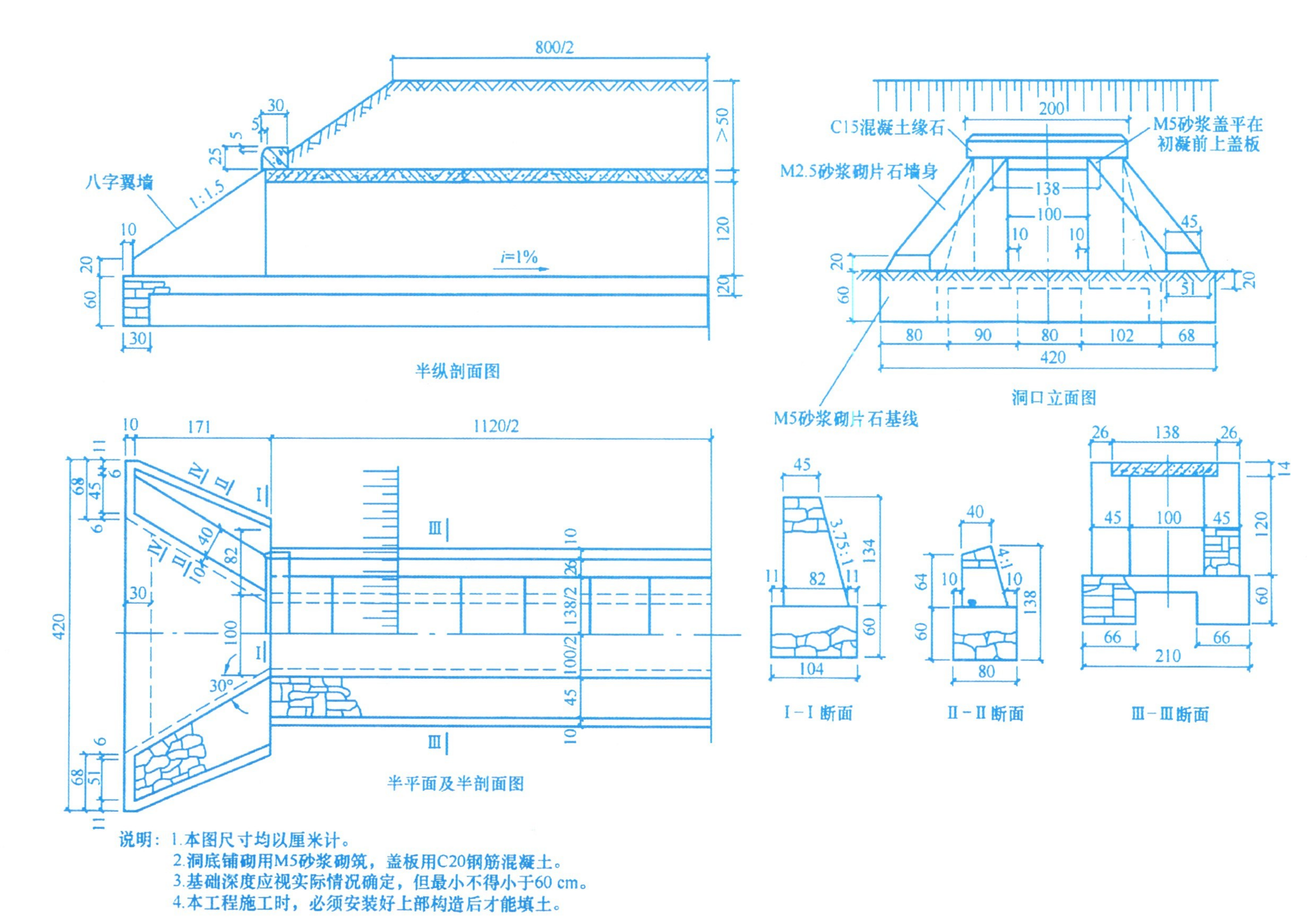

说明：1.本图尺寸均以厘米计。
2.洞底铺砌用M5砂浆砌筑，盖板用C20钢筋混凝土。
3.基础深度应视实际情况确定，但最小不得小于60 cm。
4.本工程施工时，必须安装好上部构造后才能填土。

图 5.17　某盖板涵构造图

2）半平面及半剖面图

洞口两侧为八字翼墙，净跨 100 cm，总长 1 482 cm，图中详细标出涵洞的墙身宽度、八字翼墙的位置及其他细部尺寸。为了反映翼墙墙身、基础等详细尺寸又另作Ⅰ-Ⅰ、Ⅱ-Ⅱ、Ⅲ-Ⅲ断面图。

3）侧面图

侧面投影图是洞口的正面投影图，故称洞口立面图。本图反映缘石、盖板、八字翼墙、基础等的相应位置、侧面形状和具体尺寸。

2. 钢筋混凝土的圆管涵

图 5.18 为圆管涵洞的构造分解图。主要表示出涵洞各部分的相对位置、构造形状和结构组成。图 5.19 所示为钢筋混凝土圆管涵洞。

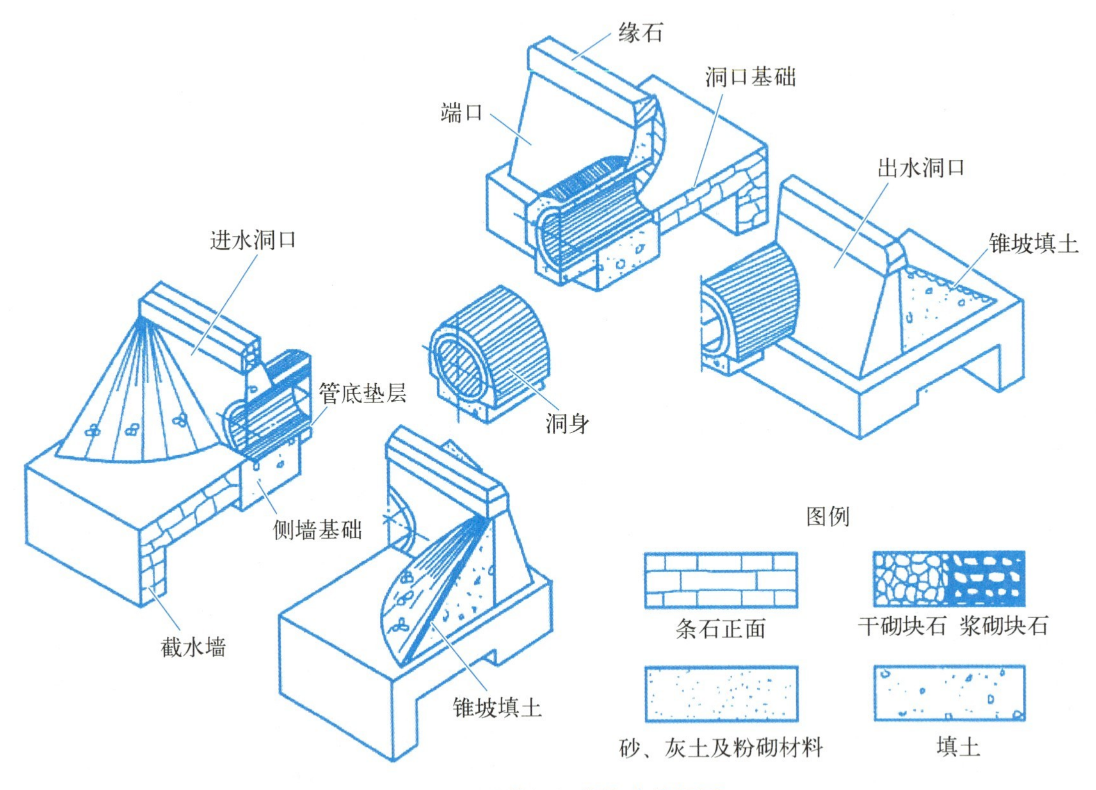

图 5.18　圆管涵洞的构造分解图

1）半纵剖面图

图中标出各部分尺寸，如管径为 75 cm、管壁厚 10 cm、防水层厚 15 cm、设计流水坡度为 1%，其方向自右向左、洞身长 1 060 cm、洞底铺砌厚 20 cm、路基覆土厚度大于 50 cm、路基宽度 800 cm、锥形护坡顺水方向的坡度与路基边坡一致，均为 1：1.5 以及洞口的有关尺寸等。涵洞的总长为 1 335 cm。截水墙、墙基、洞身基础、缘石、防水层等各部分所用的材料均于图中表达出来。

2）半平面图

半平面图与半纵剖面图上下对应，只画出左侧一半涵洞平面图。图中表示出管径尺寸、管

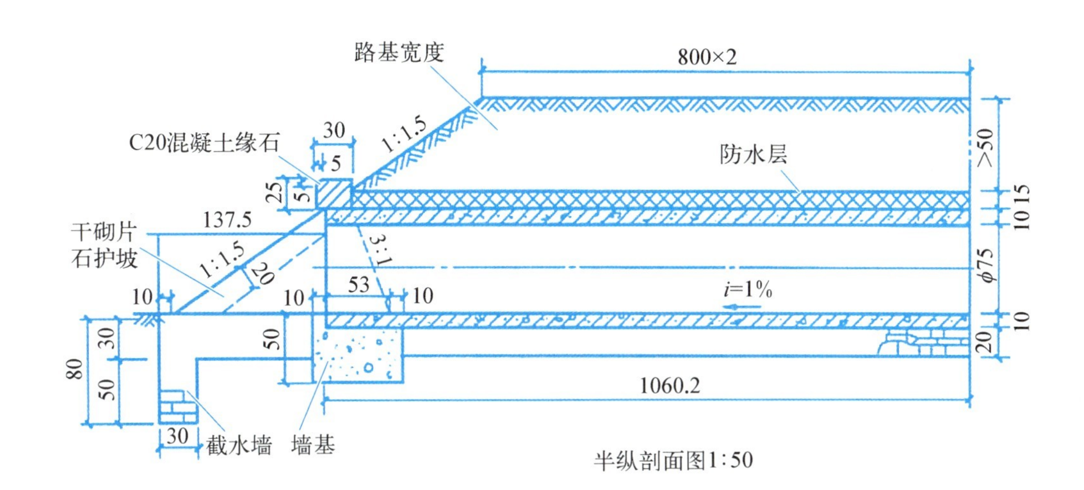

半纵剖面图1:50

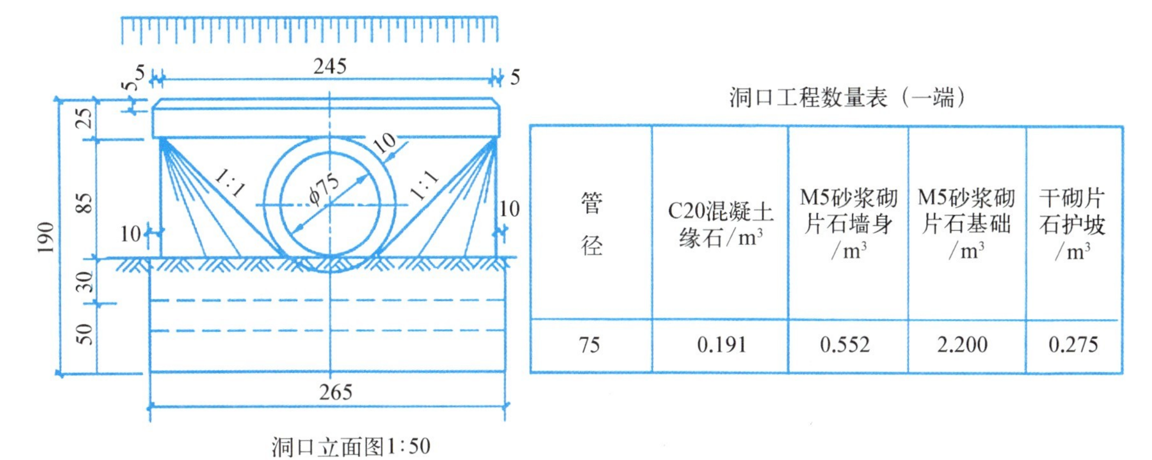

洞口立面图1:50

洞口工程数量表（一端）

管径	C20混凝土缘石/m³	M5砂浆砌片石墙身/m³	M5砂浆砌片石基础/m³	干砌片石护坡/m³
75	0.191	0.552	2.200	0.275

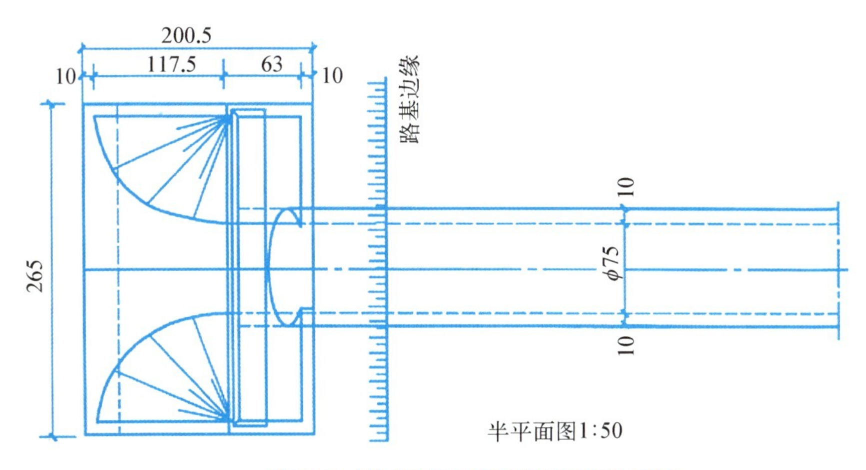

半平面图1:50

图5.19　钢筋混凝土圆管涵洞的构造图

壁厚度、洞口基础、端墙、缘石和护坡的平面形状和尺寸。图中路基边缘线上用示坡线表示路基边坡;锥形护坡用图例线和符号表示。

3）侧面图

图中主要表示圆管孔径和壁厚、洞口缘石、端墙、锥形护坡的侧面形状和尺寸。图中还标出锥形护坡横向坡度为1∶1等。另外,图中还附有一端洞口工程数量表。

模块 3

市政工程计量与计价

任务 6

土石方工程计量与计价

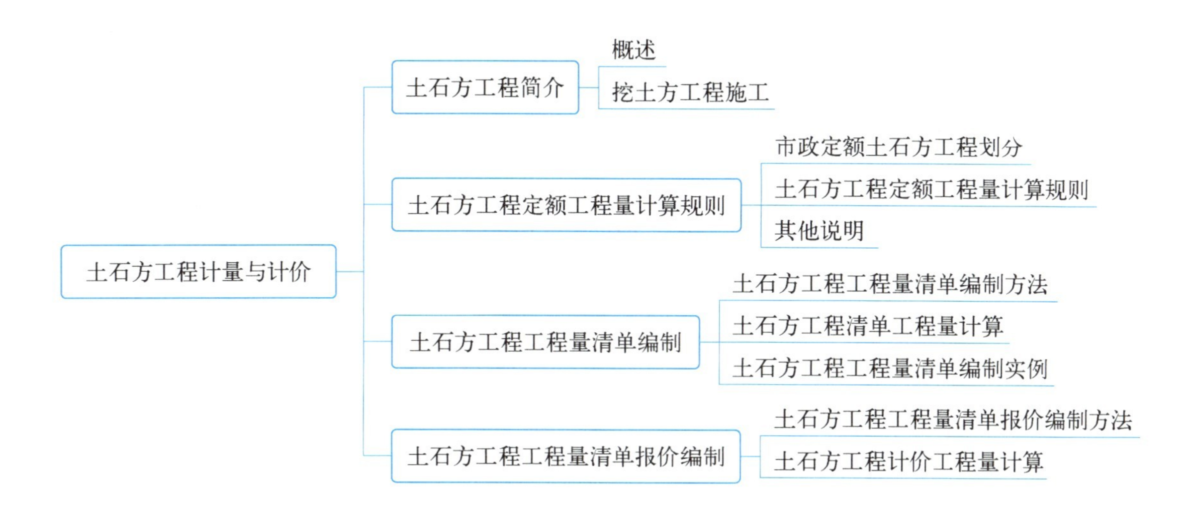

6.1 土石方工程简介

6.1.1 概述

土石方工程通常是道路、桥涵、市政管网工程、隧道工程的组成部分。市政土石方工程包括道路路基填挖、堤防填挖、市政管网开槽及回填、桥涵基坑开挖回填、施工现场的场地平整等,土石方工程有永久性(修路基、堤防)和临时性(开挖基坑、沟槽)两种。

6.1.2 挖土方工程施工

1. 土的工程分类

土的工程分类有以下几种。

根据土的颗粒级配或塑性指数,有碎石土、砂土、黏性土。

根据土的沉积年代,有老黏性土、一般黏性土、新近沉积黏性土。

根据土的工程性质,有软土、人工填土、黄土、膨胀土、红黏土、盐渍土、冻土。

根据土的开挖难易程度,有松软土、普通土、坚土、砂砾坚土、软石、次坚石、坚石、特坚石,如表 6.1 所示。

表 6.1　土 的 分 类

土的分类	土(岩)的名称	紧固系数 f	干密度 $/(kg \cdot m^{-3})$
一类土(松软土)	略有黏性的砂土;粉土、腐殖土及疏松的种植土;泥炭(淤泥)	0.5～0.6	600～1 500
二类土(普通土)	潮湿的黏性土和黄土;软的盐土和碱土;含有建筑材料碎屑、碎石、卵石的堆积土和种植土	0.6～0.8	1 100～1 600
三类土(坚土)	中等密实的黏性土或黄土;含有碎石、卵石或建筑材料碎屑的潮湿的黏性土或黄土	0.8～1.0	1 800～1 900
四类土(砂砾坚土)	坚硬密实的黏性土或黄土;含有碎石、砾石(体积在 10%～30%、质量在 25 kg 以下的石块)的中等密实黏性土或黄土;硬化的重盐土;软泥灰岩	1.0～1.5	1 900
五类土(软石)	硬的石炭纪黏土;胶结不紧的砾岩;软的、节理多的石灰岩及贝壳石灰岩;坚实的白垩;中等坚实的页岩、泥灰岩	1.5～4.0	1 200～2 700
六类土(次坚土)	坚硬的泥质页岩;坚实的泥灰岩;角砾状花岗岩;泥灰质石灰岩;黏土质砂岩;云母页岩及砂质页岩;风化的花岗岩、片麻岩及正长岩;滑石质的蛇纹岩;密实的石灰岩;硅质胶结的砾岩;砂岩;砂质石灰质页岩	4～10	2 200～2 900
七类土(坚石)	白云岩;大理石;坚实的石灰岩、石灰质及石英质的砂岩,坚硬的砂质岩;蛇纹岩;粗粒正长岩;有风化痕迹的安山岩及玄武岩;片麻岩、粗面岩;中粗花岗岩;坚实的片麻岩面;辉绿岩;玢岩;中粗正长岩	10～18	2 500～2 900
八类土(特坚石)	坚实的细粒花岗岩;花岗片麻岩;闪长岩;坚实的玢岩、角闪岩、辉长岩、石英岩;安山岩、玄武岩;最坚实的辉绿岩、石灰岩及闪长岩;橄榄石质玄武岩;特别坚实的辉长岩、石英岩及玢岩	18～25	2 700～3 300

注:① 土的级别相当于一般 16 级土石分类级别。
② 紧固系数 f 相当于普氏岩石强度系数。

2. 土方开挖方法

土方开挖有人工挖方和机械挖方两种方法。

1) 人工挖方

(1) 人工挖方的适用条件。人工挖方适用于一般建筑物、构筑物的基坑(槽)和各种管沟等。

(2) 施工准备。

① 土方开挖前,应根据施工方案的要求,将施工区域内的地下、地上障碍物清除和处理

完毕。

② 地表面要清理平整，做好排水坡向，在施工区域内，要挖临时性的排水沟。

③ 建筑物位置的标准轴线桩、构筑物的定位控制桩、标准水平桩及灰线尺寸必须先经过检查，并办完预检手续。

④ 夜间施工时，应合理安排工序，防止错挖或者超挖。施工场地应根据需要安排照明设施，在危险地段设置明显标志。

⑤ 开挖低于地下水位的基坑(槽)、沟时，应根据当地工程地质材料，采取措施降低地下水位，一般要降低至开挖底面的 0.5 m，然后再开挖。

(3) 施工要点。

① 在天然湿度的土中，开挖基坑(槽)和管沟时，当挖土深度不超过规定的数值时，可不放坡，不加支撑。当超出规定深度，在 5 m 以内时，若土具有天然湿度、构造均匀，水文地质条件好，且无地下水，不加支撑的基坑(槽)和管沟必须放坡。

② 开挖浅的条形基础，如不放坡时，应先沿灰线直边切出槽边的轮廓线，一般黏性土可自上而下分层开挖，每层深度以 600 mm 为宜，从开挖端部逆向倒退按踏步型挖掘。碎石类土先用镐翻松，正向挖掘，每层深度视翻土厚度而定，每层应清底和出土，然后逐步挖掘。

③ 基坑(槽)管沟的直立壁和边坡，在开挖过程和敞露期间应防止塌陷，应加以保护。在挖土上侧弃土时，应保证边坡和直立壁的稳定。当土质良好时，抛于槽(沟)边的土方(或材料)，应距槽(沟)边缘 0.8 m 以外，高度不宜超过 1.5 m。若在柱基周围、墙基或围墙一侧，不得堆土过高。

④ 开挖基坑(槽)或管沟时，应合理确定开挖顺序和分层开挖深度。当接近地下水位时，应先完成标高最低处的挖方，以便于在该处集中排水。开挖后，在挖到距槽底 500 mm 以内时，测量放线人员应配合抄出距槽底 500 mm 水平线；自每条槽端部 200 mm 处每隔 2～3 m，在槽帮上钉水平标高小木橛。在挖至接近槽底标高时，用尺或事先量好的 500 mm 标准尺杆，随时以小木橛上平校该槽底标高。最后由两端轴线(中心线)引桩拉通线，检查距槽边尺寸，确定槽宽标准，据此修整槽帮，最后清除槽底土方，修底铲平。

⑤ 开挖浅管沟时，与浅条形基础开挖基本相同，仅沟帮不切直修平。标高按龙门板下返沟底尺寸，符合设计标高后，再从两端龙门板下的沟底标高上返 500 mm，拉小线用尺检查沟底标高，最后修整沟底。

⑥ 开挖放坡的坑(槽)和管沟时，应先按施工方案规定的坡度，粗略开挖，再分层按坡度要求作出坡度线，每隔 3 m 左右与做一条，以此线为准进行铲坡。深管沟挖土时，应在沟帮中间留出 800 mm 左右的倒土台。

⑦ 在开挖大面积浅基坑时，沿坑三面开挖，挖出的土方装入手推车或翻斗车，由未开挖的一面运至弃土地点。

⑧ 开挖基坑(槽)的土方，在场地有条件堆放时，一定要留足回填需用的好土，多余的土方应一次运至弃土地点。

⑨ 土方开挖一般不宜在雨期进行；否则工作面不宜过大，应逐段、逐片地分期完成。雨期开挖基坑(槽)或管沟时，应注意边坡稳定。必要时可适当放缓边坡坡度或设置支撑。同时，应在坑(槽)外侧围筑土堤或开挖水沟，防止地面水流入。施工时应加强边坡、支撑、土堤等的检查。

⑩ 土方开挖不宜在冬期施工。如必须在冬期施工时，应按冬期施工方案进行。

2）机械挖方

（1）机械挖方适用条件。

机械挖方主要适用于一般建筑的地下室、半地下室土方，基槽深度超过 2.5 m 的住宅工程，条形基础槽宽超过 3 m 或土方批超过 500 m^3 的其他工程。

（2）挖掘机械作业方法分为拉铲挖掘机开挖、正铲挖掘机开挖和反铲挖掘机开挖。

① 拉铲挖掘机开挖方法见表 6.2。

表 6.2　拉铲挖掘机开挖方法

作业名称	适用范围	作业方法
沟端开挖法	适用于就地取土、填筑路基及修筑堤坝等	拉铲停在沟端，倒退着沿纵向开挖。宽度可以达到机械挖土半径的 2 倍，能两面出土，汽车停放在一侧或两侧，装车角度小，坡度较易控制，并能开挖较陡的坡
沟侧开挖法	适用于开挖土方就地堆放的基坑、槽以及填土路基等工程	拉铲停在沟侧，沿沟横向开挖，沿沟边与沟平行移动，如沟槽较宽，可在沟槽的两侧开挖。本法开挖宽度和深度均较小，一次开挖宽度约等于挖土半径，且开挖边坡不易控制
三角开挖法	适用于开挖宽度在 8 m 左右的沟槽	拉铲按“之”字形移位，与开挖沟槽的边缘成 45°角左右，本法拉铲的回转角度小，生产率高，而且边坡开挖整齐
分段挖土法	适用于开挖宽度大的基坑、槽、沟渠工程	在第一段采取三角挖土，第二段机身沿直线移动进行分段挖土。如沟底（或坑底）土质较硬，地下水位较低时，应使汽车停在沟下装土，铲斗装土后稍微提起即可装车，能缩短铲斗起落时间，又能减小臂杆的回转角度
层层开挖法	适用于开挖较深的基坑，特别是圆形或方形基坑	拉铲从左到右或从右到左逐层挖土，直至全深。本法可以挖得平整，拉铲斗的时间可以缩短。当土装满铲斗后.可以从任何角度提起铲斗，运送土时的提升高度可减小到最低限度，但落斗时要注意将拉斗钢绳与落斗钢绳一起放松，使铲斗垂直下落
顺序挖土法	适用于开挖土质较硬的基坑	挖土时先挖两边，保持两边低、中间高的地形。然后向中间挖土。本法挖土只有两边遇到阻力，较省力，边坡可以挖得整齐，铲斗不会发生翻滚现象
转圈挖土法	适用于开挖较大、较深的圆形基坑	拉铲在边线外顺圆周转阴挖土，形成以四周低中间高，可防止铲斗翻滚。当挖到 5 m 以下时，则需配合人工在坑内沿坑周边往下挖一条宽 50 cm、深 40～50 cm 的槽，然后进行开挖，直至槽底平，接着人工挖槽，再用拉铲挖土，如此循环作业至设计标高为止
扇形挖土法	适用于开挖直径和深度不大的圆形基坑或沟渠	拉铲先在一端挖成一个锐角形，然后挖土机沿直线按扇形后退，直至挖土完成。本法挖土机移动次数少，汽车在一个部位循环，道路少，装车高度小

② 正铲挖掘机开挖方法如表 6.3 所示。

表 6.3　正铲挖掘机开挖方法

作业名称	适 用 范 围	作 业 方 法
正向开挖，侧向装土法	适用于开挖工作面较大，深度不大的边坡、基坑(槽)、沟渠和路堑等，为最常用的开挖方法	正铲向前进方向挖土，汽车位于正铲的侧向装车。本法铲臂卸土时回转角度最小(<90°)，装车方便，循环时间短，生产效率高
正向开挖，反向装土法	适用于开挖工作面狭小且较深的基坑(槽)、管沟和路堑等	正铲向前进方向挖土，汽车停在正铲的后面。本法开挖工作面较大，但铲臂卸土回转角度较大(在 180°左右)，且汽车要侧行车，增加工作循环时间，生产效率降低(回转角度 180°，效率约降低 23%；回转角度 130°，效率约降低 13%)
分层开挖法	适用于开挖大型基坑或沟壑，工作面高度大于机械挖掘的合理高度时采用	将开挖面按机械的合理高度分为多层开挖，当开挖面高度不能成为一次挖掘深度的整数倍时，则可在挖方的边缘或中部先开挖一条浅槽作为第一次挖土运输线路，然后再逐次开挖直至基坑底部
上下轮换开挖法	适用于土层较高，土质不太硬，铲斗挖掘距离很短时使用	先将土层上部 1 m 以下土挖深 30～40 cm，然后再挖土层上部 1 m 厚的土，如此上下轮换开挖。本法挖土阻力小，易装满铲斗，卸土容易
顺铲开挖法	适用于土质坚硬，挖土时不易装满铲斗，而且装土时间长时采用	铲斗从一侧向另一侧一斗挨一斗地顺序开挖，使每次挖土增加一个自由面，阻力减小，易于挖掘。也可依据土质的坚硬程度使每次只挖 2～3 个斗牙位置的土
间隔开挖法	适用于开挖土质不太硬、较宽的边坡或基坑、沟渠等	即在扇形工作面上第一铲与第二铲之间保留一定距离，使铲斗接触土体的摩擦面减小，两侧受力均匀，铲土速度加快，容易装满铲斗，生产效率提高
多层挖土法	适用于开挖高边坡或大型基坑	将开挖面按机械的合理开挖高度，分为多层同时开挖，以加快开挖速度，土方可以分层运出，也可分层递送，至最上层(或下层)用汽车运去，但两台挖掘机按前进方向，上层应先开挖，保持 30～50 cm 距离
中心开挖法	适用于开挖较宽的山坡地段或基坑、沟渠等	正铲先在挖土区的中心开挖，当向前挖至回转角度超过 90°时，则转向两侧开挖。运土汽车按“八”字形停放装土。本法开挖移位方便，回转角度小(<90°)。挖土区宽度宜在 40 m 以上，以便于汽车靠近正铲装车

③ 反铲挖掘机开挖方法如表 6.4 所示。

表 6.4 反铲挖掘机开挖方法

作业名称	适用范围	作业方法	示例
沟端开挖法	适用于一次成沟后退挖土挖出土方随即运走时采用,或就地取土填筑路基或修筑堤坝等	反铲停于沟端,后退挖土,同时往沟一侧弃土或装汽车运走,挖掘宽度可不受机械最大挖掘半径限制,臂杆回转半径仅45°～90°,同时可挖到最大深度。对较宽基坑可采用图(b)方法,其一次挖掘宽度为反铲有效挖掘半径的2倍,但汽车必须停在机身后面装土,生产效率降低;或采用几次沟端开挖法完成作业	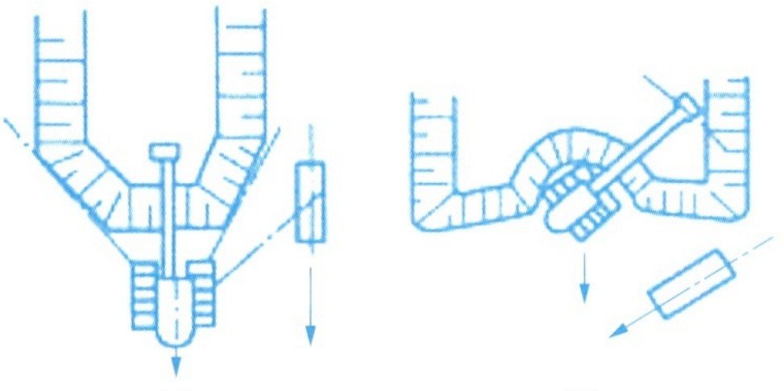 (a) (b)
沟侧开挖法	适用于横挖土体和需将土方甩到离沟边较远的距离时使用	反铲停于沟侧沿沟边开挖,汽车停在机旁装土或往沟一侧卸土。本法铲臂回转角度小,能将土弃于距沟边较远的地方,但挖土的宽度比挖掘的半径小,边坡不好控制,同时机身靠沟边停放,稳定性较差	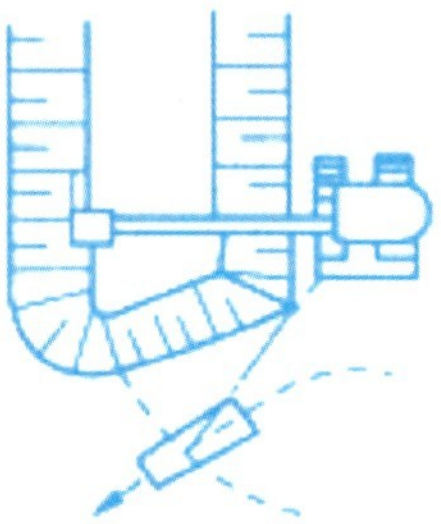
沟角开挖法	适用于开挖土质较硬、宽度较小的沟槽(坑)	反铲位于钩前端的边角上,随着沟槽的掘进,机身沿着沟边往后做"之"字形移动。臂杆回转角度平均在45°左右,机身稳定性好,可挖较硬土体,并能挖出一定坡度	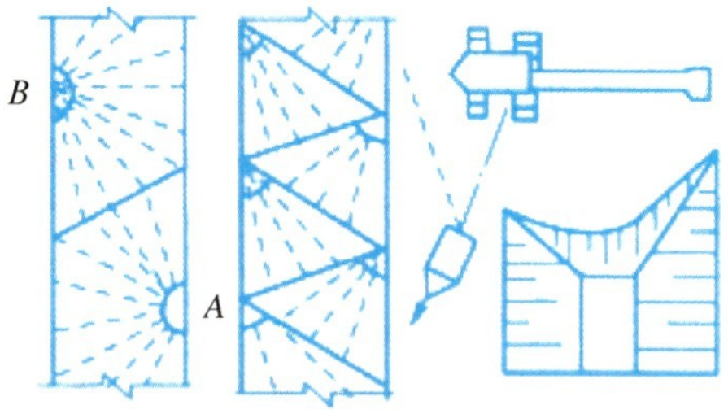 B A
多层接力法	适用于开挖土质较好、深10 m以上的大型基坑、沟槽和渠道	用两台以上或多台挖土机在不同作业高度上同时挖土,边挖土边向上传递到上层,由地表挖土机连挖土带装车。上层可用大型反铲,中层、下层用大型或小型反铲,以便挖土和开挖装车,均衡连续作业,一般两层挖土可挖深10 m,三层挖土可挖深15 m左右。本法开挖较深基坑,可一次开挖到设计标高,一次完成,可避免汽车在坑下装运作业,提高生产效率,且不必设专用垫道	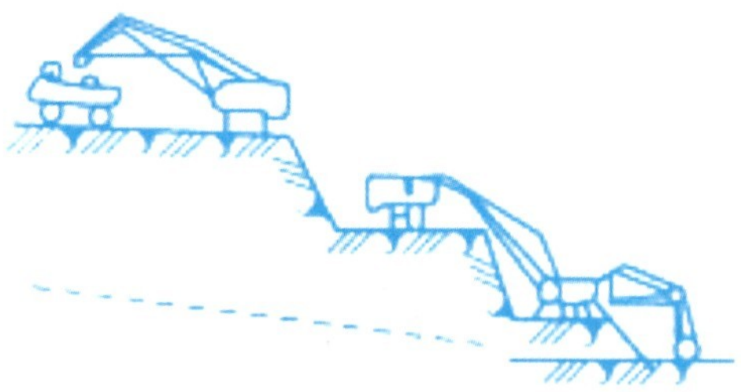

6.2 土石方工程定额工程量计算规则

6.2.1 市政定额土石方工程划分

全国统一市政工程定额土石方工程分为人工土石方和机械土石方。

1. 人工土石方

人工土石方工程包括：人工挖土方；人工挖沟、槽土方；人工挖基坑土方；人工清理土堤基础；人工挖土堤台阶；人工铺草皮；人工装、运土方；人工挖运淤泥、流砂；人工平整场地、填土夯实、原土夯实。

(1) 人工挖土方的工作内容包括挖土、抛土、修整底边和边坡。

(2) 人工挖沟、槽土方的工作内容包括：挖土、装土或抛土于沟、槽边 1 m 以外堆放；修整底边、边坡。

(3) 人工挖基坑土方的工作内容包括：挖土、装土或抛土于坑边 1 m 以外堆放；修整底边、边坡。

(4) 人工清理土堤基础的工作内容包括：挖除、检修土堤面废土层；清理场地；废土 30 m 内运输。

(5) 人工挖土堤台阶的工作内容包括画线、挖土将创松土方抛至下方。

(6) 人工铺草皮的工作内容包括铺设拍紧、花格接槽、洒水、培土、场内运输。

(7) 人工装、运土方的工作内容包括：装车；运土；卸土；清理道路；铺、拆走道板。

(8) 人工挖运淤泥、流砂的工作内容包括：挖淤泥、流砂；装、运、卸淤泥、流砂；1.5 m 内垂直运输。

(9) 人工平整场地、填土夯实、原土夯实的工作内容如下。

① 场地平整：厚度 30 cm 内的就地挖填、找平。

② 松填土：5 m 内的就地取土、铺平。

③ 填土夯实：填土、夯土、运水、洒水。

④ 原土夯实：打夯。

2. 机械土石方

机械土石方工程包括推土机推土，铲运机铲运土方，挖掘机挖土，装载机装松散土，装载机装运土方，自卸汽车运土，抓铲挖掘机挖土、淤泥、流砂，机械平整场地、填土夯实、原土夯实，推土机推石渣，挖掘机挖石渣。

(1) 推土机推土的工作内容包括推土、弃土、平整、空回，工作面内排水。

(2) 铲运机铲运土方的工作内容如下。

① 铲土、弃土、平整、空回。

② 推土机配合助铲、整平。

③ 修理边坡，工作面内排水。

(3) 挖掘机挖土的工作内容如下。

① 挖土，将土堆放在一边或装车，清理机下余土。

② 工作面内排水，清理边坡。

③ 装载机装松散土的工作内容包括铲土装车、修理边坡、清理机下余土。

(4) 装载机装运土方的工作内容如下。

① 铲土、运土、卸土。

② 修理边坡。

③ 人力清理机下余土。

(5) 自卸汽车运土的工作内容包括运土、卸土、场内道路洒水。

(6) 抓铲挖掘机挖土、淤泥、流砂的工作内容包括：挖土、淤泥、流砂；堆放在一边或装车；清理机下余土。

(7) 机械平整场地、填土夯实、原土夯实的工作内容如下。

① 平整场地：厚度 30 cm 内的就地挖土、填土、找平，工作面内排水。

② 原土碾压：平土、碾压，工作面内排水。

③ 填土碾压：回填、推平，工作面内排水。

④ 原土夯实：平土、夯土。

⑤ 填土夯实：摊铺、碎土、平土、夯土。

(8) 推土机推石渣的工作内容包括集渣、弃渣、平整。

(9) 挖掘机挖石渣的工作内容如下。

① 集渣、挖渣、装车、弃渣、平整。

② 工作面内排水及场内道路维护。

(10) 自卸汽车运石渣的工作内容包括：运渣、卸渣，场内行驶道路洒水养护。

6.2.2 土石方工程定额工程量计算规则

(1) 市政土石方工程定额均适用于各类市政工程。

(2) 市政土石方工程定额的土石方体积均以天然密实体(自然方)计算，回填土按照碾压后的体积(实方)计算。土石方体积换算如表 6.5 所示。

表 6.5 土石方体积换算表

名 称	虚方体积	天然密实度体积	夯实后体积	松填体积
土方	1.00	0.77	0.67	0.83
	1.30	1.00	0.87	1.08
	1.50	1.15	1.00	1.25
	1.20	0.92	0.80	1.00
石方	1.54	1.00	—	1.31
砂夹石	1.07	1.00	—	0.94

(3) 坑、槽底加宽应按设计文件的数据或图纸尺寸计算，设计文件未明确的按施工组织设计的数据或图纸尺寸计算，设计文件未明确也无施工组织设计的可按表 6.6、表 6.7 计算。

表 6.6　管沟底部每侧工作面宽度

<table>
<tr><th rowspan="2">管道结构宽
/cm</th><th rowspan="2">混凝土管道
基础 90°</th><th rowspan="2">混凝土管道基础
大于 90°</th><th rowspan="2">金属管道</th><th colspan="2">构　筑　物</th></tr>
<tr><th>有防潮层</th><th>无防潮层</th></tr>
<tr><td>不大于 50</td><td>40</td><td>40</td><td>30</td><td rowspan="3">40</td><td rowspan="3">60</td></tr>
<tr><td>不大于 50</td><td>50</td><td>50</td><td>40</td></tr>
<tr><td>不大于 50</td><td>60</td><td>50</td><td>40</td></tr>
</table>

注：管道结构宽度——无管座按管道外径计算，有管座按管道基础外缘计算。

表 6.7　槽底部每侧工作面宽度

基　础　材　料	每面增加工作面宽度/mm
砖基础	200
毛石、方整石基础	250
混凝土基础(支模板)	400
混凝土基础垫层(支模板)	300
基础垂直面做砂浆防潮层	800(自防潮层面)
基础垂直面做防水层或防腐层	1 000(自防水层或防腐面)
支挡土板	150(另加)

(4) 清理土堤基础按设计规定以水平投影面积计算，清理厚度为 30 cm 内，废土运距按 30 m 计算。

(5) 人工挖土堤台阶工程量，按挖前的堤坡斜面积计算，运土应另行计算。

(6) 挖土放坡应按设计文件的数据或图纸尺寸计算，设计文件未明确的按施工组织设计的数据或图纸尺寸计算，设计文件未明确也无施工组织设计的可按表 6.8 计算。

(7) 挖土交叉处产生的重复工程量不扣除。基础土方放坡，自基础(含垫层)底标高算起；如在同一断面内遇有数类土壤，其放坡系数可按各类土占全部深度的百分比加权计算。

(8) 平整场地工程量按施工组织设计尺寸以面积计算。

(9) 沟槽土石方，按设计图示沟槽长度乘以沟槽断面面积，以体积计算。

① 条形基础的沟槽长度，按设计规定计算；设计无规定时，按中心线长度计算。

② 管道的沟槽长度，按设计规定计算；设计无规定时，以设计图示管道中心线长度(不扣除下口直径或边长<1.5 m 的井池)计算。下口直径或边长>1.5 m 的管道接口作业坑和沿线各种井室所需增加开挖的土石方工程量，另按基坑的相应规定计算。管沟回填土应扣除 300 mm 以上管道、基础、垫层和各种构筑物所占的体积。

表 6.8 放坡系数

土壤类别	放坡起点深度超过 1 m	机械开挖			人工开挖
		沟槽、坑内作业	沟槽、坑上作业	顺沟槽方向坑上作业	
一类、二类土	1.20	1∶0.33	1∶0.75	1∶0.50	1∶0.50
三类土	1.50	1∶0.25	1∶0.67	1∶0.33	1∶0.33
四类土	2.00	1∶0.10	1∶0.33	1∶0.25	1∶0.25

注：① 机械挖土从交付施工场地标高起至基础底，机械一直在坑内作业，并设有机械上坡道（或采用其他措施运送机械）称坑内作业；相反机械一直在交付施工场地标高上作业（不下坑）称坑上作业。
② 开挖时没有形成坑，虽然是在交付施工场地标高（坑上）挖土，继续挖土时机械随坑深在坑内作业，亦称为坑内作业。
③ “沟槽侧、坑上作业”是挖土设备在沟槽一侧进行挖土作业。
④ “顺沟槽方向上作业”是挖土设备在沟槽坑上端头位置，倒退挖土。

③ 沟槽的断面面积，应包括工作面宽度、放坡宽度或石方允许超挖量的面积。

(10) 基坑土石方，按设计图示基础（含垫层）尺寸，另加工作面宽度、土方放坡宽度或石方允许超挖量乘以开挖深度，以体积计算。

(11) 一般土石方，按设计图示基础（含垫层）尺寸，另加工作面宽度、土方放坡宽度或石方允许超挖量乘以开挖深度，以体积计算。修建机械上下坡便道的土方量以及为保证路基边缘的压实度而设计的加宽填筑土方量并入土方工程量内。

(12) 桩间挖土，设计有桩顶承台的按承台外边线乘以实际桩间挖土深度计算，无承台的按桩外边线均外扩 0.6 m 乘以实际桩间挖土深度计算，桩间挖土不扣除桩体积和空孔所占体积，挖土交叉处产生的重复工程量不扣除。

(13) 挖淤泥流砂，以实际挖方体积计算。

(14) 人工挖（含爆破后挖）冻土，按实际冻土厚度，以体积计算。机械挖冻土，冻土层厚度在 300 mm 以内时，不计算挖冻土费用；冻土层厚度超过 300 mm 时，按设计图示尺寸，以体积计算，执行“机械破碎冻土”项目。破碎后冻土层挖、装、运执行挖、装、运石渣相应定额项目。

(15) 岩石爆破后人工清理基底与修整边坡，按岩石爆破的规定尺寸（含工作面宽度和允许超挖量）以面积计算。

(16) 夯实土堤按设计面积计算。

(17) 大型支撑基坑土方开挖工程量按设计图示尺寸以体积计算。

(18) 石方工程量按图纸尺寸加允许超挖量计算，开挖坡面每侧及底面允许超挖量：极软岩、软岩 20 cm，较软岩、较硬岩、坚硬岩 15 cm。

6.2.3 其他说明

(1) 干湿的划分首先以地质勘察资料为准，含水率不小于 25% 为湿土；或以地下常水位为准，常水位以上为干土，以下为湿土。挖湿土时，人工和机械乘以 1.18，干、湿土工程量分别计算。采用降水措施后的土方应按干土计算。

(2) 人工挖一般土方、沟槽、基坑深度超过 6 m 时，6 m<深度≤7 m，按深度≤6 m 相应项

目人工乘以系数1.25；7 m<深度≤8 m，按深度≤6 m相应项目人工乘以系数1.25^2；即1.25的n次方，以此类推，各段分别计算。

(3) 沟槽、基坑、平整场地和一般土石方的划分：底宽7 m以内，底长大于底宽3倍以上按沟槽计算；底长小于底宽3倍以内且基坑底面积在150 m^2以内按基坑计算；厚度在30 cm以内挖土、填土按平整场地计算；超过上述范围的土方、石方按一般土方和一般石方计算。

(4) 人工挖管沟项目执行人工挖沟槽相应项目。

(5) 桩间挖土，系指桩间外边线间距1.2 m范围内的挖土。相应项目人工、机械乘以系数1.50。

(6) 土石方运距应以挖方重心至填方重心或弃方重心最近距离计算，挖方重心、填方重心、弃方重心按施工组织设计确定。如遇下列情况应增加运距：

① 人力及人力车运土石方上坡坡度在15%以上，推土机、铲运机重车上坡坡度大于5%，斜道运距按斜道长度乘以表6.9的系数计算。

表6.9　斜运距换算系数

项　　目	推土机、铲运机				人力及人力车
坡度/%	5～10	10～15	15～20	20～25	15以内
系数	1.75	2	2.25	2.5	5

② 采用人力垂直运输土石方，垂直深度每米折合水平运距7 m计算。

③ 拖式铲运机3 m^3加27 m转向距离，其余型号铲运机加45 m转向距离。

(7) 挖冻土及岩石不计算放坡。

(8) 三类、四类土壤的土方二次翻挖按降低一级类别套用相应定额。淤泥翻挖，执行相应挖淤泥项目。

(9) 人工夯实土堤、机械夯实土堤执行原土夯实(人工)、原土夯实(机械)项目。

(10) 挖土机在垫板上作业，人工和机械乘以系数1.25，搭拆垫板的费用另行计算。

(11) 推土机推土或铲运机铲土的平均土层厚度小于30 cm时，推土机台班乘以系数1.25，铲运机台班乘以系数1.17。

(12) 小型挖掘机，系指斗容量≤0.30 m^3的挖掘机。小型自卸汽车系指载重量≤6 t的自卸汽车。

(13) 挖掘机(含小型挖掘机)挖土方项目，已综合了挖掘机挖土方和挖掘机挖土后，基底和边坡遗留厚度≤0.3 m的人工清理和修整。使用时不得调整，人工基底清理和边坡修整不另行计算。

(14) 机械挖管沟土方项目适用于管道(给排水、工业、电力、通信等)、光(电)缆沟(包括：人/手孔、接口坑)及连接井(检查井)等。

(15) 挖密实的钢碴，按挖四类土，人工挖土项目乘以系数2.50，机械挖土项目乘以系数1.50。

(16) 挖、装、运山皮石(土)，按挖、装、运石渣项目执行。

(17) 石方爆破按炮眼法松动爆破和无地下渗水积水考虑,防水和覆盖材料未在项目内。采用火雷管可以换算,雷管数量不变,扣除胶质导线用量,增加导火索用量,导火索长度按每个雷管 2.12 m 计算。抛掷和定向爆破等另行处理。打眼爆破若要达到石料粒径要求,则增加的费用另计。

(18) 除大型支撑基坑土方开挖定额项目外,在支撑下挖土,按实挖体积,人工挖土项目乘以系数 1.43,机械挖土项目乘以系数 1.20,先开挖后支撑的不属于支撑下挖土。

(19) 大型支撑基坑土方开挖由于场地狭小只能单面施工时,挖土机械按表 6.10 调整。

表 6.10 机械停机施工调整表

宽　　度	两边停机施工	单边停机施工
基坑宽 15 m 内	15 t	25 t
基坑宽 15 m 外	25 t	40 t

(20) 大型支撑基坑土方开挖定额适用于地下连续墙、混凝土板桩、钢板桩等围护的跨度大于 8 m 的深基坑开挖。定额中已包含湿土排水,若需采用井点降水,其费用另行计算。

6.3 土石方工程工程量清单编制

6.3.1 土石方工程工程量清单编制方法

1. 一般方法

编制前首先要根据设计文件和招标文件,认真读取拟建工程项目的内容,对照工程量计算规范的项目名称和项目特征,确定具体的分部分项工程名称,然后设置 12 位项目编码,参考《市政工程工程量计算规范》中列出的工程内容,确定分部分项工程量清单的工程内容,最后按《市政工程工程量计算规范》中规定的计量单位和工程量计算规则,计算出该分部分项工程量清单的工程量。

2. 土石方工程工程量清单项目

土石方工程工程量清单项目有土方工程、石方工程和回填方及土石方运输 10 个子项目。其中挖土方 5 个子项目,挖石方 3 个子项目,回填方及土石方运输 2 个子项目。

(1) 挖一般土方是指在市政工程中,除挖沟槽、基坑、竖井等土方外的所有开挖土方工程项目。

(2) 挖沟槽土石方是指在市政工程中,开挖底宽 7 m 以内,底长大于底宽 3 倍以上的土石方工程项目。包括基础沟槽和管道沟槽等项目。

(3) 挖基坑土石方是指在市政工程中,开挖底长小于底宽 3 倍以下,底面积在 150 m^2 以内的土石方工程项目。

(4) 暗挖土方是指在土质隧道、地铁中除用盾构掘进和竖井挖土方外,用其他方法挖洞内土方的工程项目。

(5) 淤泥是在静水或缓慢的流水环境中沉积，并经生物化学作用形成的一种黏性土。其特点是细(小于 0.005 mm 的黏土颗粒占 50%以上)、稀(含水量大于液限)、松(孔隙比大于 1.5)。挖淤泥是指在挖土方中，遇到与湿土不同的工程项目。

(6) 回填方是指在市政工程中所有开挖处，凡未为基础、构筑物所占据而形成的空间，需回填土方的工程项目。

(7) 余土弃置是指将施工场地内多余的土方外运至指定地点的工程项目。

(8) 缺方内运是指在施工场地外，将回填所缺少的土方运至施工场地内的工程项目。

3. 其他相关问题的处理

(1) 挖方按天然密实度的体积计算，填方按土方压实后的体积计算，弃土按天然密实度的体积计算，缺方内运(外借土)按所需土方压实后的体积计算。

(2) 沟槽、基坑的土石方挖方中的地表水排除应在计价时考虑在清单项目计价中。地下水排除应在措施项目中列项。

(3) 挖方中包括场内运输，其范围指挖填平衡和临时转堆的运输。

(4) 在填方中，除应扣除基础、构筑物埋入的体积外，对市政管道工程不论管道直径大小都应扣除。

6.3.2　土石方工程清单工程量计算

1. 挖一般土石方

(1) 计算规则按设计图示开挖线以体积计算。

(2) 工程内容包括土石方开挖，围护、支撑，场内运输，平整、夯实。

(3) 计算方法有：① 场地平整可采用平均开挖深度乘以开挖面积的计算方法；② 市政广场等大面积土方开挖，采用方格网法的计算方法；③ 地形变化较大或不规则的采用横截面法。

Ⅰ. 方格网的计算可以分为四步：

第一步划分方格网，求施工高度，根据地形图，将场地划分为边长为 10 m×10 m～50 m×50 m 的正方形方格网，通常采用 20 m×20 m 方格；将各点场地设计标高和自然地面标高分别标注在方格的右上角、右下角上，算出各点的施工高度，填在方格网各角点左上角，计算公式为：施工高度＝自然地面标高－场地设计标高，计算结果为“＋”表示挖方，“－”号表示填方。

第二步确定零点位置，以方格网中的一个方格为例，如图 6.1 所示，当方格某一条边角点施工高度符号不一致时，就说明在该条边上有零点出现。零点位置计算见式(6.1)。

$$x_1 = \frac{ah_1}{h_1 + h_2} \tag{6.1}$$

式中，x_1、x_2——角点至零点的距离(m)；

h_1、h_2——相邻两角点的施工高度的绝对值(m)；

a——方格网的边长(m)。

第三步计算各方格网土石方工程量，用每个方格中的填、挖土方对应水平面积乘以土方角点平均施工高度，方格网法的计算公式如表 6.11 所示。

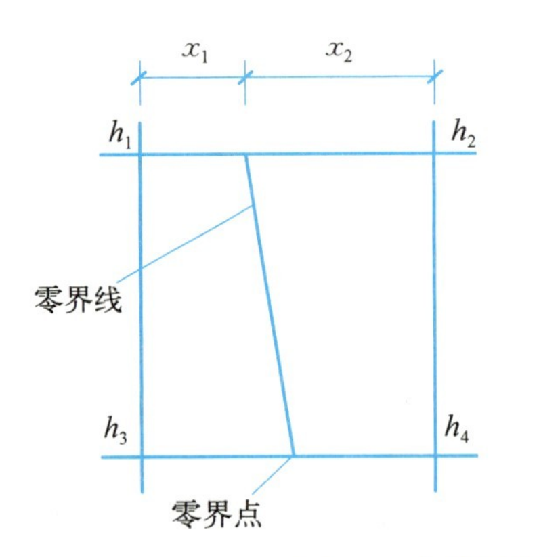

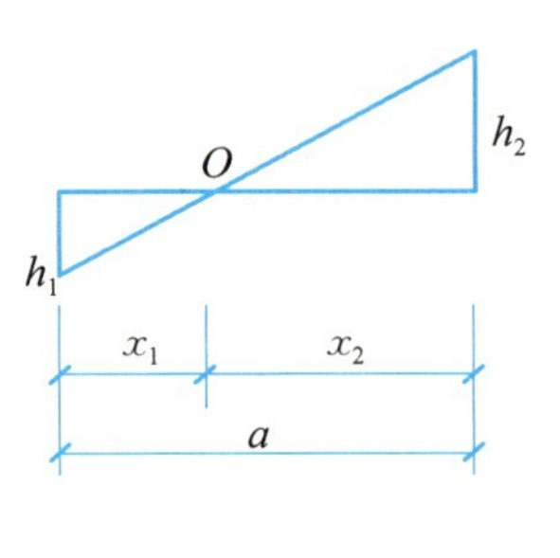

图 6.1　方格网法零点示意图

表 6.11　方格网法计算公式

项　目	图　　式	计 算 公 式
一点填方或挖方（三角形）		$V=\frac{1}{2}bc\frac{\sum h}{3}=\frac{bch_3}{6}$ 当 $b=c=a$ 时，$V=\frac{a^2h_3}{6}$
二点填方或挖方（梯形）		$V_-=\frac{b+c}{2}a\frac{\sum h}{4}=\frac{a}{8}(b+c)(h_1+h_3)$ $V_+=\frac{d+e}{2}a\frac{\sum h}{4}=\frac{a}{8}(d+e)(h_2+h_4)$
三点填方或挖方（五角形）		$V=\left(a^2-\frac{bc}{2}\right)\frac{\sum h}{5}$ $=\left(a^2-\frac{bc}{2}\right)\frac{h_1+h_2+h_4}{5}$
四点填方或挖方（正方形）		$V=\frac{a^2}{4}\sum h=\frac{a^2}{4}(h_1+h_2+h_3+h_4)$

注：① a——方格网的边长(m)；b、c——零点到一角的边长(m)；h_1、h_2、h_3、h_4——方格网四角点的施工高程(m)，用绝对值代入；Σh——填方或挖方施工高程的总和(m)，用绝对值代入；V——挖方或填方体积(m^3)。

② 本表公式是按各计算图形底面积乘以平均施工高程而得出的。

第四步是土方工程量的汇总，把各方格中的填方和挖方分别汇总。

Ⅱ. 横截面法适用于起伏变化较大的地形或者狭长、挖填深度较大又不规则的地形，其计算步骤与方法如下。

第一步根据地形图、竖向布置或现场测绘，将要计算的场地划分截面 AA'、BB'、CC'……使截面尽量垂直于等高线或主要建筑物的边长，各断面间的间距可以不等，一般为 10 m 或 20 m，在平坦地区可大一些，但最大不大于 100 m。

第二步按比例绘制每个横截面的自然地面和设计地面的轮廓线。自然地面轮廓线与设计地面轮廓线之间的面积，即为挖方或填方的截面。

第三步常用截断面面积计算公式如表 6.12 所示。

表 6.12　常用截断面计算公式

横截面图式	截面积计算公式
h；1:n；b	$A=h(b+nh)$
1:m；h；1:n；b	$A=h\left[b+\frac{h(m+n)}{2}\right]$
h_1；1:m；1:n；h_2；b	$A=b\frac{h_1+h_2}{2}+h_1h_2\cdot\frac{m+n}{2}$
h_1 h_2 h_3 h_4；a_1 a_2 a_3 a_4 a_5	$A=h_1\frac{a_1+a_2}{2}+h_2\frac{a_2+a_3}{2}+h_3\frac{a_3+a_4}{2}+h_4\frac{a_4+a_5}{2}$
h_0 h_1 h_2 h_3 h_4 h_5 h_n；a a a a a a	$A=\frac{a}{2}(h_0+2h+h_n)$ $h=h_1+h_2+h_3+h_4+h_5$

第四步根据截面面积按式(6.2)计算土石方量：

$$V=\frac{A_1+A_2}{2}L \tag{6.2}$$

式中，V——相邻两横截面间的土石方量(m^3)；A_1、A_2——相邻两横截面挖或填的截面积(m^2)；L——相邻两横截面的间距(m)。

2. 挖沟槽土石方

1) 计算规则

原地面线以下按构筑物最大水平投影面积乘以挖土深度(原地面平均高至槽坑底高度)以体积计算，如图6.2所示。

2) 工程内容

土石方开挖，围护、支撑，场内运输，平整、夯实。

3) 计算方法

$$V=LB(H-h) \tag{6.3}$$

式中，V——沟槽挖土体积(m^3)；L——沟槽长(m)；B——沟槽底宽，即原地面线以下的构筑物最大宽度(m)；H——沟槽原地面线平均标高(m)；h——沟槽底平均标高(m)。

3. 挖基坑土石方

1) 计算规则

原地面线以下按构筑物最大水平投影面积乘以挖土深度(原地面平均标高至坑底高度)以体积计算，如图6.3所示。

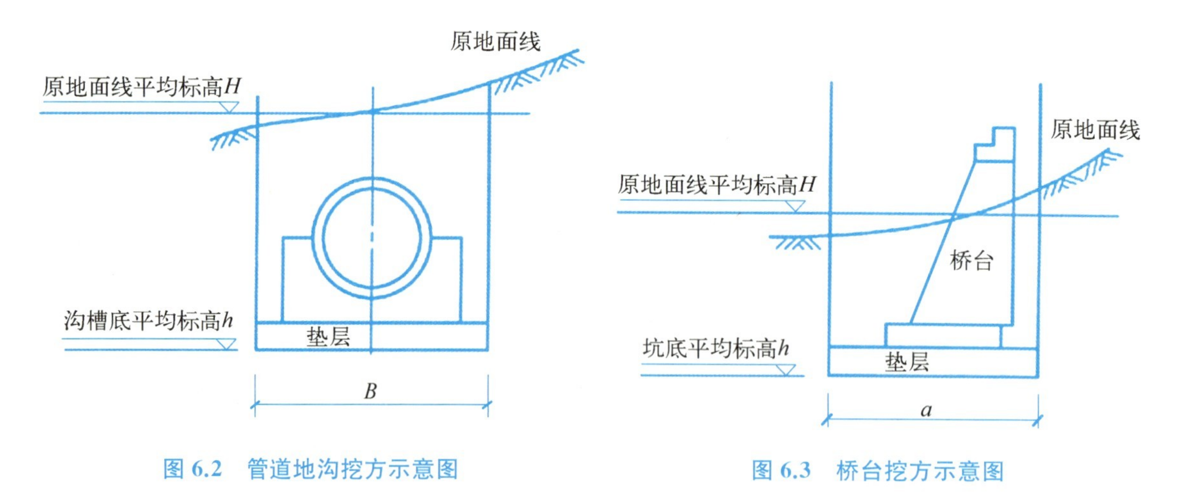

图6.2　管道地沟挖方示意图　　图6.3　桥台挖方示意图

2) 工程内容

土石方开挖，围护、支撑，场内运输，平整、夯实。

3) 计算方法

$$V=ab(H-h) \tag{6.4}$$

式中，V——基坑挖土体积(m^3)；a——基坑底宽，即原地面线以下的构筑物最大宽度(m)；b——基坑底长，即原地面线以下的构筑物最大长度(m)；H——基坑原地面线平均标高(m)；

h——基坑底平均标高(m)。

4. 暗挖土方

1) 计算规则

按设计图示断面乘以长度以体积计算。

2) 工程内容

土方开挖,围护、支撑,洞内运输,场内运输。

5. 挖淤泥、流砂

1) 计算规则

按设计图示的位置及界限以体积计算。

2) 工程内容

挖淤泥,场内运输。

6. 回填方

1) 计算规则

(1) 按设计图示尺寸以体积计算。

(2) 按挖方清单项目工程量减基础、构筑物埋入体积加原地面线至设计要求标高间的体积计算。

2) 工程内容

包括填方和压实。

7. 余方弃置

1) 计算规则

按挖方清单项目工程量和利用回填方体积(正数)计算。

2) 工程内容

余方点装料运输至弃置点。

8. 有关说明

(1) 挖方应按天然密实度体积计算,填方应按压实后体积计算。

(2) 沟槽、基坑、一般土石方的划分应符合下列规定:① 底宽 7 m 以内,底长大于底宽 3 倍以上应按沟槽计算;② 底长小于底宽 3 倍以下,底面积在 150 m^2 以内,应按基坑计算;③ 超过上述范围,应按一般土石方计算。

6.3.3　土石方工程工程量清单编制实例

某道路工程位于某市三环路内,设计红线宽 60 m,为城市快速道。工程设计起点 04+00,设计终点 05+00,设计全长 100 m。道路断面形式为四块板,其中快车道 15 m×2,慢车道 7 m×2,中央绿化隔离带 5 m,快慢车道绿化隔离带 3 m×2,人行道 2.5 m×2;段内设污水、雨水管各 2 条。绿化隔离带内植树 90 棵。

道路路基土方(三类土)工程量计算,参考道路纵断面图每隔 20 m 取一个断面,按由自然地面标高分别挖(填)至快车道、慢车道、人行道路基标高计算,树坑挖方量单独计算,树坑长宽为 0.8 m×0.8 m,深度为 0.8 m。由于无挡墙、护坡设计,土方计算至人行道边石外侧。当原地面标高大于路基标高时,路基标高以上为道路挖方,以下为沟槽挖方,沟槽回填至路基标高;道路、排水工程土方按先施工道路土方,后施工排水土方计算。当原地面标高小于路基标高时,原地面标高至路基之间为道路回填，沟槽挖方、回填以原地面标高为准。

依据《建设工程工程量清单计价规范》GB 50500－2013、《市政工程工程量计算规范》GB 50857－2013、设计文件和工程招标文件编制道路、排水土石方工程工程量清单。

1. 计算道路路基土方工程量

（1）道路纵断面图标高数据见表 6.13。

表 6.13　道路纵断面图标高数据表

路面设计标高	515.820	516.120	516.420	517.200	517.020	517.320
路基设计标高	515.070	515.370	515.670	515.970	516.270	516.570
原地面标高	515.360	515.420	516.830	516.720	517.300	519.390
桩号	04＋00	04＋20	04＋40	04＋60	04＋80	05＋00

（2）道路路基土方工程量表见表 6.14。

表 6.14　道路路基土方工程量计算表

桩号	桩间距离	挖（填）土深度/m	挖（填）土宽度/m	截面积/m^2	平均断面积/m^2	挖（填）土体积/m^3
04＋00		0.290	49	14.21		
	20				8.330	166.60
04＋20		0.050	49	2.45		
	20				29.645	592.90
04＋40		1.160	49	56.84		
	20				58.555	1 171.10
04＋60		1.230	49	60.27		
	20				55.370	1 107.40
04＋80		1.030	49	50.47		
	20				94.325	1 886.50
05＋00		2.820	49	138.18		
合计						4 924.50

2. 计算挖树坑土方工程量

$(0.8 \times 0.8 \times 0.8) \times 90\ m^3 = 46.08\ m^3$

3. 计算绿化分隔带、树坑填土工程量

$[(5 + 2 \times 3) \times 100 \times 0.7]\ m^3 + [(0.8 \times 0.8 \times 0.8) \times 90]\ m^3 = 816.08\ m^3$

4. 计算余土弃置工程量

4 878.42 m^3（同路基土方挖方工程量）。

5. 计算缺方工程量

816.08 m^3（同绿化分隔带、树坑填土工程量）

6. 分部分项工程量清单汇总

分部分项工程量清单汇总见表 6.15。

表 6.15　分部分项工程清单

工程名称：某路基土方工程　　　　标段：　　　　第 1 页　共 1 页

序号	项目编号	项目名称	项目特征描述	计量单位	工程量	金额/元		
						综合单价	合价	其中：暂估价
1	040101001001	挖路基土方	（1）土壤类别：三类土 （2）挖土深度：按设计	m^3	4 878.42			
2	040101003001	挖树坑土方	（1）土壤类别：三类土 （2）挖土深度：0.8 m	m^3	46.08			
3	040103001001	绿化分隔带、树坑填土	（1）填方材料品种：耕植土 （2）密实度：松填	m^3	816.08			
4	040103002001	余土弃置	（1）废弃料品种：所挖方土（三类） （2）运距：3 km	m^3	4 878.42			
5	040103001002	缺方内运	（1）填方材料品种：耕植土（三类） （2）运距：2 km	m^3	816.08			
本页小计								
合计								

7. 编制措施项目清单

本工程措施项目确定为文明施工、安全施工、临时设施三个项目如表 6.16 所示。

表 6.16　措施项目清单

工程名称：某路基土方工程　　　　标段：　　　　第 1 页　共 1 页

序号	项　目　名　称	计算基础	费率/%	金额/元
1	安全文明施工费			
2	夜间施工费			

续 表

序号	项 目 名 称	计算基础	费率/%	金额/元
3	二次搬运费			
4	冬、雨季施工			
5	大型机械设备进出场及安拆费			
6	施工排水			
7	施工降水			
8	地上、地下设施，建筑物的临时保护设施			
9	已完工程及设备保护			
10	各专业工程的措施项目			
合计				

注：本表适用于以“项”计价的措施项目。

8. 编制其他项目清单

本工程其他项目只有暂列金额 8 000 元，如表 6.17、表 6.18 所示。

表 6.17 其他项目清单

工程名称：某路基土方工程　　　标段：　　　第 1 页　共 1 页

序号	项 目 名 称	计量单位	金额/元	备注
1	暂列金额		8 000	明细详见下表
2	暂估价		/	
2.1	材料暂估价		/	
2.2	专业工程暂估价		/	
3	计日工			
4	总承包服务费			
合计				—

注：材料暂估单价进入清单项目综合单价，此处不汇总。

表 6.18　暂列金额明细表

工程名称：某路基土方工程　　　　标段：　　　　第 1 页　共 1 页

序　号	项 目 名 称	计 量 单 位	暂定金额/元	备　　注
1	暂列金额	项	8 000	
合计			8 000	—

9. 规费、税金项目清单

本工程规费、税金项目清单如表 6.19 所示。

表 6.19　规费、税金项目清单

工程名称：某路基土方工程　　　　标段：　　　　第 1 页　共 1 页

序号	项 目 名 称	计　算　基　础	费率/%	金额/元
1	规费			
1.1	工程排污费			
1.2	社会保障费			
(1)	养老保险费			
(2)	失业保险费			
(3)	医疗保险费			
(4)	生育保险费			
(5)	工伤保险费			
1.3	住房公积金			
2	税金	分部分项工程费＋措施项目费＋其他项目费＋规费		
合计				

6.4　土石方工程工程量清单报价编制

6.4.1　土石方工程工程量清单报价编制方法

(1) 确定计价依据和方法，主要是确定采用企业定额或者采用消耗量定额及费用计算方法。

（2）按照施工图纸及其施工方案的具体做法，根据每个分部分项工程量清单项目所对应的工作内容范围，确定每个分部分项工程量清单项目的计价项目。

（3）按照计价项目和对应定额规定的工程量计算规则计算计价项目的工程量。

6.4.2　土石方工程计价工程量计算

1. 计价项目的确定

1）施工方案

本工程要求封闭施工，现场已具备三通一平，需设施工便道解决交通运输。因地形复杂，土方工程量大，采用坑内机械挖土，辅助人工挖土的方法；挖土深度超过 1.5 m 的地段放坡，放坡系数为 1∶2.5。所有挖方均弃置于 5 km 外，所需绿化耕植土从 2 km 处运入。本工程无预留金，所有材料由投标人自行采购。道路工程中的弯沉测试费列入措施项目清单，由企业自主报价。

2）计价项目

计价项目有：机械挖路基土方、人工挖路基土方、人工挖树坑土方、人工填绿化分隔带耕植土、人工填树坑耕植土、土方机械外运、耕植土机械内运等。

2. 计价项目的工程量计算

土石方工程计价项目的工程量按《全国统一市政工程预算定额》的规定计算。道路土石方工程计价工程量计算如表 6.20 所示。

表 6.20　计价工程量计算表

工程名称：某路基土方工程　　　　第　页　共　页

<table>
<tr><th>序号</th><th>项目编码</th><th>定额编号</th><th>项 目 名 称</th><th>单位</th><th>工程数量</th><th>计 算 式</th></tr>
<tr><td>1</td><td>040101001001</td><td>1－237</td><td>反铲挖掘机挖路基土方（三类土）</td><td>m³</td><td>4 878.42</td><td>同清单工程量</td></tr>
<tr><td>2</td><td>040101003001</td><td>1－20</td><td>人工挖树坑土方（三类土）</td><td>m³</td><td>46.08</td><td>同清单工程量</td></tr>
<tr><td>3</td><td>040103001001</td><td>1－54</td><td>绿化分隔带、树坑人工松填土</td><td>m³</td><td>816.08</td><td>同清单工程量</td></tr>
<tr><td>4</td><td>040103002001</td><td>1－271</td><td>自卸汽车余土弃置（3 km）</td><td>m³</td><td>4 878.42</td><td>同清单工程量</td></tr>
<tr><td rowspan="2">5</td><td rowspan="2">040103001001</td><td>1－271</td><td>回填土缺方内运（2 km）</td><td>m³</td><td>816.08</td><td>同清单工程量</td></tr>
<tr><td>1－257</td><td>装载机装回填用土</td><td>m³</td><td>816.08</td><td>同清单工程量</td></tr>
</table>

3. 综合单价计算

1）选用定额摘录

道路土石方工程选用的《全国统一市政工程预算定额》摘录如表 6.21 所示。

（1）人工挖基坑土方工作内容有：挖土、装土或抛土于坑边 1 m 以外堆放，修整底边、边坡等。

表 6.21　人工挖土方定额摘录表　　　　计量单位：100 m³

定额编号				1－16	1－17	1－18	1－19	1－20	1－21	1－22	1－23
项目				一、二类土深度在(m 以内)				三类土深度在(m 以内)			
				2	4	6	8	2	4	6	8
基价/元				839.93	1 122.83	1 356.74	1 708.17	1 429.09	1 703.00	1 948.37	2 369.69
其中	人工费/元 材料费/元 机械费/元			839.93 — —	1 122.83 — —	1 356.74 — —	1 708.17 — —	1 429.09 — —	1 703.00 — —	1 948.37 — —	2 569.69 — —
名称		单位	单价/元	数量							
人工	综合人工	工日	22.47	37.38	49.97	60.38	76.02	63.60	75.79	86.71	105.46

(2) 人工平整场地、填土夯实、原土夯实，见表 6.22。

表 6.22　人工平整场地定额摘录表　　　　计量单位：100 m³

定额编号				1－53	1－54	1－55	1－56	1－57	1－58
项目				平整场地	松填土	填土夯实		原土夯实	
						平地	槽、坑	平地	槽、坑
				100 m³	100 m³	100 m³		100 m³	
基价/元				142.46	323.12	763.33	892.31	36.85	42.02
其中	人工费/元 材料费/元 机械费/元			142.46 — —	323.12 — —	763.33 — —	892.31 — —	36.85 — —	42.02 — —
名称		单位	单价/元						
人工	综合人工	工日	22.47	37.38	49.97	60.38	76.02	63.60	75.79
材料	水	m³	0.45	—	—	1.55	1.55	—	—

注：槽坑一侧堆土时，乘以系数 1.13。

(3) 挖掘机挖土方，见表 6.23。其工作内容有：挖土、将土堆放在一边或装车，清理机下余土；工作面内排水，清理边坡等。

表 6.23 挖掘机挖土方定额摘录表

计量单位：1 000 m³

定额编号				1-233	1-234	1-235	1-236	1-237	1-238
项目				反铲挖掘机(斗容量 1.0 m³)不装车			反铲挖掘机(斗容量 1.0 m³)装车		
				一、二类土	三类土	四类土	一、二类土	三类土	四类土
基价/元				1 618.87	1 901.56	2 151.11	2 716.20	3 202.83	3 627.53
其中	人工费/元 材料费/元 机械费/元			134.82 — 1 484.05	134.82 — 1 766.74	134.82 — 2016.29	134.82 — 2 581.38	134.82 — 3 068.01	134.82 — 3 492.71
名称		单位	单价/元	数量					
人工	综合人工	工日	22.47	6.00	6.00	6.00	6.00	6.00	6.00
机械	履带式单斗挖掘机 1 m³	台班	662.31	2.10	2.50	2.85	2.43	2.89	3.29
	履带式推土机 75 kW	台班	443.82	0.21	0.25	0.29	2.19	2.60	2.96

(4) 自卸汽车运土，如表 6.24 所示。

其工作内容：运土、卸土、场内道路洒水。

表 6.24 自卸汽车运土定额摘录表

计量单位：1 000 m³

定额编号				1-270	1-271	1-272	1-273	1-274
项目				自卸汽车(载重 4.5 t 以内)运距(km 以内)				
				1	3	5	7	10
基价/元				4 685.75	8 266.28	10 697.19	13 356.00	15 989.49
其中	人工费/元 材料费/元 机械费/元			— 5.40 4 680.35	— 5.40 8 260.88	— 5.40 10 691.79	— 5.40 13 350.60	— 5.40 15 984.09
名称		单位	单价/元	数量				
材料	水	m³	0.45	12.00	12.00	12.00	12.00	12.00
机械	自卸汽车 4.5 t 洒水汽车 4 000 L	台班 台班	253.22 263.07	17.86 0.60	32.00 0.60	41.60 0.60	52.10 0.60	62.50 0.60

(5) 装载机装松散土工作内容：铲车装车，修理边坡，清理机下余土，如表 6.25 所示。

表 6.25　装载机装松散土定额摘录表

计量单位：1 000 m^3

定额编号				1-257	1-258	1-259
项目				装载机 1 m^3	装载机 1.5 m^3	装载机 3 m^3
基价				1 083.56	1 024.40	1 220.00
其中	人工费/元 材料费/元 机械费/元			134.82 — 948.74	134.82 — 889.58	134.82 — 1 085.18
名称		单位	单价/元	数量		
人工	综合人工	工日	22.47	6.00	6.00	6.00
机械	轮胎式装载机 1 m^3 轮胎式装载机 1.5 m^3 轮胎式装载机 3 m^3	台班 台班 台班	337.63 376.94 609.65	2.81 — —	— 2.36 —	— — 1.78

2）工、料、机市场价

根据市场行情和自身企业具体情况，本工程确定的工、料、机单价如表 6.26 所示。

表 6.26　工、料、机单价表

序号	名　　称	单位	单价/元
1	人工	工日	35.00
2	水	m^3	1.50
3	履带式单斗挖掘机 1 m^3	台班	650.00
4	履带式推土机 75 kW	台班	440.0
5	自卸汽车 4.5 t	台班	250.00
6	洒水汽车 4 000 L	台班	270.00
7	轮胎式装载机 1 m^3	台班	335.00
8	耕植土	m^3	5.50

3）综合单价计算

综合单价计算见表 6.27～表 6.31。

表 6.27　工程量清单综合单价分析表

工程名称：某路基土方工程　　　　　　标段：　　　　　　第 1 页　共 5 页

<table>
<tr><td colspan="2">项目编码</td><td colspan="2">040101001001</td><td colspan="2">项目名称</td><td colspan="2">挖路基土方</td><td colspan="2">计量单位</td><td colspan="2">m^3</td></tr>
<tr><td colspan="12">清单综合单价组成明细</td></tr>
<tr><td rowspan="2">定额编号</td><td rowspan="2">定额名称</td><td rowspan="2">定额单位</td><td rowspan="2">数量</td><td colspan="4">单　价</td><td colspan="4">合　价</td></tr>
<tr><td>人工费</td><td>材料费</td><td>机械费</td><td>管理费和利润</td><td>人工费</td><td>材料费</td><td>机械费</td><td>管理费和利润</td></tr>
<tr><td>1-237</td><td>挖掘机挖路基土方</td><td>m^3</td><td>4 878.42</td><td>0.205 6</td><td></td><td>3.022</td><td>0.225</td><td>1 003.45</td><td></td><td>14 744.2</td><td>1 102.34</td></tr>
<tr><td></td><td></td><td></td><td></td><td></td><td></td><td></td><td></td><td></td><td></td><td></td><td></td></tr>
<tr><td></td><td></td><td></td><td></td><td></td><td></td><td></td><td></td><td></td><td></td><td></td><td></td></tr>
<tr><td colspan="3">人工单价</td><td colspan="5">小计</td><td>1 003.45</td><td></td><td>14 744.2</td><td>1 102.34</td></tr>
<tr><td colspan="3">35 元/工日</td><td colspan="5">未计价材料费</td><td colspan="4"></td></tr>
<tr><td colspan="8">清单项目综合单价</td><td colspan="4">3.45</td></tr>
<tr><td rowspan="9">材料费明细</td><td colspan="5">主要材料名称、规格、型号</td><td>单位</td><td>数量</td><td>单价/元</td><td>合价/元</td><td>暂估单价/元</td><td>暂估合价/元</td></tr>
<tr><td colspan="5"></td><td></td><td></td><td></td><td></td><td></td><td></td></tr>
<tr><td colspan="5"></td><td></td><td></td><td></td><td></td><td></td><td></td></tr>
<tr><td colspan="5"></td><td></td><td></td><td></td><td></td><td></td><td></td></tr>
<tr><td colspan="5"></td><td></td><td></td><td></td><td></td><td></td><td></td></tr>
<tr><td colspan="5"></td><td></td><td></td><td></td><td></td><td></td><td></td></tr>
<tr><td colspan="5"></td><td></td><td></td><td></td><td></td><td></td><td></td></tr>
<tr><td colspan="7">其他材料费</td><td></td><td></td><td></td><td></td></tr>
<tr><td colspan="7">材料费小计</td><td></td><td></td><td></td><td></td></tr>
</table>

注：① 如不使用省级或行业建设主管部门发布的计价依据，可不填定额项目、编号等。
② 招标文件提供了暂估单价的材料，按暂估的单价填入表内“暂估单价”栏及“暂估合价”栏。
③ 表中各项费用均以不包含增值税可抵扣进项税额的价格计算。

表 6.28　工程量清单综合单价分析表

工程名称：某路基土方工程　　　　标段：　　　　第 2 页　共 5 页

项目编码		040101003001		项目名称		挖树坑土方		计量单位		m^3	
清单综合单价组成明细											
定额编号	定额名称	定额单位	数量	单价				合价			
				人工费	材料费	机械费	管理费和利润	人工费	材料费	机械费	管理费和利润
1-20	人工挖树坑土方	m^3	46.08	26.606			1.862	1 226.00			85.80
人工单价		小计						1 226.00			85.80
35 元/工日		未计价材料费									
清单项目综合单价								28.47			
材料费明细	主要材料名称、规格、型号					单位	数量	单价/元	合价/元	暂估单价/元	暂估合价/元
	其他材料费										
	材料费小计										

注：① 如不使用省级或行业建设主管部门发布的计价依据，可不填定额项目、编号等。
② 招标文件提供了暂估单价的材料，按暂估的单价填入表内“暂估单价”栏及“暂估合价”栏。
③ 表中各项费用均以不包含增值税可抵扣进项税额的价格计算。

表 6.29　工程量清单综合单价分析表

工程名称：某路基土方工程　　标段：　　第 3 页　共 5 页

项目编码	040103001001	项目名称	绿化分隔带、树坑填土	计量单位	m^3

清单综合单价组成明细

定额编号	定额名称	定额单位	数量	单价				合价			
				人工费	材料费	机械费	管理费和利润	人工费	材料费	机械费	管理费和利润
1-54	绿化带坑人工回填土	m^3	816.08	5.033			0.352	4 107.33			287.26
人工单价		小计						4 107.33			287.26
35 元/工日		未计价材料费									
清单项目综合单价								5.39			

	主要材料名称、规格、型号	单位	数量	单价/元	合价/元	暂估单价/元	暂估合价/元
材料费明细							
	其他材料费						
	材料费小计						

注：① 如不使用省级或行业建设主管部门发布的计价依据，可不填定额项目、编号等。
② 招标文件提供了暂估单价的材料，按暂估的单价填入表内“暂估单价”栏及“暂估合价”栏。
③ 表中各项费用均以不包含增值税可抵扣进项税额的价格计算。

表 6.30　工程量清单综合单价分析表

工程名称：某路基土方工程　　　　　标段：　　　　　第 4 页　共 5 页

项目编码	040103002001	项目名称	余土弃置	计量单位	m^3

清单综合单价组成明细

定额编号	定额名称	定额单位	数量	单价				合价			
				人工费	材料费	机械费	管理费和利润	人工费	材料费	机械费	管理费和利润
1-271	自卸汽车余土弃置	m^3	4 878.42		0.017	8.162	0.572		87.81	39 818.6	2 793.45
人工单价		小计							87.81	39 818.6	2 793.45
35 元/工日		未计价材料费									
清单项目综合单价								8.75			

	主要材料名称、规格、型号	单位	数量	单价/元	合价/元	暂估单价/元	暂估合价/元
材料费明细	水	m^3	58.54	1.5	87.81		
	其他材料费						
	材料费小计				87.81		

注：① 如不使用省级或行业建设主管部门发布的计价依据，可不填定额项目、编号等。
② 招标文件提供了暂估单价的材料，按暂估的单价填入表内“暂估单价”栏及“暂估合价”栏。
③ 表中各项费用均以不包含增值税可抵扣进项税额的价格计算。

表 6.31 工程量清单综合单价分析表

工程名称：某路基土方工程 标段： 第 5 页 共 5 页

项目编码	040103001002	项目名称	缺方内运	计量单位	m^3

清单综合单价组成明细

定额编号	定额名称	定额单位	数量	单价				合价			
				人工费	材料费	机械费	管理费和利润	人工费	材料费	机械费	管理费和利润
1-271	回填缺方内运 2 km	m^3	816.08	0.419	5.774	1.004	0.574	342.65	4 712.84	6 656	820.07
H57	装载机装土	m^3	816.08	0.21		0.94	0.08	171.5		767.15	65.70
人工单价		小计						514.15	4 712.84	7 423.15	885.77
35 元/工日		未计价材料费									
清单项目综合单价								16.59			

材料费明细	主要材料名称、规格、型号	单位	数量	单价/元	合价/元	暂估单价/元	暂估合价/元
	耕植土	m^3	856.88	5.5	4 712.84		
	其他材料费						
	材料费小计				4 712.84		

注：① 如不使用省级或行业建设主管部门发布的计价依据，可不填定额项目、编号等。
② 招标文件提供了暂估单价的材料，按暂估的单价填入表内“暂估单价”栏及“暂估合价”栏。
③ 表中各项费用均以不包含增值税可抵扣进项税额的价格计算。
④ 分部分项工程量清单费计算。

根据表(某路基土方工程工程量清单)、上五表综合单价,计算分部分项工程量清单计价表,见表 6.32。

表 6.32　工程量清单综合单价分析表

工程名称:某路基土方工程　　　　标段:　　　　第 1 页　共 1 页

序号	项目编码	项目名称	项目特征描述	计量单位	工程量	金额/元		
						综合单价	合价	其中:暂估价
1	040101001001	挖路基土方	(1) 土壤类别:三类土 (2) 挖土深度:按设计	m^3	4 878.42	3.45	16 830.55	
2	040101003001	挖树坑土方	(1) 土壤类别:三类土 (2) 挖土深度:0.8 m	m^3	46.08	28.47	1 311.90	
3	040103001001	绿化分隔带、树坑填土	(1) 填方材料品种:耕植土 (2) 密实度:松填	m^3	816.08	5.39	4 398.67	
4	040103002001	余土弃置	(1) 废弃料品种:所挖方土(三类) (2) 运距:3 km	m^3	4 878.42	8.75	42 686.18	
5	040103001002	缺方内运	(1) 填方材料品种:耕植土(三类) (2) 运距:2 km	m^3	816.08	16.59	13 538.77	
本页小计							78 766.07	
合计							78 766.07	

4. 措施项目费确定

按某地区现行规定,本工程文明施工费不得参与竞争,按人工费的 30%计取。费用计算见表 6.33。

表 6.33　总价措施项目清单与计价表

工程名称:某路基土方工程　　　　标段:　　　　第 1 页　共 1 页

序号	项　目　名　称	计算基础	费率/%	金额/元
1	安全文明施工费	人工费	30	2 055.27
2	夜间施工费			
3	二次搬运费			
4	冬、雨季施工费			

续 表

序号	项　目　名　称	计算基础	费率/%	金额/元
5	大型机械设备进出场及安拆费			
6	施工排水			
7	施工降水			
8	地上、地下设施、建筑物的临时保护设施			
9	已完工程及设备保护			
10	各专业工程的措施项目			
合计				2 055.27

注：本表适用于以“项”计价的措施项目。

5. 其他项目费确定

本工程其他项目费只有业主发布工程量清单时提出的暂列金额 8 000 元，见表 6.34 其他项目清单与计价表、表 6.35 暂列金额明细表。

表 6.34　其他项目清单与计价表

工程名称：某路基土方工程　　　　标段：　　　　第 1 页　共 1 页

序号	项　目　名　称	计量单位	金额/元	备　注
1	暂列金额		8 000	明细详见下表
2	暂估价			
2.1	材料暂估价			
2.2	专业工程暂估价			
3	计日工			
4	总承包服务费			
合计				2 055.27

注：材料暂估单价计入清单项目综合单价，此处不汇总。

表 6.35　暂列金额明细表

工程名称：某路基土方工程　　　　标段：　　　　第1页　共1页

序号	项　目　名　称	计量单位	金额/元	备注
1	暂列金额	项	8 000	
合计			8 000	—

6. 规费、税金计算及汇总单位工程报价

某地区现行规定，社会保障费按人工费的16%计算；住房公积金按人工费的6%计算。另外，增值税率为11%。计算内容见表6.36。

表 6.36　规费、税金项目清单与计价表

工程名称：某路基土方工程　　　　标段：　　　　第1页　共1页

序号	项 目 名 称	计　价　基　础	费率/%	金额/元
1	规费			1 507.19
1.1	工程排污费			
1.2	社会保障费	人工费	16%	1 096.14
1.3	住房公积金	人工费	6%	411.05
2	增值税	分部分项工程费＋措施项目费＋其他项目费＋规费	11%	9 936.14
合计				11 443.33

7. 填写投标总价表

根据单位工程投标报价汇总表，见表6.37中的单位工程造价汇总数据，填写投标总价。

表 6.37　单位工程投标报价汇总表

工程名称：某路基土方工程　　　　标段：　　　　第1页　共1页

序号	单项工程名称	金额/元	其中：暂估价/元
1	分部分项工程	78 766.07	
2	措施项目	2 055.27	
2.1	安全文明施工费	2 055.27	

续　表

序号	单项工程名称	金额/元	其中：暂估价/元
3	其他项目	8 000	
3.1	暂列金额	8 000	
3.2	专业工程暂估价		
3.3	计日工		
3.4	总承包服务费		
4	规费	1 507.19	
5	增值税	9 936.14	
招标控制价/投标报价合计=1+2+3+4+5		100 264.67	

注：① 本表适用于单位工程招标控制价或投标报价的汇总，如无单位工程划分，单项工程也使用本表汇总。
② 表中序号1～4各项费用均以不包含增值税可抵扣进项税额的价格计算。

任务 7
城市道路工程计量与计价

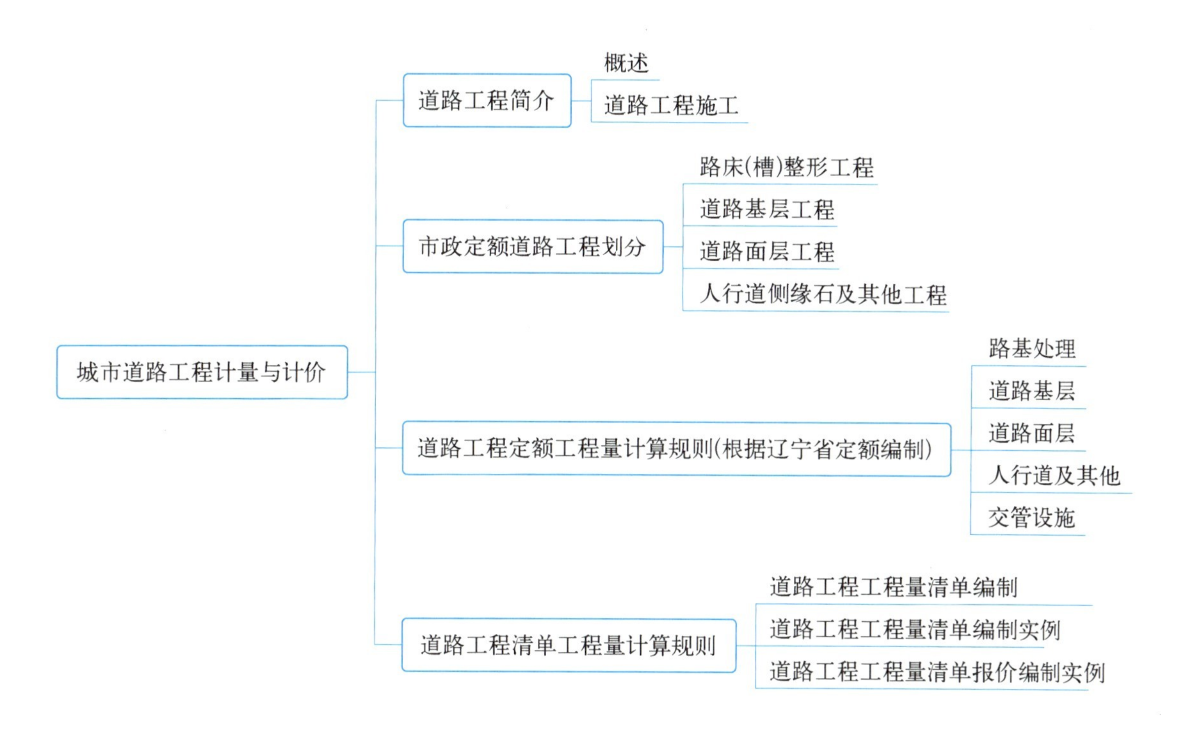

7.1 道路工程简介

7.1.1 概述

道路通常是指为陆地交通运输服务,通行各种机动车、人(畜)力车、驮骑牲畜及行人的各种路的统称。道路就广义而言,有公路、城市道路。它们在结构构造方面无本质区别,只是在道路的功能、所处地域、管辖权限等方面有所不同,它们是一条带状的实体构筑物。

道路工程按服务范围及其在国家道路网中所处的地位和作用分为以下几项。

(1) 国道(全国性公路),包括高速公路和主要干线。

(2) 省道(区域性公路)。

(3) 县、乡道(地方性公路)。

(4) 城市道路。

前 3 种统称为公路，按年平均昼夜汽车交通量及使用任务、性质，又可划分为 5 个技术等级。不同等级的公路用不同的技术指标体现。这些指标主要有计算车速、行车道数及宽度、路基宽度、最小平曲线半径、最大纵坡、视距、路面等级、桥涵设计荷载等。

城市道路主体工程由车行道(快车道、慢车道)、非机动车道，分隔带(绿化带)组成，附属工程由人行道、侧平石、排水系统及各类管线组成。特殊路段可能会修筑挡土墙。

城市道路车行道横向布置分为单幅式、双幅式、三幅式、四幅式，如图 7.1 所示。

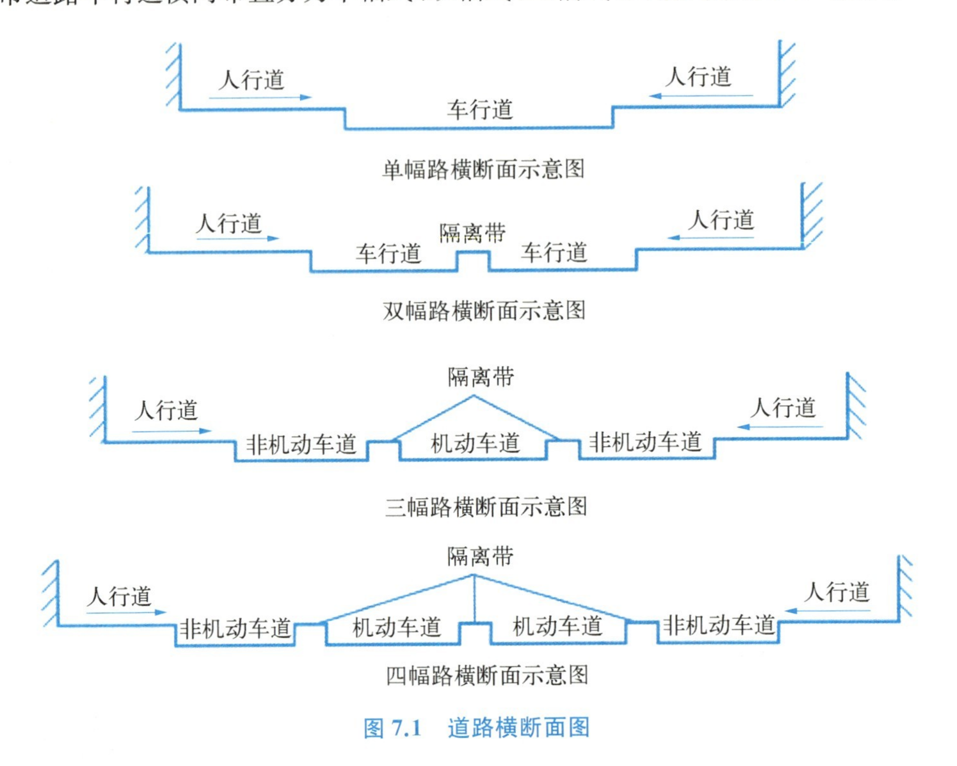

图 7.1　道路横断面图

根据道路的功能及性质又可分为快速路、主干路、次干路、支路。

(1) 快速路是城市大容量、长距离、快速交通的通道，具有四条以上的车道。快速路对向车行道之间应设中央分隔带，其进出口应全部采用全立交或部分立交。

(2) 主干路是城市道路网的骨架，为连接各区的干路和外省市相通的交通干路，以交通功能为主。自行车交通量大时，应采用机动车与非机动车分隔形式。

(3) 次干路是城市的交通干路，以区域性交通功能为主，起集散交通的作用，兼有服务功能。

(4) 支路是居住区及工业区或其他类地区通道，为连接次干路与街坊路的道路，解决局部地区交通，以服务功能为主。

道路结构分为面层、基层、垫层、土基。土基简称路基，是一种土工结构物，由填方或挖方修筑而成，路基须满足压实度要求。路面可分为柔性路面、半刚性路面和刚性路面。

(1) 柔性路面主要是指除水泥混凝土以外的各类基层和各类沥青面层、碎石面层等所组成的路面。它的主要力学特点是在行车荷载作用下弯沉变形较大，路面结构本身抗弯拉强度小，在重复荷载作用下产生累积残余变形。路面的破坏取决于荷载作用下所产生的极限垂直变形和弯拉应力,如沥青混凝土路面。

(2) 半刚性路面主要是指以沥青混合料作为面层,水硬性无机结合稳定类材料作为基层的路面。这种半刚性基层材料在前期的力学特性呈柔性,而后期趋于刚性。如水泥或石灰粉煤灰稳定粒料类基层的沥青路面。

(3) 刚性路面主要是指用水泥混凝土作为面层或基层的路面。它的主要力学特点是在行车荷载作用下产生板体作用,其抗弯拉强度和弹性模量较其他各种路面材料要大得多,故呈现出较大的刚性,路面荷载作用下所产生的弯沉变形较小。路面的破坏取决于荷载作用下所产生的疲劳弯拉应力,如水泥混凝土路面。

7.1.2　道路工程施工

(1) 道路施工有土石方工程、基层、面层、附属工程四大部分。各部分施工应遵守"先下后上、先深后浅、先主体后附属"的原则。

(2) 土石方工程有路基土方填筑、路堑开挖、土方挖运、压路机分层碾压。特殊路段可能出现软土地基处理或防护加固工程。路床整形碾压是路基土方工程完成后,进行基层铺筑前应工作的内容。基层有石灰土、二灰碎石、三渣、水泥稳定碎石等。要求压实后较紧密,孔隙率、透水性较小,强度比较稳定。

(3) 常用的面层有沥青混凝土和水泥混凝土,现在一般是工厂拌制现场摊铺。

(4) 附属工程包括平石、侧石、人行道、雨水井、涵洞、护坡、排水沟、挡土墙。它们具有完善道路使用功能,保证道路主体结构稳定的作用。

7.2　市政定额道路工程划分

全国统一市政工程定额土石方工程分为路床(槽)整形、道路基层、道路面层、人行道侧缘石及其他。

7.2.1　路床(槽)整形工程

路床(槽)整形工程包括:路床(槽)整形、路基盲沟、弹软土基处理、砂底层、铺筑垫层料。

1. 路床(槽)整形的工作内容

(1) 路床、人行道整形碾压:放样、挖高填低、推土机整平、找平、碾压、检验、人工配合处理机械碾压不到之处。

(2) 边沟成形:人工挖边沟土、培整边坡、整平沟底、余土弃运。

2. 路基盲沟的工作内容

工作内容主要包括放样、挖土、运料、填充夯实、弃土外运。

3. 弹软土基处理的工作内容

(1) 掺石灰、改换炉渣、片石。

① 人工操作:放样、挖土、掺料改换、整平、分层夯实、找平、清理杂物。

② 机械操作:放样、机械挖土、掺料、推拌、分层排压、找平、碾压、清理杂物。

(2) 石灰砂桩:放样、挖孔、填料、夯实、清理余土至路边。

(3) 塑板桩。

① 带门架：轨道铺拆、定位、穿塑料排水板、安装桩靴、打拔钢管、剪断排水板、门架、桩机移位。

② 不带门架：定位、穿塑料排水板、安装桩靴、打拔钢管、剪断排水板、起重机、桩机移位

(4) 粉喷桩：钻机就位、钻孔桩、加粉、喷粉、复搅。

(5) 土工布：清理整平路基、挖填锚固沟、铺设土工布、缝合及锚固土工布。

(6) 抛石挤淤：人工装石、机械运输、人工抛石。

(7) 水泥稳定土、机械翻晒。

① 放样、运料(水泥)、拌和、找平、碾压、人工拌和处理碾压不到之处。

② 放样、机械带铧犁翻拌晾晒、排压。

4. 砂底层的工作内容

工作内容包括放样、取(运)料、摊铺、洒水、找平、碾压。

5. 铺筑垫层料的工作内容

工作内容包括放样、取(运)料、摊铺、找平。

7.2.2 道路基层工程

道路基层工程主要包括石灰土基层和碳、土、碎石基层。

(1) 石灰土基层，石灰、炉渣、土基层，石灰、粉煤灰、土基层，石灰、炉渣基层，石灰、粉煤灰、碎石基层(拌和机拌和)，石灰、粉煤灰、砂砾基层(拖拉机拌和犁耙)的工作内容如下。

① 人工拌和：放样、清理路床、人工运料、上料、铺石灰、焖水、配料拌和、找平、碾压、人工处理碾压不到之处、清理杂物。

② 拖拉机拌和(带犁耙)：放样、清理路床、运料、上料、机械整平土方、铺石灰、焖水、拌和、排压、找平、碾压、人工拌和处理碾压不到之处、清理杂物。

③ 拖拉机原槽拌和(带犁耙)：放样、清理路床、运料、上料、机械整平土方、铺石灰、拌和、排压、找平、碾压、人工拌和处理碾压不到之处、清理杂物。

④ 拌和机拌和：放样、清理路床、运料、上料、机械整平土方、铺石灰、焖水、拌和机拌和、排压、找平、碾压、人工拌和处理碾压不到之处、清理杂物。

⑤ 厂拌人铺：放线、清理路床、运料、上料、摊铺洒水、配合压路机碾压、初期养护。

(2) 石灰、土、碎石基层的工作内容如下。

① 机拌：放线、运料、上料、铺石灰、焖水、拌和机拌和、找平、碾压、人工处理碾压不到之处、清理杂物。

② 厂拌：放线、运料、上料、配合压路机碾压、初级养护。

③ 路(厂)拌粉煤灰三渣基层的工作内容包括：放线、运料、上料、摊铺、焖水、拌和机拌和、找平、碾压；二层铺筑时下层扎毛、养护、清理杂物。

④ 顶层多合土养护的工作内容包括抽水、运水、安拆抽水机胶管、洒水养护。

⑤ 砂砾石底层(天然级配)、卵石底层、碎石底层、块石底层、炉渣底层、矿渣底层、山皮石底层的工作内容包括放样、清理路床、取料、运料、上料、摊铺、找平、碾压。

⑥ 沥青稳定碎石的工作内容包括放样、清扫路基、人工摊铺、洒水、喷洒机喷油、嵌缝、碾压、侧缘石保护、清理。

7.2.3　道路面层工程

道路面层工程包括：简易路面(磨耗层)；沥青表面处治；沥青贯入式路面；喷洒沥青油料；黑色碎石路面、粗粒式沥青混凝土路面、中粒式沥青混凝土路面、细粒式沥青混凝土路面；水泥混凝土路面；伸缩缝；水泥混凝土路面养护；水泥混凝土路面钢筋。

(1) 简易路面(磨耗层)的工作内容包括放样、运料、拌和、摊铺、找平、洒水、碾压。

(2) 沥青表面处治的工作内容包括清扫路基、运料、分层撒料、洒油、找平、接茬、收边。

(3) 沥青贯入式路面的工作内容包括清理整理下承层、安拆熬油设备、熬油、运油、沥青喷洒机洒油、铺洒主层骨料及嵌缝料、整形、碾压、找补、初期养护。

(4) 喷洒沥青油料的工作内容包括清扫路基、运油、加热、洒布机喷油、移动挡板(或遮盖物)保护侧石。

(5) 黑色碎石路面、粗粒式沥青混凝土路面、中粒式沥青混凝土路面、细粒式沥青混凝土路面的工作内容包括清扫路基、整修侧缘石、测温、摊铺、接茬、找平、点补、夯边、撒垫料、碾压、清理。

(6) 水泥混凝土路面的工作内容包括放样、模板制作、安拆、模板刷油、混凝土纵缝涂沥青油、拌和、浇筑、捣固、抹光或拉毛。

(7) 伸缩缝的工作内容如下。

① 切缝：放样、缝板制作、备料、熬制沥青、浸泡木板、拌和、嵌缝、烫平缝面。

② PG 道路嵌缝胶：清理缝道、嵌入泡沫背衬带、配制搅料 PG 胶、上料灌缝。

(8) 水泥混凝土路面养护的工作内容包括铺盖草袋、铺撒锯末、涂塑料液、铺塑料膜、养护。

(9) 水泥混凝土路面钢筋的工作内容包括钢筋除锈、安装传力杆、拉杆边缘钢筋、角隅加固钢筋、钢筋网。

7.2.4　人行道侧缘石及其他工程

人行道侧缘石及其他工程包括：人行道板安砌；异形彩色花砖安砌；侧缘石垫层；侧缘石，侧平石安砌、砌筑树池；消解石灰。

(1) 人行道板安砌的工作内容包括放样、运料、配料拌和、找平、夯实、安砌、灌缝、扫缝。

(2) 异形彩色花砖安砌的工作内容包括放样、运料、配料拌和、找平、夯实、安砌、灌缝、扫缝。

(3) 侧缘石垫层的工作内容包括运料、备料、拌和、摊铺、找平、洒水、夯实。

(4) 侧缘石、侧平石安砌、砌筑树池的工作内容包括放样、开槽、运料、调配砂、安砌、勾缝、养护、清理。

(5) 消解石灰的工作内容包括集中消解石灰、推土机配合、小堆沿线消解、人工闷翻。

7.3　道路工程定额工程量计算规则(根据辽宁省定额编制)

7.3.1　路基处理

(1) 堆载预压、真空预压按设计图示尺寸以加固面积计算。

(2) 强夯分满夯、点夯区不同夯击能量，按设计图示尺寸的夯击范围以面积计算。设计无规定时，按每边超过基础外缘的宽度 3 m 计算。

(3) 掺石灰、掺配片石、改换炉渣、改换片石，均按设计图示尺寸以体积计算。

(4) 掺砂石按设计图示尺寸以面积计算。

(5) 抛石挤淤按设计图示尺寸以体积计算。

(6) 袋装砂井、塑料排水板，按设计图示尺寸以长度计算。

(7) 振冲桩(填料)按设计图示尺寸以体积计算。

(8) 振动砂石桩按设计桩截面乘以桩长(包括桩尖)以体积计算。

(9) 水泥粉煤灰碎石桩(CFG)按设计图示尺寸以桩长(包括桩尖)计算。取土外运按成孔体积计算。

(10) 水泥搅拌桩(含深层水泥搅拌法和粉体喷搅法)工程量按桩长乘以桩径截面积以体积计算，桩长按设计桩顶标高至桩底长度另增加 500 mm；若设计桩顶标高已达打桩前的自然地坪标高小于 500 mm 或已达打桩前的自然地坪标高时，另增加长度应按实际长度计算或不计。

(11) 高压旋喷桩工程量，钻孔按原地面至设计桩底的距离以长度计算，喷浆按设计加固桩截面面积乘以设计桩长以体积计算。

(12) 石灰桩按设计桩长(包括桩尖)以长度计算。

(13) 地基注浆加固以孔为单位的项目，按全区域加固编制，当加固深度与定额不同时可内插法计算；当采取局部区域加固，则人工和钻机台班不变，材料(注浆阀管除外)和其他机械台班按加固深度与定额深度同比例调减。

(14) 注浆加固以体积为单位的项目，已按各种深度综合取定，工程量按加固土体以体积计算。

(15) 褥垫层、土工合成材料按设计图示尺寸以面积计算。

(16) 排(截)水沟按设计图示尺寸以体积计算。

(17) 盲沟按设计图示尺寸以体积计算。

(18) 山皮石垫层、石灰土垫层、粒料石灰土垫层按设计图示尺寸以体积计算。

7.3.2 道路基层

(1) 道路路床碾压按设计道路路基边缘图示尺寸以面积计算，不扣除各类井所占面积，在设计中明确加宽值，按设计规定计算。

(2) 土边沟成形按设计图示尺寸以体积计算。

(3) 道路基层、养生工程量均按设计摊铺层的面积之和计算，不扣除各种井位所占的面积；设计道路基层横断面是梯形时，应按其截面平均宽度计算面积。

7.3.3 道路面层

(1) 道路工程沥青混凝土、水泥混凝土及其他类型路面工程量以设计图示面积计算，不扣除各类井所占面积，但扣除与路面相连的平石、侧石、缘石所占的面积。

(2) 伸缝嵌缝按设计缝长乘以设计缝深以面积计算。

(3) 锯缝机切缩缝、填灌缝按设计图示尺寸以长度计算。

(4) 土工布贴缝按混凝土路面缝长乘以设计宽度以面积计算(纵横相交处面积不扣除)。

7.3.4　人行道及其他

(1) 人行道整形碾压面积按设计人行道图示尺寸以面积计算,不扣除树池和各类井所占面积。

(2) 人行道板安砌、人行道块料铺设、混凝土人行道铺设、热熔盲道按设计图示尺寸以面积计算,不扣除各类井所占面积,但应扣除侧石、缘石、树池所占面积。

(3) 花岗岩人行道板伸缩缝按图示尺寸以长度计算。

(4) 侧(平、缘)石垫层区分不同材质,以体积计算。

(5) 侧平石、缘石按设计图示中心线长度计算,包括各转弯处的弧形长度。

(6) 检查井、雨水井升降以数量计算。

(7) 砌筑树池侧石按设计外围尺寸以长度计算。

(8) 多合土运输的计量单位为压实方,按体积计算。水泥稳定粒料、沥青混凝土运输按质量计算。

7.3.5　交管设施

(1) 交通标识杆安装均按根计算,双柱标识杆两柱为一根。

(2) 标识牌按设计图示数量以块计算。

(3) 文字、字符按单体的外围矩形面积计算;图形按外框尺寸面积计算。标识牌反光膜按成型标识牌面积乘以系数 1.8(不另计损耗)。其他表面警示用反光膜按实贴面积计算。

(4) 环形检测线圈铺设按实埋长度(包括进控制箱部分)计算。

(5) 混凝土隔离墩按设计图示尺寸以体积计算。

(6) 塑质隔离筒(墩)设计图数量以个计算。

7.4　道路工程清单工程量计算规则

7.4.1　道路工程工程量清单编制

1. 道路工程工程量清单项目

道路工程工程量清单项目有路基处理、道路基层、道路面层、人行道及其他、交通管理设施等 5 节 80 个子目,其中路基处理 23 个子目、道路基层 16 个子目、道路面层 9 个子目、人行道及其他 8 个子目、交通管理设施 24 个子目。

2. 道路工程工程量清单计算规则

1) 路基处理

根据道路结构的类型、路线经过路段软土地基的土质、深度等因素,采用不同的处理方法时,其工程量计算规则是不同的。

采用预压地基、强夯地基、振冲密实(不填料)、土工合成材料处理路基,按照设计图示的尺寸，以“m^2”为单位计算工程量。

采用掺石灰、掺干土、掺石、抛石挤淤的方法处理路基，按照设计图示尺寸，以“m^3”为单位计算工程量。

采用排水沟、截水沟、盲沟、袋装砂井、塑料排水板、水泥粉煤灰碎石桩、深层水泥搅拌桩、高压水泥旋喷桩、石灰桩、灰土(土)挤密桩、柱锤冲扩桩、喷粉桩排除地表水、地下水或提高软土承载力的方法处理路基，按照设计图示尺寸，以“m”为单位计算工程量。

振冲桩(填料)、砂石桩、地基注浆的方法处理地基，以“m”或“m^3”为单位计算工程量。褥垫层的方法处理地基以“m^2”或“m^3”为单位计算工程量。

2）道路基层、面层

道路基层(包括垫层)、道路面层结构，虽然类型较多，但均为层状结构，所以工程量计算较为简单，一般按设计图示尺寸以“m^2”为单位计算工程量，不扣除各种井所占的面积。

3）人行道及其他

清单项目中的人行道及其他，主要指道路工程的附属结构，其工程量计算规则的规定如下：

人行道整形碾压、人行道块料铺设、现浇混凝土人行道及进口坡，均按设计图示尺寸，以“m^2”为单位计算，不扣除各种井所占的面积。

安砌侧(平、缘)石、现浇侧(平、缘)石、预制电缆沟铺设均按设计图示中心线长度，以“m”为单位计算工程量。

检查井升降，按设计图示路面标高与原检查井发生正负高差的检查井的数量，以“座”为单位计算。

树池砌筑，按设计图示数量，以“个”为单位计算。

7.4.2 道路工程工程量清单编制实例

1. 计算条件和情况

某道路工程路面结构为两层式石油沥青混凝土路面，路段长 700 m，路面宽度 14 m，基层宽度 14.5 m，石灰基层的厚度为 20 cm，石灰剂量为 8%。沥青路面分两层，上层是细粒式沥青混凝土 3 cm 厚，下层为中粒式沥青混凝土 6 cm 厚。根据上述条件和清单计价规范编制该项目的分部分项工程量清单。

根据开工路段需要维持正常交通车辆通行的情况，应设置现场施工防护围栏。另外根据招标文件的规定应计算文明施工、安全施工的费用。

2. 分部分项工程量清单编制

1）确定分部分项工程量清单项目

根据道路路面工程的条件和《市政工程工程量计算规范》列出的项目如表 7.1 所示。

2）清单工程量计算

根据前面的计算条件，计算某路面工程的清单工程量。

(1) 石灰稳定土基层。

$S = 14.5 \times 700.0\ m^2 = 10\ 150\ m^2$

(2) 中粒式沥青混凝土面层。

$S = 14.0 \times 700.0\ m^2 = 9\ 800\ m^2$

表 7.1　某路面工程分部分项工程量清单列项

序号	项目编码	项目名称	项 目 特 征	计量单位	备　注
1	040201004001	石灰稳定土基层	(1) 厚度：20 cm (2) 含灰量：8%	m^2	
2	040203006001	沥青混凝土面层	(1) 沥青混凝土品种：AC20 中粒式沥青混凝土 (2) 石料最大粒径：20 mm (3) 厚度：60 mm	m^2	
3	040203006002	沥青混凝土面层	(1) 沥青混凝土品种：AC15 细粒式沥青混凝土 (2) 石料最大粒径：5 mm (3) 厚度：30 mm	m^2	

(3) 细粒式沥青混凝土面层。

$S = 14.0 \times 700.0\ m^2 = 9\ 800\ m^2$

3) 填写分部分项工程量清单表

填好的分部分项工程量清单表如表 7.2 所示。

表 7.2　分部分项工程量清单

工程名称：某路面工程　　　　标段：　　　　第 1 页　共 1 页

序号	项目编码	项目名称	项目特征描述	计量单位	工程量	金额/元		
						综合单价	合价	其中：暂估价
1	040201004001	石灰稳定土基层	(1) 厚度：20 cm (2) 含灰量：8%	m^3	10 150			
2	040203006001	沥青混凝土面层	(1) 沥青混凝土品种：AC20 中粒式沥青混凝土 (2) 石料最大粒径：20 cm (3) 厚度：60 cm	m^3	9 800			
3	040203006002	沥青混凝土面层	(1) 沥青混凝土品种：AC15 细粒式沥青混凝土 (2) 石料最大粒径：5 mm (3) 厚度：30 mm	m^3	9 800			
本页小计								
合计								

4）编制措施项目清单

根据上述条件和招标文件，编制措施项目清单，见表7.3。

表7.3　分部分项工程量清单

工程名称：某路面工程　　标段：　　第1页　共1页

序号	项目名称	计算基础	费率/%	金额/元
1	安全文明施工费			
2	夜间施工费			
3	二次搬运费			
4	冬、雨季施工费			
5	大型机械设备进出场及安拆费			
6	施工排水			
7	施工降水			
8	地上、地下设施，建筑物的临时保护设施			
9	已完工程及设备保护			
10	各专业工程的措施项目			
合计				

注：本表适用于以“项”计价的措施项目。

5）编制其他项目清单

根据上述条件和招标文件，编制其他项目清单，见表7.4、表7.5。

表7.4　其他项目清单

工程名称：某路面工程　　标段：　　第1页　共1页

序号	项 目 名 称	计量单位	金额/元	备 注
1	暂列金额		12 000	明细详见下表
2	暂估价			
2.1	材料暂估价			
2.2	专业工程暂估价			
3	计日工			

续　表

序号	项 目 名 称	计量单位	金额/元	备　注
4	总承包服务费			
合计				—

注：材料暂估单价进入清单项目综合单价，此处不汇总。

表 7.5　暂列金额明细表

工程名称：某路面工程　　　　标段：　　　　第 1 页　共 1 页

序号	项目名称	计量单位	暂定金额/元	备　注
1	暂列金额	项	12 000	
合计			12 000	—

6）编制规费、税金项目清单

根据上述条件和招标文件编制的规费、税金项目清单如表 7.6 所示。

表 7.6　规费、税金项目清单

工程名称：某路基土方工程　　　　标段：　　　　第 1 页　共 1 页

序号	项目名称	计　算　基　础	费率/%	金额/元
1	规费			
1.1	工程排污费			
1.2	社会保障费			
(1)	养老保险费			
(2)	失业保险费			
(3)	医疗保险费			
(4)	生育保险费			
(5)	工伤保险费			
1.3	住房公积金			
2	税金	分部分项工程费＋措施项目费＋其他项目费＋规费		
合计				

7.4.3 道路工程工程量清单报价编制实例

1. 路面工程计价工程量计算

根据上述条件、工程量清单，及《建设工程工程量清单计价规范》《市政工程工程量计算规范》《全国统一市政工程预算定额》计算某路面工程计价工程量。

(1) 石灰稳定土基层。

$S=14.5\times700.0=10\ 150\ \text{m}^2$

(2) 中粒式沥青混凝土面层。

$S=14.0\times700.0=9\ 800\ \text{m}^2$

(3) 细粒式沥青混凝土面层。

$S=14.0\times700.0=9\ 800\ \text{m}^2$

2. 综合单价计算

1) 选用定额摘录

路面工程选用的《全国统一市政工程预算定额》摘录如表 7.7～表 7.9 所示。

表 7.7 石灰土基层

工作内容：放样、清理路床、人工运料、上料、铺石灰、焖水、配料拌合、找平、碾压、人工处理碾压不到之处、清除杂物。

计量单位：100 m²

定额编号				2-45	2-46	2-47	2-48	2-49
项目				厚度 20 cm				
				含灰量/%				
				5	8	10	12	14
基价/元				646.16	792.49	891.33	991.33	1 075.91
其中	人工费/元			401.76	425.13	441.98	460.19	462.66
	材料费/元			206.69	329.65	411.64	493.43	575.54
	机械费/元			37.71	37.71	37.71	37.71	37.71
名称		单位	单价/元	数量				
人工	综合人工	工日	22.47	17.88	18.92	19.67	20.48	20.59
材料	生石灰	t	120.00	1.70	2.72	3.40	4.08	4.76
	黄土	m³		(28.41)	(27.51)	(26.91)	(26.31)	(25.71)
	水	m³	0.45	3.69	3.58	3.54	3.06	3.29
	其他材料费	%		0.50	0.50	0.50	0.50	0.50
机械	光轮压路机 12 t	台班	263.69	0.072	0.072	0.072	0.072	0.072
	光轮压路机 15 t	台班	297.14	0.063	0.063	0.063	0.063	0.063

表 7.8　中粒式沥青混凝土路面

工作内容：清扫路基、整修侧缘石、测温、摊铺、接茬、找平、点补、撒垫料、清理
计量单位：100 m²

定额编号				2-276	2-277	2-278	2-279	2-280
项　目				机械摊铺				
				厚度/cm				
				3	4	5	6	每增减 1
基价/元				139.06	168.47	190.50	210.42	49.85
其中	人工费/元			41.34	168.47	54.38	59.77	10.56
	材料费/元			9.28	12.30	14.82	18.54	24.74
	机械费/元			88.44	106.74	121.30	132.11	14.55
名称		单位	单价/元	数量				
人工	综合人工	工日	22.47	1.84	2.20	2.42	2.66	0.47
材料	中粒式沥青混凝土	m³	169.00 2 400.00	(3.030)	(4.040)	(5.050)	(6.060)	(1.010)
	煤	t		0.010	0.013	0.013 0	0.020	0.003
	木柴	kg		1.600	2.100	2.600	3.200	0.530
	柴油	t		0.003	0.004	0.005	0.006	0.010
	其他材料费	%		0.50	0.50	0.50	0.50	0.50
机械	光轮压路机 8 t	台班	208.57	0.109	0.132	0.150	0.163	0.018
	光轮压路机 15 t	台班	297.14	0.109	0.132	0.150	0.163	0.018
	沥青混凝土摊铺机 8 t	台班	605.86	0.055	0.066	0.075	0.082	0.009

表 7.9　细粒式沥青混凝土路面

工作内容：清扫路基、整修侧缘石、测温、摊铺、接茬、找平、点补、撒垫料、清理
计量单位：100 m²

定额编号		2-281	2-282	2-283	2-284	2-285	2-286
项　目		人工摊铺			机械摊铺		
		厚度/cm					
		2	3	每增减 0.5	2	3	每增减 0.5
基价/元		119.62	160.18	40.12	122.06	163.16	37.28
其中	人工费/元	59.77	79.09	19.10	37.08	48.76	8.09
	材料费/元	6.24	9.28	2.81	6.24	9.28	2.81
	机械费/元	53.61	71.81	18.21	78.74	105.12	26.38

续 表

名称		单位	单价/元	数量					
人工	综合人工	工日	22.47	2.66	3.52	0.85	1.65	2.17	0.36
材料	细(微)粒式沥青混凝土	m³		(2.020)	(3.030)	(0.510)	(2.020)	(3.030)	(0.051)
	煤	t	169.00	0.007	0.010	0.002	0.007	0.010	0.002
	木柴	kg	0.21	1.100	1.600	0.300	1.100	1.600	0.300
	柴油	t	2 400.00	0.002	0.003	0.001	0.002	0.003	0.001
	其他材料费	%		0.50	0.50	0.50	0.50	0.50	0.50
机械	光轮压路机 8 t	台班	208.57	0.106	0.142	0.036	0.097	0.130	0.033
	光轮压路机 15 t	台班	297.14	0.106	0.142	0.036	0.097	0.130	0.033
	沥青混凝土摊铺机 8 t	台班	605.86	—	—	—	0.049	0.065	0.016

2）工、料、机市场价

根据市场行情和企业自身情况，本工程确定的工料机单价见表 7.10。

表 7.10 工、料、机单价表

序号	名　　称	单位	单价/元	序号	名　　称	单位	单价/元
1	人工	工日	32.00	8	柴油	kg	4.90
2	生石灰	kg	0.15	9	光轮压路机 8 t	台班	285.00
3	黄土	m³	25.00	10	光轮压路机 12 t	台班	312.00
4	水	m³	1.40	11	光轮压路机 15 t	台班	336.00
5	AC20 中粒式沥青混凝土	m³	398.00	12	沥青混凝土摊铺机	台班	705.00
6	煤	kg	0.18	13	AC15 细粒式沥青混凝土	m³	442.00
7	木柴	kg	0.35				

3）综合单价计算

根据清单工程量、工料机单价和《全国统一市政工程预算定额》计算的综合单价见表 7.11～表 7.13。

表 7.11　工程量清单综合单价分析表

工程名称：某路面工程　　　　　　标段：　　　　　　第 1 页　共 3 页

项目编码	040201004001	项目名称	石灰稳定土基层	计量单位	m^2

清单综合单价组成明细

定额编号	定额名称	定额单位	数量	单价				合价			
				人工费	材料费	机械费	管理费和利润	人工费	材料费	机械费	管理费和利润
2-46	石灰土基层（人工）	m^2	10 150	6.054 4	11.017 6	0.436	1.246	61 452.16	111 727.47	4 427.76	12 645.65
2-178	人工养护	m^2	10 150	0.062 9	0.020 58	—	0.012 6	638.44	208.89	—	127.89
人工单价		小计						62 090.60	111 936.36	4 427.76	12 773.54
32 元/工日		未计价材料费									
清单项目综合单价								18.84			

材料费明细	主要材料名称、规格、型号	单位	数量	单价/元	合价/元	暂估单价/元	暂估合价/元
	生石灰	kg	276 080	0.15	41 412		
	黄土	m^3	2 792.27	25	69 806.75		
	水（基层）	m^3	363.37	1.4	508.72		
	水（养护）	m^3	149.21	1.40	208.89		
	其他材料费						
	材料费小计				11 936.36		

注：① 如不使用省级或行业建设主管部门发布的计价依据，可不填定额项目、编号等。
② 招标文件提供了暂估单价的材料，按暂估的单价填入表内“暂估单价”栏及“暂估合价”栏。
③ 表中各项费用均以不包含增值税可抵扣进项税额的价格计算。

表 7.12　工程量清单综合单价分析表

工程名称：某路面工程　　　　标段：　　　　第 2 页　共 3 页

<table>
<tr><td>项目编码</td><td colspan="2">040203006002</td><td colspan="2">项目名称</td><td colspan="2">沥青混凝土基层</td><td colspan="2">计量单位</td><td colspan="3">m³</td></tr>
<tr><td colspan="12">清单综合单价组成明细</td></tr>
<tr><td rowspan="2">定额编号</td><td rowspan="2">定额名称</td><td rowspan="2">定额单位</td><td rowspan="2">数量</td><td colspan="4">单　价</td><td colspan="4">合　价</td></tr>
<tr><td>人工费</td><td>材料费</td><td>机械费</td><td>管理费和利润</td><td>人工费</td><td>材料费</td><td>机械费</td><td>管理费和利润</td></tr>
<tr><td>2-279</td><td>中粒式沥青混凝土面层 6 cm 厚</td><td>m³</td><td>9 800</td><td>0.851 2</td><td>24.46</td><td>1.590 4</td><td>1.915</td><td>8 341.76</td><td>239 708</td><td>15 585.57</td><td>18 767</td></tr>
<tr><td></td><td></td><td></td><td></td><td></td><td></td><td></td><td></td><td></td><td></td><td></td><td></td></tr>
<tr><td colspan="2">人工单价</td><td colspan="6">小计</td><td>8 341.76</td><td>239 708</td><td>15 585.57</td><td>18 767</td></tr>
<tr><td colspan="2">32 元/工日</td><td colspan="6">未计价材料费</td><td colspan="4"></td></tr>
<tr><td colspan="8">清单项目综合单价</td><td colspan="4">28.82</td></tr>
<tr><td rowspan="9">材料费明细</td><td colspan="5">主要材料名称、规格、型号</td><td>单位</td><td>数量</td><td>单价/元</td><td>合价/元</td><td>暂估单价/元</td><td>暂估合价/元</td></tr>
<tr><td colspan="5">木柴</td><td>m³</td><td>313.6</td><td>0.35</td><td>109.76</td><td></td><td></td></tr>
<tr><td colspan="5">AC20 中粒式沥青混凝土</td><td>m³</td><td>593.88</td><td>398</td><td>236 364.24</td><td></td><td></td></tr>
<tr><td colspan="5">煤</td><td>m³</td><td>1 960</td><td>0.18</td><td>352.8</td><td></td><td></td></tr>
<tr><td colspan="5">柴油</td><td>m³</td><td>588</td><td>4.9</td><td>2 881.2</td><td></td><td></td></tr>
<tr><td colspan="5"></td><td></td><td></td><td></td><td></td><td></td><td></td></tr>
<tr><td colspan="5"></td><td></td><td></td><td></td><td></td><td></td><td></td></tr>
<tr><td colspan="7">其他材料费</td><td>—</td><td></td><td>—</td><td></td></tr>
<tr><td colspan="7">材料费小计</td><td>—</td><td>239 708</td><td>—</td><td></td></tr>
</table>

注：① 如不使用省级或行业建设主管部门发布的计价依据，可不填定额项目、编号等。
② 招标文件提供了暂估单价的材料，按暂估的单价填入表内“暂估单价”栏及“暂估合价”栏。
③ 表中各项费用均以不包含增值税可抵扣进项税额的价格计算。

表 7.13　工程量清单综合单价分析表

工程名称：某路面工程　　　　　　　　　　标段：　　　　　　　　　　第 3 页　共 3 页

项目编码	040203006002		项目名称		细粒式混凝土		计量单位		m³		
清单综合单价组成明细											
定额编号	定额名称	定额单位	数量	单价				合价			
				人工费	材料费	机械费	管理费和利润	人工费	材料费	机械费	管理费和利润
2-2285	细粒式沥青混凝土面层 6 cm 厚	m³	9 800	0.694 4	13.563	1.266	1.105 2	6 805.12	132 919.36	12 402.39	10 831.43
人工单价		小计						6 805.12	132 919.36	12 402.39	10 831.43
32 元/工日		未计价材料费									
清单项目综合单价								16.63			
材料费明细	主要材料名称、规格、型号					单位	数量	单价/元	合价/元	暂估单价/元	暂估合价/元
	木柴					kg	156.8	0.35	54.88		
	AC20 中粒式沥青混凝土					m³	296.94	442	131 247.48		
	煤					kg	980	0.18	176.40		
	柴油					kg	294	4.90	1 440.60		
	其他材料费							—		—	
	材料费小计							—	132 919.36	—	

注：① 如不使用省级或行业建设主管部门发布的计价依据，可不填定额项目、编号等。
② 招标文件提供了暂估单价的材料，按暂估的单价填入表内“暂估单价”栏及“暂估合价”栏。
③ 表中各项费用均以不包含增值税可抵扣进项税额的价格计算。

3. 分部分项工程量清单费计算

1) 分部分项工程量清单综合单价分析表

根据综合单价上三表的数据资料编制路面工程工程量清单综合单价分析表。

2）分部分项工程量清单计价表

根据某路面工程工程量清单，综合单价计算表，计算分部分项工程量清单计价表，如表7.14所示。

表7.14 分部分项工程量清单与计价表

工程名称：某路面工程　　　　标段：　　　　第1页　共1页

序号	项目编码	项目名称	项目特征描述	计量单位	工程量	金额/元		
						综合单价	合价	其中：暂估价
1	040201004001	石灰稳定土基层	(1) 厚度：20 cm (2) 含灰量：8%	m^3	10 150	18.84	191 226.00	
2	040203006001	沥青混凝土面层	(1) 沥青混凝土品种：AC20中粒式沥青混凝土 (2) 石料最大粒径：20 cm (3) 厚度：60 cm	m^3	9 800	28.82	282 436.00	
3	040203006002	沥青混凝土面层	(1) 沥青混凝土品种：AC15细粒式沥青混凝土 (2) 石料最大粒径：5 mm (3) 厚度：30 mm	m^3	9 800	16.63	162 974.00	
本页小计							636 636	
合计							636 636	

4. 措施项目费确定

现场施工围栏费，根据经验估算按本工程实际情况确定为1 865元；按某地区现行规定，本工程安全文明施工费按人工费的30%计取。上述费用计算见表7.15。

表7.15 措施项目清单与计价表

工程名称：某路面工程　　　　标段：　　　　第1页　共1页

序　号	项　目　名　称	计算基础	费率/%	金额/元
1	安全文明施工费	77 237.47	30	23 171.24
2	夜间施工费			
3	二次搬运费			
4	冬、雨季施工			

续 表

序号	项目名称	计算基础	费率/%	金额/元
5	大型机械设备进出场及安拆费			
6	施工排水			
7	施工降水			
8	地上、地下设施，建筑物的临时保护设施			
9	已完工程及设备保护			
10	现场施工围栏			1 865.00
合计				25 036.24

注：本表适用于以“项”计价的措施项目。

5. 其他项目费确定

本工程的其他项目费只发生业主的暂列金额 12 000 元，如表 7.16、表 7.17 所示。

表 7.16 其他项目清单与计价表

工程名称：某路面工程　　　　标段：　　　　第 1 页 共 1 页

序号	项目名称	计量单位	金额/元	备注
1	暂列金额		12 000	明细详见下表
2	暂估价			
2.1	材料暂估价			
2.2	专业工程暂估价			
3	计日工			
4	总承包服务费			
合计			12 000	

注：材料暂估单价进入清单项目综合单价，此处不汇总。

6. 规费、税金计算及单位工程报价

按某地区现行规定，社会保障费按人工费的 16%计取；住房公积金按人工费的 6%计取；增值税率确定为 11%。上述费用计算及单位工程报价汇总如表 7.18、表 7.19 所示。

表 7.17　暂列金额明细表

工程名称：某路面工程　　　　标段：　　　　第 1 页　共 1 页

序　号	项目名称	计量单位	暂定金额/元	备　注
1	暂列金额	项	12 000	
合计			12 000	—

表 7.18　规费、税金项目清单与计价表

工程名称：某路面工程　　　　标段：　　　　第 1 页　共 1 页

序　号	项目名称	计　价　基　础	费率/%	金额/元
1	规费			16 992.25
1.1	工程排污费			
1.2	社会保障费	人工费	16%	12 358.00
1.3	住房公积金	人工费	6%	4 634.25
2	增值税	分部分项工程费+措施项目费+其他项目费+规费(690 664.49)	11%	75 973.09
合计				92 965.34

表 7.19　单位工程投标报价汇总表

工程名称：某路基土方工程　　　　标段：　　　　第 1 页　共 1 页

序号	单 项 工 程 名 称	金额/元	其中：暂估价/元
1	分部分项工程	636 636	
2	措施项目	25 036.24	
2.1	安全文明施工费	23 171.24	
3	其他项目	12 000	
3.1	暂列金额	12 000	
3.2	专业工程暂估价	0	
3.3	计日工	0	
3.4	总承包服务费	0	

续　表

序号	单 项 工 程 名 称	金额/元	其中：暂估价/元
4	规费	16 992.25	
5	增值税	75 973.09	
投标报价合计＝1＋2＋3＋4＋5		766 637.58	

注：① 本表适用于单位工程招标控制价或投标报价的汇总，如无单位工程划分，单项工程也使用本表汇总。
② 表中序号 1～4 各项费用均以不包含增值税可抵扣进项税额的价格计算。

7. 填写投标总价表

根据表中单位工程汇总表的合计，填写该工程的投标总价。

任务 8

桥涵工程计量与计价

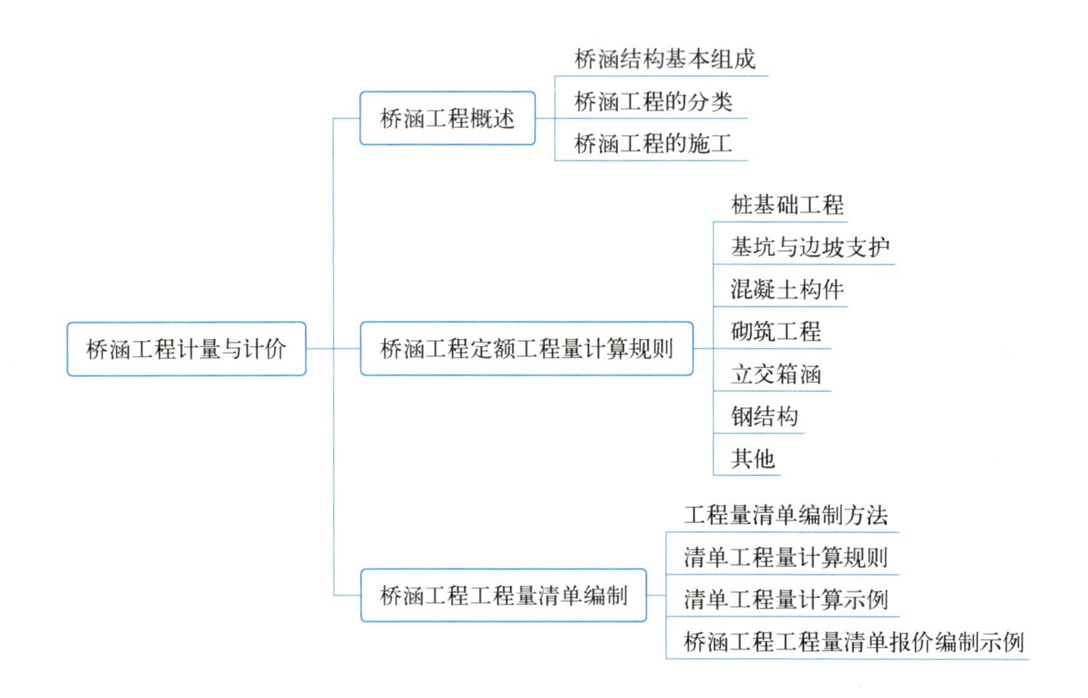

8.1 桥涵工程概述

8.1.1 桥涵结构基本组成

道路路线遇到江河湖泊、山谷深沟以及其他线路(铁路或公路)等障碍时，为了保持道路的连续性，就需要建造专门的人工构筑物——桥涵来跨越障碍。图 8.1、图 8.2 为公路桥涵的概貌，从图中可见，桥涵一般由以下几部分组成：

1. 桥梁上部结构(也称桥跨结构)

桥梁上部结构由主要承重结构、支座和桥面系组成。主要承重结构是在线路中断时跨越障碍的主要承重结构。支座是指一座桥梁中在桥跨结构与桥墩或桥台的支承处所设置的传力装置，它不仅要传递很大的荷载，而且要保证桥跨结构能产生一定的变位。桥面系包括桥面铺

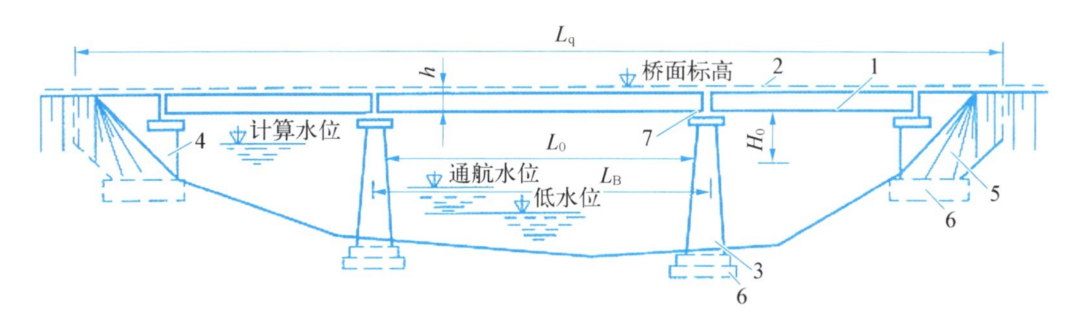

1—主梁；2—桥面；3—桥墩；4—桥台；5—锥形护坡；6—基础；7—支座。

图 8.1 桥涵的基本组成

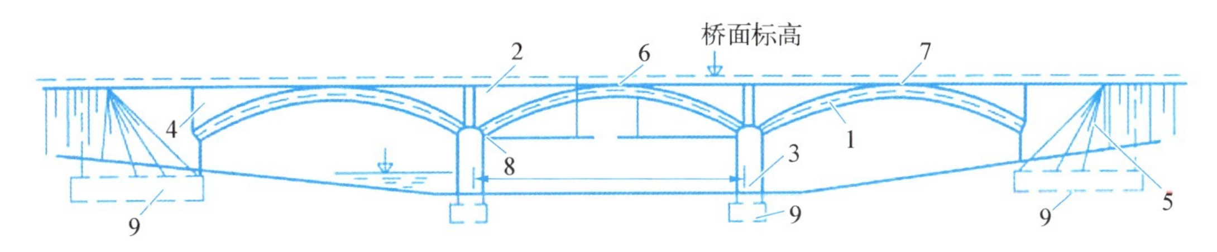

1—拱圈；2—拱上结构；3—桥墩；4—桥台；5—锥形护坡；6—拱轴线；7—拱顶；8—拱脚；9—基础。

图 8.2 拱桥的基本组成

装和桥面板。桥面铺装用以防止车轮直接磨耗桥面板和分布轮重，桥面板用来承受局部荷载。

2. 桥梁下部结构

桥梁下部结构是指桥墩和桥台(包括基础)。桥墩和桥台是支承桥跨结构并将恒载和车辆等荷载传至地基的建筑物，通常设置在桥两端的称为桥台，它除了上述作用外，还与路堤相衔接，以抵御路堤土压力，防止路堤填土的滑坡和坍落，单孔桥没有中间桥墩。基础是指桥墩和桥台中使全部荷载传至地基的底部奠基部分，它是确保桥梁能安全使用的关键，由于基础往往深埋于土层之中，并且需在水下施工，故是桥梁建筑中比较困难的一个部分。

3. 附属结构

附属结构包括锥形护坡、护岸、导流结构物。在桥梁建筑工程中，河流中的水位是变动的。在枯水季节的最低水位称为低水位；洪峰季节性河流中的最高水位称为高水位。桥梁设计中按规定的设计洪水频率计算的高水位，称为设计洪水位。

4. 与桥梁布置和结构有关的尺寸和术语

净跨径，对于梁式桥是指设计洪水位上相邻两个桥墩(或桥台)之间的净距，用 L_0 表示；对于拱式桥是每孔拱跨两个拱脚截面最低点之间的水平距离。总跨径是多孔桥梁中各孔净跨径的总和，也称桥梁孔径，它反映了桥下宣泄洪水的能力。计算跨径对于具有支座的桥梁，是指桥跨结构相邻两个支座中心之间的距离，用 L_B 表示；对于拱式桥，是两相邻拱脚截面形心点之间的水平距离，桥跨结构的力学计算是以 L_B 为基准的。

桥梁全长简称桥长，是指桥梁两端两个桥台的侧墙或八字墙后端点之间的距离，以 L_q 表示。桥梁高度简称桥高，是指桥面与低水位之间的高差或为桥面与桥下线路路面之间的距离，以 H_0 表示，桥高在某种程度上反映了桥梁施工的难易性。桥下净空高度是设计洪水位或计算通航水位至桥跨结构最下缘之间的距离。它应保证能安全排洪，并不得小于对该河流通航所规定的净空高度。

建筑高度是桥上行车路面(或轨顶)标高至桥跨结构最下缘之间的距离,它不仅与桥跨结构的体系和跨径大小有关,而且还随行车部分在桥上布置的高度位置而异。道路(或铁路)定线中所确定的桥面(或轨顶)标高,对通航净空顶部标高之差,又称为容许建筑高度。显然,桥梁的建筑高度不得大于其容许建筑高度,否则就不能保证桥下的通航要求。

净矢高是从拱顶截面下缘至相邻两拱脚截面下缘最低点之连线的垂直距离。计算矢高是从拱顶截面形心至相邻两拱脚截面形心之连线的垂直距离。

矢跨比是拱桥中拱圈(或拱肋)的计算矢高与计算跨径之比,也称拱矢度,它是反映拱桥受力特性的一个重要指标。此外,我国《公路工程技术标准》JTGBO1—2014 中规定,对标准设计或新建桥涵跨径在 50 m 以下时,一般均应尽量采用标准跨径。对于梁式桥,它是指两相邻桥墩中线之间的距离,或墩中线至桥台台背前缘之间的距离;对于拱式桥,则是指净跨径。

8.1.2 桥涵工程的分类

由基本构件所组成的各种结构物,在力学上也可归结为梁式、拱式和悬吊式三种基本体系以及它们之间的各种组合。下面从受力特点、建桥材料、适用跨度、施工条件等方面来阐明各种桥梁的特点。

1. 梁式桥

梁式桥是一种在竖向荷载作用下无水平反力的结构,如图 8.3 所示。

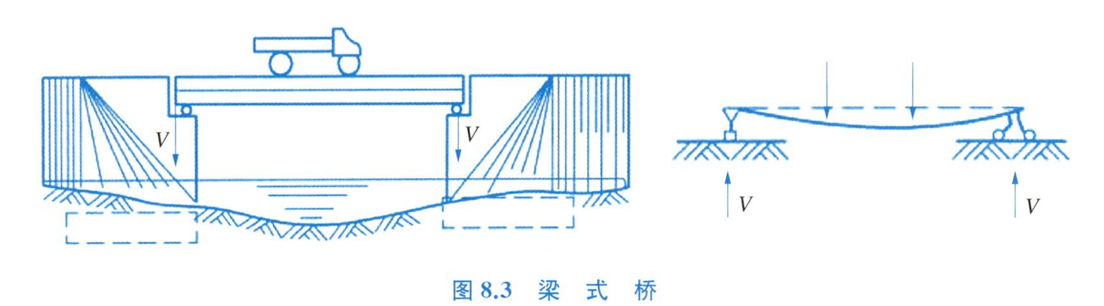

图 8.3 梁 式 桥

2. 拱式桥

拱式桥的主要承重结构是拱圈或拱肋,这种结构在竖向荷载作用下,桥墩或桥台将承受水平推力。同时,这种水平推力将显著抵消荷载所引起在拱圈(或拱肋)内的弯矩作用。因此,与同跨径的梁相比,拱的弯矩和变形要小得多。拱桥的跨越能力较大,外形也较美观,在条件许可的情况下,修建拱桥往往是经济合理的,如图 8.4 所示。

3. 刚架桥

刚架桥的主要承重结构是梁或板和立柱或竖墙整体结合在一起的刚架结构,梁和柱的连接处具有很大的刚性,在竖向荷载作用下,梁部主要受弯,而在柱脚处也具有水平反力,其受力状态介于梁桥与拱桥之间。

4. 吊桥

传统的吊桥(也称悬索桥)均用悬挂在两边塔架上的强大缆索作为主要承重结构,在竖向荷载作用下,通过吊杆使缆索承受很大的拉力,通常就需要在两岸桥台的后方修筑非常巨大的锚碇结构,吊桥也是具有水平反力(拉力)的结构。

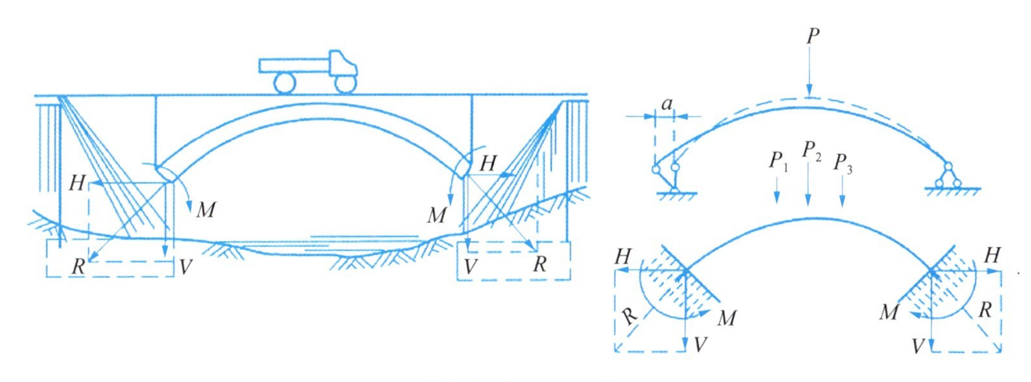

图 8.4 拱 式 桥

5. 组合体系桥梁

1）拱组合体系

拱组合体系利用梁的受弯与拱的承压特点组合而成。

2）斜拉桥

斜拉桥由斜索、塔柱和主梁所组成，用高强钢材制成的斜索将主梁多点吊起，并将主梁的恒载和车辆等荷载传至塔柱，再通过塔柱基础传至地基。这样，跨度较大的主梁就像一根多点弹性支承（吊起）的连续梁一样工作，从而可使主梁尺寸大大减小，结构自重显著减轻，既节省了结构材料，又大幅度地增大了桥梁的跨越能力。

8.1.3 桥涵工程的施工

1. 明挖扩大基础

对刚性扩大基础的施工，一般均采用明挖，根据开挖深度、边坡土质、渗水情况及施工场地，其开挖方式和施工方法可以有多种选择。

（1）测量放线：用经纬仪测出墩、台、基础的纵、横中心线，放出上口开挖边线桩。

为避免雨水冲坏坑壁，基坑顶四周应做好排水，截住地表水，基坑下口开挖的大小应满足基础施工的要求，渗水土质的基底平面尺寸可适当加宽 50～100 cm，便于设置排水沟和安装模板，其他情况可放小加宽尺寸。

（2）开挖作业方式以机械作业为主，采用反铲挖掘机配自卸汽车运输作业，辅以人工清槽。单斗挖掘机（反铲）斗容量根据土方量和运输车辆的配置可选择 0.4～0.1 m^3，控制深度为 4～6 m。挖基土应外运或远离基坑边缘卸土，以免塌方和影响施工。

（3）基坑开挖前，根据设计图提供的勘探资料，先估算渗水量，选择施工方法和排水设备，采用集水坑排水方法施工时按集水坑底应比基坑底面标高低 50～100 cm，以降低地下水水位保持基底无水，抽水设备可采用电动或内燃的离心式水泵或潜水泵，采用人工降低地下水水位。

（4）基坑开挖应连续施工，避免晾槽，一次开挖距离基坑底面以上要预留 20～30 cm，待验槽前人工一次清除至标高，以保证基坑顶面坚实。

（5）坑壁的支撑。坑壁的支撑方式可选以下 2 种。

① 挡板支撑，适用于基坑断面尺寸较小，可以边挖边支撑的情况，挡板可竖或横立，板厚

为 5～6 cm,加方木带,板的支撑用钢、木均可。

② 喷射混凝土护壁是一种常用的边坡支护方法,在人工修整过的边坡上采用混凝土喷射机喷射混凝土,厚度一般为 5～10 cm(或特殊设计),混凝土强度等级为 C20,石子粒径为 0.55 cm,喷射法随着基坑向下开挖 1.0～2.0 m,即开始喷射混凝土护壁,以后挖一节喷一节,直到基底。

2. 桥梁打桩工程施工

当地基浅层土质较差,持力土层埋藏较深,需要采用深基础才能满足结构物对地基强度、变形和稳定性要求时,可采用桩基础。桩基础是常用的桥梁基础类型之一。基桩按材料分类有木桩、钢筋混凝土桩、预应力混凝土桩和钢桩。打桩工程包括以下施工程序。

(1) 整理场地,打桩机进场。因多数桩基需要在工地进行拼装,所以为保证桩基拼装就位,施工前应清理场地,修建临时便道。

(2) 测量放线。沉入桩施工由于桩径较细,每一基础内桩的根数较多,现场施工用经纬仪放出墩(台)基础纵横轴线,并拉线,根据轴线位置放出桩位桩,并经复核、确认。施工中注意看管,及时复位。

(3) 开挖排水沟。保证桩基施工时,基础内有良好的排水措施。

(4) 桩锤的选择。沉入桩施工时,应适当选择桩锤质量,桩锤过轻,桩难以打下,效率低,还可能打坏桩头,所以常拟选重锤轻击,但桩锤过重,则动力大、机具都加大,不经济。

(5) 打桩工作。

① 桩的吊运,由于预制钢筋混凝土桩主筋都是沿桩长均匀分布的,因此吊运时吊点位置处正负弯矩应相等,一般桩在吊运时选择两个吊点,桩长 L,吊点距离每端应为 $0.207L$;单点起吊时,吊点设在 $0.293L$ 处。

② 打桩的顺序应由基础的一端向另一端进行。当桩基础平面尺寸很大时,也可由中间向两端进行。

③ 在打桩前应检查锤的重心与桩的中心是否一致,桩位是否正确,桩顶应采用桩帽,桩保护,以免打裂桩。

④ 桩在起吊前,自桩尖向上应画尺寸线,画线的等分应满足打桩记录的要求。

⑤ 桩开始击打时,应轻击慢打,随着桩的沉入,逐渐增加锤击的冲击能量。

⑥ 随着桩入土深度的增加,贯入度会随之减少,因此在沉桩时,必须有专人做好打桩记录(按规定的格式)。根据用动力公式计算出的下沉量/击次,决定桩是否达到设计荷载力的要求。遇有不正常情况时,如桩身倾斜、突然下沉、桩顶破碎或桩身开裂、锤回弹严重,应停止打桩,探明原因再进行施工。下沉一根桩后,应立即进行检查,确认桩身无问题后再移动桩架。

⑦ 在浮船上进行水下打(沉)桩时,浮船要锚固牢靠,水面波浪超过二级时,停止沉桩。

⑧ 管桩填充前,应用吸泥机将桩内泥浆吸除干净,用水泵将桩内水排出,然后按设计要求填充。

⑨ 加桩,如发现断桩等质量问题,确认此桩质量不合格,经监理工程师同意,可在邻近位置加桩,加桩按正常桩一样施工,并做好加桩记录。

⑩ 复打,沉桩工作完成后,经过一段时间有选择地进行复打,以检验沉桩是否真正满足了设计贯入度,复打的具体要求以标书的技术条款规定为准。

⑪ 接桩,就地接桩宜在下截桩头露出地面(或水面)1 m 以上进行,接桩时上下两根桩应

统一轴心，接触面应平齐，连接应牢固。

⑫ 送桩，在打桩时，由于打桩架底盘与地面有一定距离，不能将桩打入地面以下设计位置，而需要用打桩机和送桩机将预制桩共同送入土中，这一过程称为送桩。

⑬ 沉好的基桩，验收前不得截桩头，验收后的桩头可用小锤开槽，扩大加深将桩头截断或用破碎机切割。

3. 钻孔灌注桩施工

钻孔灌注桩是指采用不同的钻孔方法，在土中形成一定直径和深度的井孔，达到设计标高后，将钢筋骨架(笼)吊入井孔中，灌注混凝土形成桩基础。

钻孔灌注桩施工的主要工序是：埋设护筒，制备泥浆，钻孔，清底，钢筋笼制作与吊装及灌注水下混凝土等。

(1) 场地准备。钻孔场地的平面尺寸应按桩基设计的平面尺寸、钻机数量和钻机底座平面尺寸、钻机移位要求、施工方法，以及其他配合施工机具设施布置等情况决定。施工场地或工作平台的高度应考虑施工期间可能出现的高水位或潮水位，并比其高出 0.5～1.0 m。

(2) 埋设护筒。常见的护筒有木护筒、钢护筒和钢筋混凝土护筒三种。护筒要求坚固耐用，不漏水，其内径应比钻孔直径大，每节长度为 2～3 m。一般常用钢护筒，在陆地上与深水中均可使用，钻孔完成后，可取出重复使用。

(3) 泥浆制备。钻孔泥浆一般由水、黏土(或膨润土)和添加剂按适当配合比配制而成，具有浮悬钻渣、冷却钻头、润滑钻具、增大静水压力、在孔壁形成泥皮、隔断孔内外渗流、防止坍孔等作用。调制的钻孔泥浆及经过循环净化的泥浆，应根据钻孔方法和地层情况采用不同的性能指标。泥浆稠度应视地层变化或操作要求机动掌握，泥浆太稀，排渣能力小，护壁效果差；泥浆太稠会削弱钻头冲击功能。泥浆的密度、黏度、含砂率、酸碱度等指标均应符合规定指标。

(4) 钻孔施工。

① 选择钻孔机械。

a. 正循环钻机：黏性土、砂类土，砾、卵石粒径小于 2 cm，钻孔直径为 80～250 cm，孔深为 30～100 m。

b. 反循环钻机：黏性土、砂类土、卵石粒径小于钻杆内径 2/3，钻孔直径为 80～250 cm。孔深泵吸<40 m，气举 100 m。

c. 正循环潜水钻机：淤泥、黏性土、砂类土、砾卵石粒径小于 10 cm，钻孔直径为 60～150 cm，孔深为 50 m。

d. 全套管冲扳抓和冲击钻机：适用于各类土层，孔径为 80～150 cm，孔深为 30～40 m。

② 钻孔灌注桩施工。

a. 将钻机调平对准钻孔，将钻头吊起徐徐放入护筒内，对正桩位，启动泥浆泵和转盘，待泥浆输到孔内一定数量后，方可开始钻孔。具有导向装置的钻机开钻时，应慢速推进，待导向部位全部钻进土层后，方可全速钻进。

b. 钻孔应连续进行，不得间断，视土质及钻进部位调整钻进速度。开始钻进及护筒刃脚部位或砂层、卵砾石层中时，应低挡慢速钻进。在钻进过程中，要确保泥浆水头高度高出孔外水位 0.5 m 以上，泥浆如有损失、漏失，应及时补充，并采取堵漏措施。在钻进过程中，每钻进 2～3 m 应检查孔径、竖直度，在泥浆池捞取钻渣，以便和设计地质资料核对。

c. 钻进时，为减少扩孔、弯孔和斜孔，应采用减压法钻进，使钻杆维持垂直状态，使钻头平稳回转。

(5) 清孔。终孔检查合格后,应迅速清孔,清孔方法有抽浆法(适用于孔壁不易坍塌的柱桩和摩擦桩)、换浆法(用于正循环钻机)、淘渣法(适用于冲抓、冲击、成孔,淘渣后的泥浆比重应小于1.3)。清孔时必须保证孔内水头、提管时避免碰孔壁。清孔后的泥浆性能指标,沉渣厚度应符合规范要求。无论采用何种方法清孔排渣,都必须注意保持孔内水头,防止塌孔。

清孔后用检孔器测量孔径,检孔器的焊接可在工地进行,监理工程师检验合格后,即可进行钢筋笼的吊装工作。

(6) 钢筋笼吊装。钢筋笼骨架焊接时注意焊条的使用一定要符合规范的要求,骨架一般分段焊接,长度由起吊设备的高度控制。钢筋笼的接长,可采用搭接焊或套管冷挤压连接等方法。钢筋笼安放要牢固,防止在混凝土浇筑过程中钢筋笼浮起,钢筋笼周边要安放圆的混凝土保护层垫块。

(7) 灌注水下混凝土。水下混凝土采用导管法进行灌注,导管内径一般为25～35 cm,导管使用前要进行闭水试验(水密、承压、接头抗拉),合格的导管才能使用,导管应居中稳步沉放,不能接触到钢筋笼,以免导管在提升中将钢筋笼提起。导管可吊挂在钻机顶部滑轮上或用卡具吊在孔口上,导管底部与桩底的距离应符合规范的要求,一般为0.25～0.4 m,导管顶部的贮料斗内混凝土量,必须满足首次灌注剪球后导管端能埋入混凝土中0.8～1.2 m。施工前要仔细计算贮料斗容积,剪球后向导管内倾倒混凝土宜徐徐进行,防止产生高压气囊;施工中导管内应始终充满混凝土。随着混凝土的不断浇入,及时测量混凝土顶面高度和埋管深度,及时提拔拆除导管,使导管埋入混凝土中的深度保持2～6 m。混凝土面检测锤随孔深而定,一般不小于4 kg。

每根导管的水下混凝土浇筑工作,应在该导管首批混凝土初凝前完成,否则应掺入缓凝剂,推迟初凝时间。

4. 承台施工

承台是指为承受、分布由墩身传递的荷载,在基桩顶部设置的连接各桩顶的钢筋混凝土平台。

承台是桩与桩或墩联系部分,承台把几根桩甚至十几根桩联系在一起形成柱基础。承台可分为低桩承台与高桩承台。低桩承台一般埋在土中或部分埋在土中;高桩承台一般露出地面或水面。高桩承台由于具有一段自由长度,其周围无支撑体共同承受水平外力,故基桩的受力情况极为不利。桩身内力和位移都比同样水平外力作用下低桩承台要大,因此其稳定性比低桩承台差。高桩承台一般用于港口、码头、海洋工程及桥梁工程。低桩承台一般用于工业与民用房屋建筑物。桩头一般伸入承台0.1 m,并有钢筋锚入承台。承台上再建墩台,形成完整的传力体系。

1) 围堰及开挖方式的选择

(1) 当承台位置处于干处时,一般直接采用明挖基坑,并根据基坑状况采取一定措施,在其上安装模板,浇筑承台混凝土。

(2) 当承台位置位于水中时,一般先设围堰(钢板桩围堰或吊箱围堰)将群桩围在堰内,然后在内河底灌注水下混凝土封底,凝结后,将水抽干,使各桩处于干地,再安装承台模板,在干处灌注承台混凝土。

(3) 对于承台底标高位于河床以上的水中,采用有底吊箱或其他方法在水中将承台模板支撑和固定。如利用桩基，或临时支撑直接设置，承台模板安装完毕后抽水，堵漏，即可在干处灌注承台混凝土。承台模板支承方式的选择应根据水深、承台的类型、现有的条件等因素综合考虑。

2）开挖基坑

（1）基坑开挖一般采用机械开挖，并辅以人工清底找平，基坑的开挖尺寸要求根据承台的尺寸、支模及操作的要求、设置排水沟及集水坑的需要等因素进行确定。

（2）基坑的开挖坡度以保证边坡的稳定为原则，根据地质条件、开挖深度、现场的具体情况确定，当基坑壁坡不易稳定或放坡开挖受场地限制，或放坡开挖工作量不太经济时，可按照具体情况采取加固坑壁措施，如挡土支撑、混凝土壁、钢板桩、地下连续墙等。

（3）基坑顶面应设置防止地面水流入基坑的措施，如截水沟等。

（4）当基坑地下水采用普遍排水方法难以解决时，可采用井点法降水，井点类型根据其土层的渗透系数、降水的深度及工程的特点进行确认。

3）承台底的处理

（1）低桩承台，当承台底层土质有足够的承载力又无地下水或能排干时，可按天然地基上修筑基础的施工方法进行施工。当承台底层土质为松软土且能排干水施工时，可挖除松软土，换填10～30 cm厚砂砾土垫层，使其符合基底的设计标高并整平，即立模灌注承台混凝土。如不能排干水时，用静水挖泥方法换填水稳性材料，立模灌注水下混凝土封底后，再抽干水灌注承台混凝土。

（2）高桩承台，当承台底以下河床为松软土时，可在板桩围堰内填入砂砾至承台底面标高。填砂时视情况决定，可抽干水填入或静水填入，要求能承受灌注封底混凝土的重量。

4）钢筋及模板的处理

在设置模板前应按前述做好承台底的处理，破除桩头，调整柱顶钢筋做好喇叭口。模板一般采用组合钢模，在施工前必须进行详细的模板设计，以保证模板有足够的强度、刚度和稳定性，能可靠地承受施工过程中可能产生的各项荷载，保证结构各部形状、尺寸的准确。模板要求平整，接缝严密，拆装容易，操作方便。一般先拼成若干大块，再由吊车或浮吊(水中)安装就位，支撑牢固。钢筋的制作严格按技术规范及设计图纸的要求进行，墩身的预埋钢筋位置要准确、牢固。

5）混凝土的浇筑

（1）混凝土的配制除要满足技术规范及设计图纸的要求外，还要满足施工的要求，如泵送对坍落度的要求。为改善混凝土的性能，根据具体情况掺加合适的混凝土外加剂，如减水剂、缓凝剂、防冻剂等。

（2）混凝土的拌和采用拌和站集中拌和，混凝土罐车通过便桥或船只运输到浇筑位置。采用流槽、漏斗或泵车浇筑，也可由混凝土地泵直接在岸上泵入。

（3）混凝土浇筑时要分层，分层厚度要根据振捣器的功率确定，要满足技术规范的要求。

（4）大体积混凝土的浇筑，随着桥梁跨度越来越大，承台的体积变得很大。越来越多的承台混凝土的施工必须按照大体积混凝土的方法进行。大体积混凝土的施工除遵照一般混凝土的要求外，施工时还应注意以下几点。

a. 水泥，选用水化热低、初凝时间长的矿渣水泥，并控制水泥用量，一般控制在300 kg/m^{3}以下。

b. 砂、石，砂选用中、粗砂，石子选用 0.5～3.2 cm 的碎石和卵石。夏季砂、石料堆可设简易遮阳棚，必要时可向骨料喷水降温。

c. 外加剂，可选用复合型外加剂和粉煤灰以减少绝对用水量和水泥用量，延缓凝结时间。

d. 按设计要求敷设冷却水管，冷却水管应固定好。

e. 如承台厚度较厚，一次浇筑混凝土量过大时，在设计单位和监理同意后可分层浇筑，以通过增加表面系数，有利于混凝土的内部散热。分层厚度以 1.5 m 左右为宜，上层浇筑前，应清除下层水泥薄膜和松动石子及软弱混凝土面层，并进行湿润、清洗。

f. 混凝土养护和拆模。混凝土浇筑后要适时进行养护，体积较大、气温较高时尤其要注意，防止混凝土开裂。混凝土强度达到拆模要求后再进行拆模。

5. 桥梁墩台施工技术

桥梁墩台施工是建造桥梁墩台的各项工作的总称。桥梁墩台施工方法通常可分为两大类，一类是现场就地浇筑与砌筑；另一类是拼装预制的混凝土砌块、钢筋混凝土或预应力混凝土构件。前者的特点是工序简便，机具较少，技术操作度较小，但是施工期限较长，需消耗较多的劳力和物力；后者的特点是可确保施工质量、减轻工人劳动的强度，又可加快工程进度，提高经济效益。

(1) 砌筑墩台。石砌墩台是用片石、块石及粗料石以水泥砂浆砌筑的，具有就地取材和经久耐用等优点，在石料丰富地区建造墩台时，在施工期限允许的条件下，为节约水泥，应优先考虑石砌墩台方案。

(2) 装配式墩台(柱式墩、后张法预应力墩)。装配式墩台施工适用于山谷架桥和跨越平缓无漂浮物的河沟、河滩等的桥梁，特别是在工地干扰多、施工场地狭窄、缺水与沙石供应困难地区，其效果更为显著。其优点是结构形式轻便，建桥速度快，圬工省，预制构件质量有保证等。

(3) 现场浇筑墩台(V 形墩等)。主要有两个工序：一是制作与安装墩台模板；二是混凝土浇筑。

① 模板。常用的模板类型有拼装式模板、整体吊装模板、组合型钢模板、滑动钢模板。模板安装前应对模板尺寸进行检查；安装时要坚实牢固，以免振捣混凝土时引起跑模漏浆；安装位置要符合结构设计要求。

② 混凝土浇筑。墩台身混凝土施工前，应将基础顶面冲洗干净，凿除表面浮浆，整修连接钢筋。灌注混凝土时，应经常检查模板、钢筋及预埋件的位置和保护层的尺寸，确保位置正确，不发生变形。在混凝土施工中，应切实保证混凝土的配合比、水胶比和坍落度等技术性能指标应满足规范的要求。

6. 桥梁上部结构施工技术

桥梁上部结构的施工方法总体上可分为现场(就地)浇筑法和预制安装法。

(1) 就地浇筑法。就地浇筑法是在桥位处搭设支架，在支架上浇筑桥体混凝土，达到规定的强度等级后拆除模板、支架。就地浇筑法无须预制场地，而且不需要大型起吊、运输设备，梁体的主筋可不中断，桥梁整体性好。其主要缺点是工期长，施工质量不容易控制；对预应力混凝土梁，由于混凝土的收缩、徐变引起的应力损失比较大；施工中的支架、模板耗用量大，施工费用高；搭设支架会影响排洪、通航，在施工期间可能受到洪水和漂流物的威胁。

(2) 预制安装法。预制安装法是在预制工厂或在运输方便的桥址附近设置预制场进行梁的预制工作，然后采用一定的架设方法进行安装。预制安装法施工一般是指钢筋混凝土或预应力混凝土简支梁的预制安装，其可分为预制、运输和安装三部分。预制安装法的主要特点如下。

① 由于是工厂生产制作，故构件质量好，有利于确保构件的质量和尺寸精度，并尽可能多地采用机械化施工。

② 上下部结构可以平行作业，因而可缩短现场施工工期。

③ 能有效地利用劳动力，并由此降低工程造价。

④ 由于施工速度快，可适用于紧急施工工程。

⑤ 构件预制后由于要存放一段时间，因而在安装时已有一定龄期，故可减少混凝土收缩、徐变引起的变形。

7. 桥面系及附属工程施工技术

（1）桥梁支座安装。目前，国内桥梁上使用较多的是橡胶支座，包括板式橡胶支座、聚四氟乙烯板式橡胶支座和盆式橡胶支座三种。前两种用于反力较小的中、小跨径桥梁；后一种用于反力较大的大跨径桥梁。

① 板式橡胶支座的安装。

a. 安装前应将墩台支座支垫处和梁底面清洗干净，除去油垢，用水胶比不大于0.5的1∶3水泥砂浆仔细抹平，使其顶面标高符合设计要求。

b. 支座安装尽可能安排在接近年平均气温的季节里进行，以减小由于温差变化过大而引起的剪切变形。

c. 梁、板安放时，必须细致稳妥，使梁、板就位准确且与支座密贴，勿使支座产生剪切变形；就位不准时，必须吊起重放，不得用撬杠移动梁、板。

d. 当墩台两端标高不同、顺桥向或横桥向有坡度时，支座安装必须严格按设计规定办理。

e. 支座周围应设排水坡，防止积水，并注意及时清除支座附近的尘土、油脂与污垢等。

② 盆式橡胶支座的安装。

a. 安装前应将支座的各相对滑移面和其他部分用丙酮或酒精擦拭干净。

b. 支座的顶板和底板可采用焊接或锚固螺栓拴接在梁体底面和墩台顶面的预埋钢板上。采用焊接时，应防止烧坏混凝土。安装锚固螺栓时，其外露螺杆不得大于螺母的厚度。上、下支座安装顺序，宜先将上座板固定在大梁上，然后根据其位置确定底盘在墩台的位置，最后予以固定。

c. 安装支座的标高应符合设计要求，平面纵、横两个方向应水平。支座承压为5 000 kN时，其四角高差不得大于1 mm；支座承压大于5 000 kN时，其四角高差不得大于2 mm。

d. 安装固定支座时，其上下各个部件纵轴线必须对正；安装纵向活动支座时，上下各部件纵轴线必须对正，横轴线应根据安装时的温度与年平均的最高、最低温差，由计算确定其错位的距离。支座上下导向挡块必须平行，最大偏差的交叉角不得大于5°。另外，桥梁施工期间，混凝土将由于预应力和温差引起弹性压缩、徐变和伸缩而产生位移量，因此，要在安装活动支座时，对上板、下板预留偏移量，使桥梁建成后的支座位置能符合设计要求。

（2）现浇湿接头、湿接缝施工。主要施工方法根据全桥体系转换的要求，湿接头、湿接缝施工流程为：准备工作→绑扎钢筋→连接波纹管并穿钢绞线束→吊设模板→浇筑连续接头、中横梁及其两侧与顶板负弯矩钢绞线束同长度范围内的湿接缝→养护→张拉负弯矩钢绞线束并压浆→浇筑剩余部分湿接缝混凝土→拆除→联内临时支座，完成体系转换。

(3) 现浇调平层施工。现浇桥面的施工顺序为：凿除浮渣、清洗桥面→精确放样→绑扎钢筋→安装模板→浇筑 C40 混凝土→精平并拉毛→混凝土养护。

(4) 防撞护栏施工。边板(梁)预制时应在翼板上按设计位置预埋防撞护栏锚固钢筋，支设护栏模板时应先进行测量放样，确保位置准确。特别是位于曲线上的桥梁，应首先计算出护栏各控制点坐标，用全站仪逐点放样控制，使其满足曲线线形的要求。绑扎钢筋时注意预埋防护钢管支撑钢板的固定螺栓，保证其牢固可靠。在有伸缩缝处，防撞护栏应断开，依据选用的伸缩缝形式，安装相应的伸缩装置。混凝土浇筑及养护要求与其他构件相同。

(5) 人行道、栏杆施工。

① 人行道施工。人行道安装应满足下列要求：

a. 悬臂式人行道构件必须与主梁横向连接或拱上建筑完成后方可安装。

b. 人行道梁必须安放在未凝固的、强度等级为 M2 的稠水泥砂浆上，并以此形成人行道顶面设计的横向排水坡。

c. 人行道板必须在人行道梁锚固后方可铺设，对设计无锚固措施的人行道梁、人行道板的铺设应按照由里向外的顺序。

d. 安装有锚固措施的人行道梁时，应对焊缝认真检查，必须保证施工安全。

② 栏杆施工。栏杆的形式很多，一般由立柱、扶手及横档(或栏杆板)组成，扶手支撑于立柱上。栏杆块件必须在人行道板铺设完毕后才可以安装。安装栏杆柱时，必须全桥对直、校平(弯桥、坡桥要求平顺)，竖直后用水泥砂浆填缝固定。

(6) 灯柱安装。城市及市郊行人和车辆较多的桥梁上需要设置照明设施，一般采用灯柱。照明灯柱一般高出桥面 5 m 左右，灯柱的设计要经济合理，造型要与周围环境相协调。灯柱的位置可以设置在人行道上，也可以设置在栏杆立柱上。在人行道上的设置方式较为简单，在人行道下布埋管线，按设计位置预设灯柱基座，在基座上安装灯柱、灯饰，连接好线路即可。这种布设方法大方、美观、照明效果好，适用于人行道较宽(大于 1 m)时。但是，灯柱会减小人行道的宽度，影响行人通过，且灯柱应布置稍高一些，不影响行车经过。灯柱在栏杆立柱上的设置方式稍复杂一些，电线预埋在人行道下，在立柱内布设线管至顶部，立柱承受的质量包括栏杆上传来的质量，也包括灯柱的质量，因此，带灯柱的立柱要特殊设计和制作，在立柱顶部还要预设灯柱基座，保证其连接牢固。这种布设方法只适用于安置单柱灯柱，顶部可向桥面内侧弯曲延伸一部分，以保证照明效果。其优点是灯柱不占人行道空间，桥面开阔，但施工较为困难。

8.2 桥涵工程定额工程量计算规则

8.2.1 桩基础工程

1. 工程量计算项目

根据桥梁工程桩基础的施工工艺，依据 2017 版《辽宁省建设工程造价依据市政工程预算定额》第三册《桥涵工程》的定额项目设置，一般桩基础工程需要计算的项目有以下几项。

（1）搭拆桩基基础工作平台。

（2）打预制桩：① 组装拆卸柴油打桩机；② 打桩；③ 接桩；④ 送桩；⑤ 截桩头。

（3）灌注桩：① 埋设钢护筒；② 成孔；③ 泥浆制作；④ 灌注桩混凝土；⑤ 灌注桩后注浆；⑥ 截桩头；⑦ 声测管。

上述计算项目是一般桩基础工程涉及的分部分项工程，实际计算时可按照实际工程设计调整。

2. 工程量计算规则

1）搭拆桩基基础工作平台

如图8.5所示为搭拆桩基基础工作平台面积计算示意图。

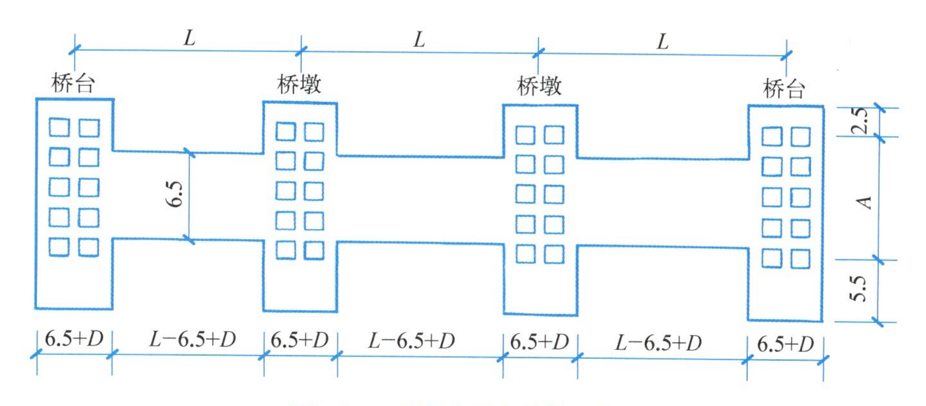

图8.5　工作平台面积计算示意图

（1）桥梁打桩：$F=N_1F_1+N_2F_2$；

每座桥台（桥墩）：$F_1=(5.5+A+2.5)\times(6.5+D)$；

每条通道：$F_2=6.5\times[L-(6.5+D)]$。

（2）钻孔灌柱桩：$F=N_1F_1+N_2F_2$；

每座桥台（桥墩）：$F_1=(A+6.5)\times(6.5+D)$；

每条通道：$F_2=6.5\times[L-(6.5+D)]$。

式中，F——工作平台总面积；F_1——每座桥台（桥墩）工作平台面积；F_2——桥台至桥墩间或桥墩至桥墩间通道工作平台面积；N_1——桥台与桥墩总数量；N_2——通道总数量；D——两排桩之间的距离(m)；L——桥梁跨径或护岸第一根桩中心至最后一根桩中心之间的距离(m)；A——桥台（桥墩）每排桩的第一根桩中心至最后一根桩中心之间的距离(m)。定额单位为“100 m^2”。

2）打桩

（1）钢筋混凝土方桩按桩长度（包括桩尖长度）乘以桩截面面积计算。

（2）钢筋混凝土管桩按桩长度（包括桩尖长度）乘以桩截面面积，空心部分体积不计。

（3）钢管桩按成品桩考虑，以“t”计算。

3）焊接桩

焊接桩型钢用量可按实调整。

4）送桩

① 陆上打桩时，以原地面平均标高增加1 m为界，界线以下至设计桩顶标高之间的打桩

实体积为送桩工程量。

② 支架上打桩时，以当地施工期间的最高潮水位增加 0.5 m 为界线，界线以下至设计桩顶标高之间的打桩实体积为送桩工程量。

5）灌注桩

(1) 旋挖钻机钻孔按设计入土深度乘以桩截面面积计算；回旋钻机钻孔、冲击式钻机钻孔、卷扬机带冲抓锥冲孔的工程量按设计入土深度计算。项目的孔深指原地面至设计桩底的深度。

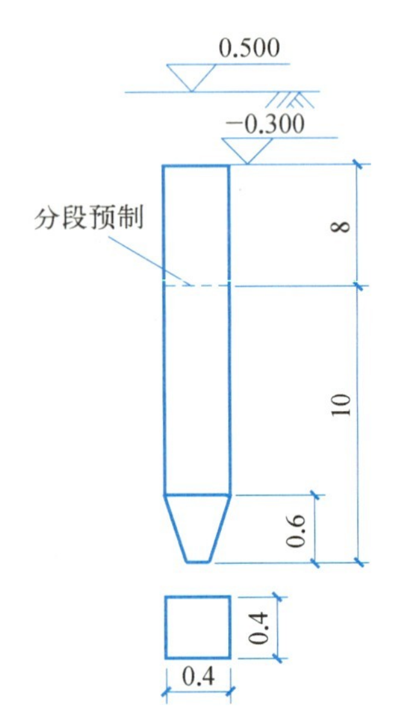

图 8.6　钢筋混凝土方桩（单位：m）

(2) 灌注桩水下混凝土工程量按设计桩长增加 1.0 m 乘以设计桩径截面面积计算。

(3) 人工挖孔工程量按护壁外缘包围的面积乘以深度计算，现浇混凝土护壁和灌注桩混凝土按设计图示尺寸以“m”计算。

(4) 灌注桩后注浆工程量计算按设计注浆量计算，注浆管管材费用另计，但利用声测管注浆时不得重复计算。

(5) 声测管工程量按设计数量计算。

6）组装拆卸柴油打桩机

台与墩或墩与墩之间不能连续施工时，每个墩台可计一次组装、拆卸柴油打桩架。

【例 8.1】 如图 8.6 所示，自然地坪标高为 0.5 m，桩顶标高为 −0.3 m，设计桩长为 18 m（包括桩尖）。桥台基础共有 10 根 C25 预制钢筋混凝土方桩，采用焊接接桩，试计算打桩、接桩与送桩的工程量。

【解】 打桩工程量计算如表 8.1 所示。

表 8.1　打桩工程量计算表

序　号	工程项目名称	单　位	工程量计算式	数　量
1	打桩	m^3	0.4×0.4×18×10	28.8
2	接桩	个		10
3	送桩	m^3	0.4×0.4×(0.5+1+0.3)×10	2.88

8.2.2　基坑与边坡支护

1）工程量计算项目

根据基坑与边坡支护的构造及施工工艺，依据 2017 版《内蒙古自治区市政工程预算定额》第三册《桥涵工程》的定额项目设置，一般基坑与边坡支护工程需要计算的项目有以下几项。

(1) 钢筋混凝土板桩。

(2) 地下连续墙。

(3) 咬合灌注桩。

(4) 型钢水泥搅拌墙。

(5) 锚杆(索)。

(6) 土钉。

(7) 喷射混凝土。

上述计算项目是一般基坑与边坡支护工程常有的,实际计算时可按照实际工程设计进行调整。

2) 工程量计算规则

(1) 打桩。钢筋混凝土板桩按桩长度(包括桩尖长度)乘以桩截面面积计算。

(2) 地下连续墙。成槽土方量及浇筑混凝土工程量按连续设计截面面积乘以槽深以“m^3”为单位计算;锁口管、接头箱吊拔及清底置换按设计图示连续墙的单元以“段”为单位计算,其中清底置换连续墙按照设计段数计算,锁口管、接头箱吊拔按连续墙段数加1段计算。

(3) 咬合灌注桩。按设计图示以“m^3”为单位计算。

(4) 型钢水泥搅拌墙。按设计截面面积乘以设计长度以“m^3”为单位计算。

(5) 锚杆(索)。钻孔、压浆按设计图示长度以“m”为单位计算,制作、安装按照设计图示主材(钢筋或钢绞线)重量以“t”为单位计算,不包括附件重量。

(6) 土钉。按照设计图示长度以“m”为单位计算。

(7) 喷射混凝土。喷射混凝土支护按设计图示尺寸,以“m^2”为单位计算;喷射混凝土挂网按设计用钢量,以“t”为单位计算。

8.2.3　混凝土构件

1) 工程量计算项目

(1) 现浇混凝土构件: ① 垫层;② 基础;③ 承台;④ 墩(台)帽、墩(台)身;⑤ 支撑梁及横梁;⑥ 拱桥;⑦ 梁、板;⑧ 挡墙;⑨ 小型构件;⑩ 桥面铺装;⑪ 桥头搭板;⑫ 桥涵支架;⑬ 挂篮。

(2) 预制混凝土构件: ① 预制梁;② 预制柱;③ 预制板;④ 预制拱桥构件;⑤ 预制小型构件。

上述计算项目是一般混凝土工程常有的,实际计算时可按照实际工程设计进行调整。

2) 工程量计算规则

(1) 现浇混凝土构件。

① 构件混凝土工程量按设计尺寸以实体积计算(不包括空心板、梁的空心体积),不扣除钢筋、钢丝、钢件、预留压浆孔道和螺栓所占的体积。

② 模板工程量按模板接触混凝土的面积计算。

③ 现浇混凝土墙、板上单孔面积在0.3 m^2以内的空洞不予扣除,洞侧壁模板面积也不再计算;单孔面积在0.3 m^2以上时应予扣除,洞侧壁模板面积并入墙、板模板工程量之内计算。

④ 桥涵拱盔、支架。

a. 支架预压: 支架堆载预压按设计要求计算,设计未规定时按支架承载的梁体设计质量乘以系数1.1计算;

b. 空间体积计算:

桥涵拱盔体积按起拱线以上弓形侧面积乘以(桥宽+2 m)计算;

桥涵支架体积为结构底到原地面(水上支架为水上支架平台顶面)平均高度乘以纵向距离再乘以(桥宽+2 m)计算。

⑤ 挂篮。

a. 钢挂篮制作安拆工程量按设计要求确定重量，计量单位为“t”；

b. 推移工程量按挂篮重量乘以推移距离以“t·m”计算。

（2）预制混凝土构件。

① 混凝土工程量计算：

a. 预制空心构件按设计图尺寸扣除空心体积，以实体积计算。空心板梁的堵头板体积不计入工程量，其消耗量已在项目考虑。

b. 预制空心板梁，采用橡胶囊做内模时，考虑其压缩变形因素，可增加混凝土数量。当梁长小于16 m时，可按设计计算体积增加7%；当梁长大于16 m时，按增加9%计算。如设计图注明已考虑橡胶囊变形时，不得再增加计算。

c. 预应力混凝土构件的封锚混凝土数量并入构件混凝土工程量计算。

② 模板工程量计算：

a. 预制构件中预应力混凝土构件及T形梁、I形梁、双曲拱、桁架拱等构件均按模板接触混凝土的面积(包括侧模、底模)计算。

b. 灯柱、端柱、栏杆等小型构件按平面投影面积计算。

c. 预制构件中非预应力构件按模板接触混凝土的面积计算，不包括胎模、地模。

d. 空心板梁中空心部分，本定额均采用橡胶囊抽拔，其摊销量已包括在项目内，不再计算空心部分模板工程量。

e. 空心板中空心部分，可按模板接触混凝土的面积计算工程量。

③ 安装预制构件以“m^3”为计量单位的，均按构件混凝土实体积(不包括空心部分)计算。

【例8.2】 某桥梁工程采用预制钢筋混凝土箱梁，箱梁结构如图8.7所示，已知每根梁长为16 m，该桥总长为48 m，桥面总宽为26 m，双向六车道。试计算该工程的预制箱梁混凝土工程量、模板工程量。

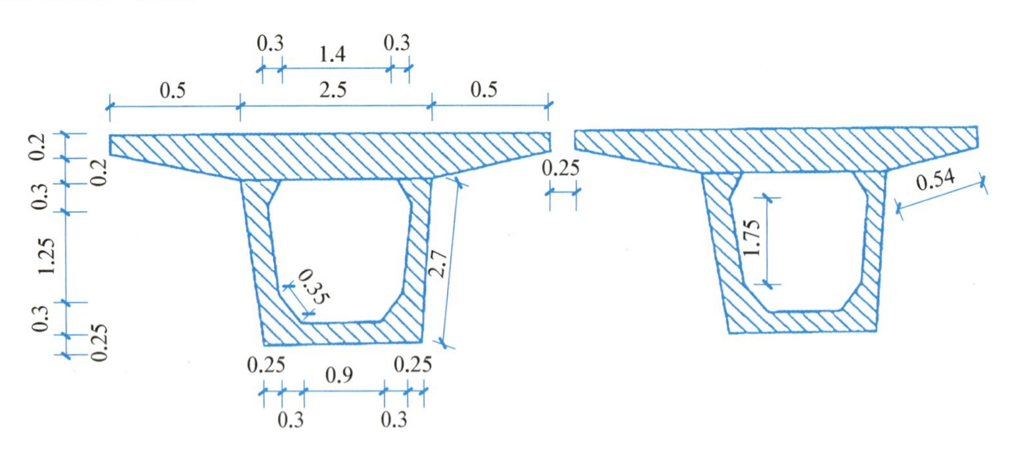

图8.7 箱梁结构示意图(单位：m)

【解】 由于桥面总宽为26 m，每两根箱梁之间有0.25 m的砂浆勾缝，则在桥梁横断面上共需箱梁 $3.5x+(x-1)\times0.25=26$，$x=7$ 根。桥梁总长为48 m，每根梁长为16 m，则在纵断面上需3根，所以该工程所需预制箱梁共21根。

预制混凝土工程量：

$$V=[2.5\times0.4+2\times(0.2+0.4)\times0.5\times1/2+(2.5+2.0)\times2.1\times1/2-(1.4+1.4+0.3\times2)\times0.3\times1/2-(1.4+0.3\times2+0.9+0.3\times2)\times1.25\times1/2-(0.9+0.9+0.3\times2)\times0.3\times1/2]\times16\times21=997.08(m^3)$$

预制箱梁的模板工作量：

$$S=(3.5+2.0+2.7\times2+0.54\times2+0.2\times2+0.9+1.4+0.35\times4+1.75\times2)\times16\times21=6\,578.88(m^2)$$

8.2.4　砌筑工程

1）工程量计算项目

(1) 干砌片(块)石。

(2) 浆砌片(块)石、浆砌预制块。

(3) 砖砌体。

(4) 滤层、泄水孔。

上述计算项目是一般砌筑工程常有的，实际计算时可按照实际工程设计进行调整。

2）工程量计算规则

(1) 砌筑工程量按设计砌体尺寸以立方米体积计算，嵌入砌体中的钢管、沉降缝、伸缩缝，以及单孔面积 0.3 m² 以内的预留孔所占体积不予扣除。

(2) 滤层按设计尺寸以立方米体积计算。

3）工程量计算方法

(1) 砌筑工程量＝砌体设计图示长度×宽度×厚度(高度)。

(2) 滤层工程量＝滤层设计图示长度×宽度×厚度(高度)。

8.2.5　立交箱涵

1）工程量计算项目

(1) 箱涵制作。

(2) 箱涵顶进。

(3) 其他，如：① 透水管；② 箱涵接缝；③ 箱涵外壁及滑板面处理；④ 气垫安拆及使用；⑤ 箱涵内挖土；⑥ 金属顶柱护套及支架制作等项目。

上述计算项目是一般立交箱涵工程常有的，实际计算时可按照实际工程设计进行调整。

2）工程量计算规则

(1) 箱涵制作。

① 箱涵滑板下的肋楞，其工作量并入滑板内计算。

② 箱涵混凝土工程量，不扣除单孔面积 0.3 m² 以下的预留孔洞体积。

(2) 箱涵顶进工程量计算。

① 空顶工程量按空顶的单节箱涵重量乘以箱涵位移距离计算。

② 实土顶工程量按被顶箱涵的重量乘以箱涵位移距离分段累计计算。

(3) 气垫只考虑在预制箱涵底板上使用，按箱涵底面积计算。气垫的使用天数由施工组织设计确定，但采用气垫后在套用顶进定额时乘以系数0.7。

8.2.6 钢结构

1) 工程量计算项目

(1) 钢梁。

(2) 钢管拱。

上述计算项目是一般钢结构工程常有的，实际计算时可按照实际工程设计进行调整。

(3) 钢立柱。

2) 工程量计算规则

(1) 钢构件工程量按设计图纸的主材(不包括螺栓)质量，以“t”为单位计算。

(2) 钢梁质量为钢梁(含横隔板)、桥面板、横肋、横梁及锚筋之和。

(3) 钢拱肋的工程量包括拱肋钢管、横撑、腹板、拱脚处外侧钢板、拱脚接头钢板及各种加劲块。

(4) 钢立柱上的节点板、加强环、内衬管、牛腿等并入钢立柱工程量。

8.2.7 其他

1) 工程量计算项目

(1) 金属栏杆。

(2) 支座。

(3) 桥梁伸缩装置。

(4) 沉降缝。

(5) 隔声屏障。

(6) 泄水孔和排水管。

(7) 桥面防水层。

(8) 张拉台座。

(9) 预制构件蒸汽养护。

2) 工程量计算规则

(1) 金属栏杆工程量按设计图纸的主材质量，以“t”为单位计算。

(2) 橡胶支座按支座橡胶板(含四氟)尺寸以体积计算。

8.3 桥涵工程工程量清单编制

桥涵工程分部分项工程量清单，应根据《市政工程工程量计算规范》附录“桥涵工程”规定的统一项目编码、项目名称、计量单位和工程量计算规则编制。

8.3.1 工程量清单编制方法

桥涵工程的列项编码，应依据《市政工程工程量计算规范》和招标文件的有关要求及桥涵工程施工图设计文件和施工现场条件等综合因素确定。

1. 审读图纸

桥涵工程施工图一般由桥涵平面布置图、桥涵结构总体布置图、桥涵上下部结构图及钢筋布置图、桥面系构造图、附属工程结构设计图组成。工程量清单编制者必须认真阅读全套施工图，了解工程的总体情况，明确各结构部分的详细构造，掌握基础资料。

(1) 桥涵平面布置图，表达桥涵的中心轴线线形、里程、结构宽度、桥涵附近的地形地物等情况，为编制工程量清单时确定工程的施工范围提供依据。

(2) 桥涵结构总体布置图中，立面图表达桥涵的类型、孔数及跨径、桥涵高度及水位标高、桥涵两端与道路的连接情况等；剖面图表达桥涵上下部结构的形式以及桥涵横向的布置方式等，主要为编制桥涵工程各分部分项工程量清单及措施项目时提供根据。

(3) 桥涵上下部结构图及钢筋布置图中，上下部结构图表达桥涵的基础、墩台、上部的梁(拱或塔索)的类型；各部分结构的形状、尺寸、材质以及各部分的连接安装构造等。钢筋布置图表达钢筋的布置形式、种类及数量，主要为桥涵桩基础、现浇混凝土、预制混凝土、砌筑、装饰的分部分项工程量清单编制提供依据。

(4) 桥面系构造图，表达桥面铺装、人行道、栏杆、防撞栏、伸缩缝、防水排水系统、隔声构造等的结构形式、尺寸及各部分的连接安装，主要为编制桥涵工程的现浇混凝土、预制混凝土、其他分部分项工程量清单时提供依据。

(5) 附属工程结构设计图，主要指跨越河流的桥涵或城市立交桥梁修建的河流护岸、河床铺砌、导流堤、护坡、挡墙等配套工程项目。

2. 列项编码

列项编码就是在熟读施工图的基础上，对照《市政工程工程量计算规范》中各分部分项清单项目的名称、特征、工程内容，将拟建的桥涵工程结构进行合理的分类组合，编排列出一个个相对独立的与各清单项目相对应的分部分项清单项目，经检查，符合不重不漏的前提下，确定各分部分项的项目名称，同时予以正确的项目编码。

下面就列项编码的几个要点进行介绍。

1) 项目特征

项目特征是对形成工程项目实体价格因素的重要描述，项目特征给予清单编制人在确定具体项目名称、项目编码时明确的提示或指引。实际上，项目特征、项目编码、项目名称三者是互为影响的整体，无论哪一项发生变化，都会引起其他两项的改变。

2) 项目编码

项目编码应执行《市政工程工程量计算规范》4.2.2 条规定：“工程量清单项目编码应采用十二位阿拉伯数字表示，一至九位按附录的规定设置，十至十二位根据拟建工程的工程量清单项目名称和项目特征设置，同一招标工程的项目编码不得有重码”。

这里以桥梁桩基中常见的“预制钢筋混凝土方桩”为例，其统一的项目编码“040301001”，项目特征包括：① 地层情况；② 送桩深度、桩长；③ 桩截面；④ 桩倾斜度；⑤ 混凝土强度。

若在同一座桥梁结构中，上述 5 个项目特征有一个发生改变，则工程量清单编制时应在后 3 位的排序编码上予以区别。例如：某座桥梁的桥墩桩基设计为 C30 钢筋混凝土方桩，断面尺寸 30 cm×40 cm，混凝土碎石最大粒径 20 mm，桥台桩基设计为 C30 钢筋混凝土方桩，断面尺寸 30 cm×30 cm，混凝土碎石最大粒径 10 mm；均为垂直桩。由于桩的断面、部位、碎石粒径特征不同，故项目编码应分别为 040301001001 和 040301001002。

这就是说，相同名称的清单项目，项目的特征也应完全相同，若项目的特征要素的某项有改变，即应视为另一个清单项目，就需要有一个对应的项目编码。其原因是特征要素的改变，就意味着形成该工程项目实体的施工过程和造价的改变。作为指引承包商投标报价的分部分项工程量清单，必须给出明确具体的清单项目名称和编码，以便在清单计价时不发生理解上的歧义，在综合单价分析时体现科学合理。

3）项目名称

具体项目名称，应按照《市政工程工程量计算规范》中的项目名称结合实际工程的项目特征要素综合确定。如上例中编码为 040301001002 的钢筋混凝土方桩，具体的项目名称可表述为“C30 钢筋混凝土方桩(桥台垂直桩，断面 30 cm×30 cm，碎石最大 10 mm)”具体名称的确定要符合桥涵工程设计、施工规范，也要照顾到桥涵工程专业方面的惯用表述。

4）工程内容

工程内容是针对形成该分部分项清单项目实体的施工过程(或工序)所包含的内容的描述，是列项编码时，对拟建桥涵工程编制的分部分项工程量清单项目，与《市政工程工程量计算规范》附录各清单项目是否对应的对照依据，也是对已列出的清单项目，检查是否重列或漏列的重要依据。如上例中编码为 040301001002 的钢筋混凝土方桩，清单项目的工程内容如下。

(1) 工作平台搭拆；

(2) 桩就位；

(3) 桩机移位；

(4) 沉桩；

(5) 接桩；

(6) 送桩。

上述 6 项工程内容包括了沉入桩施工的全部施工工艺过程，还包括了钢筋混凝土桩的预制、运输。不再另外列出桩的制作、运送、接桩等清单项目名称，否则就属于重列。

8.3.2 清单工程量计算规则

工程量清单编制要逐项计算清单项目工程量(简称清单工程量)。对于分部分项工程量清单项目而言，清单工程量的计算需要明确计算规则、计算单位，按照相应的计算方法准确计算。

1）桩基

桥梁工程中的桩基类型较多，在《市政工程工程量计算规范》的清单项目名称中，按照桩身材质的不同分为混凝土桩、钢管桩，另外按照成孔方式的不同，又分为钢管成孔灌注桩、挖孔灌注桩、机械成孔灌注桩。

2）现浇混凝土

包括了桥梁结构中现浇施工的各分部分项工程清单项目，清单工程量的计算规则除“混凝土防撞护栏”按设计图示的尺寸以长度“m”计算，“桥面铺装”按设计图示的尺寸以面积“m^2”计算外，其余各项均按设计图示尺寸以体积“m^3”计算。其工作内容包括混凝土的制作、运输、浇筑、养护等全部内容。所有的脚手架、支架和模板均归入措施项目。

3）预制混凝土

各项清单工程量的计算规则为：按设计图示尺寸以体积“m^3”计算，不扣除空心部分体积。

4）砌筑

各项清单工程量的计算规则为：按设计图示尺寸以体积“m^3”计算。

5）挡墙

按设计图示的尺寸以体积“m^3”计算。

6）立交箱涵

清单工程量的计算规则除“箱涵顶进”按设计图示尺寸以被顶箱涵的质量乘以箱涵的位移距离分节累计以“kt·m”计算，“箱涵接缝”按设计图示以止水带长度以“m”计算外，其余各项均按设计图示尺寸以体积“m^3”计算。

7）钢结构中钢拉索、钢拉杆

按设计图示尺寸以质量“t”计算，其余各项均按设计图示尺寸以质量“t”计算（不含螺栓、焊缝质量）。此项工程量在组价时考虑。

8）装饰

各项清单工程量的计算规则为按设计图示尺寸以面积“m^2”计算。

9）其他

金属栏杆按设计图示尺寸以质量“t”或以“m”计算；橡胶支座、钢支座、盆式支座按设计图示数量以“个”计算；石质栏杆、混凝土栏杆、桥梁伸缩装置、桥面排（泄）水管按设计图示的尺寸以长度“m”计算；隔声屏障、防水层按设计图示尺寸以面积“m^2”计算。

8.3.3 清单工程量计算示例

【例8.3】 某一桥梁（见附录市政工程施工图），桥梁起点桩号为K8+247.265。桥梁终点为K8+272.735，河道与路中心斜交70°，上部采用20 m跨径预应力板简支梁，下部采用重力式桥台，钻孔灌注桩基础，其余见相关图纸，土石方工程和桥梁栏杆部分省略不计，请编制该桥梁工程的工程量清单。

【解】

1）审读图纸

从图纸可以知道桥的标准跨径为20 m，采用后张法预应力空心板，采用重力式桥台，下部采用钻孔灌注桩基础，桩径为100 cm，桩长为50 m，共48根。台帽采用C30的混凝土，台身采用C25的混凝土，横断面由2.75 m人行道、8.00 m辅道、4.5 m隔离带、12.5 m快车道、5.00 m的绿化带、12.5 m快车道、4.5 m隔离带、8.00 m辅道、2.75 m人行道组成。

2）列项编码

根据上述资料，对照《市政工程工程量计算规范》附录C桥涵工程、附录J钢筋工程清单项目设置规定。

3）计算清单工程量

按照施工图纸具体尺寸依据清单工程量计算规则计算。

(1) 列出分部分项工程量清单。

某桥梁分部分项工程量清单见表8.2。

表 8.2 分部分项工程量清单

工程名称：某桥梁 标段： 第 页 共 页

序号	项目编号	项目名称	项目特征描述	计量单位	工程量	金额/元		
						综合单价	合价	其中：暂估价
1	040301004001	机械成孔灌注桩	(1) 桩径：100 cm (2) 深度：50 m (3) 混凝土强度等级：C20	m^3	2 400			
2	040303002001	桥台混凝土基础	(1) 混凝土强度等级：C15 (2) 垫层：碎石	m^3	73.40			
3	040303003002	混凝土承台	(1) 部位：灌注桩上 (2) 混凝土强度等级：C20	m^3	973.8			
4	040303004001	混凝土台帽	(1) 部位：台身上 (2) 混凝土强度等级：C20	m^3	180.96			
5	040303005001	混凝土台身	(1) 部位：承台上 (2) 混凝土强度等级：C20	m^3	863.5			
6	040304003001	心板	(1) 部位：桥面板 (2) 形式：方孔空心板 (3) 混凝土强度等级：C50	m^3	544.3			
7	040304003002	混凝土空心板 C20	(1) 部位：桥面板 (2) 形式：方孔空心板 (3) 混凝土强度等级：C20	m^3	14.25			
8	040303019001	桥面铺装	(1) 部位：桥面 (2) 形式：方孔空心板 (3) 沥青品种：石油沥青	m^2	1 112.29			
9	040303020001	桥头搭板 C30	混凝土强度等级：C30	m^3	157.04			
10	040304005001	预制人行道板	(1) 形状尺寸：460×1 240×80 (2) 混凝土强度等级：C30	m^3	7.36			
11	040304005002	混凝土小型构件	构件种类：地梁、侧石 C25	m^3	14.4			
12	040303021001	枕梁混凝土	(1) 部位：枕梁 (2) 混凝土强度等级：C30	m^3	10.48			

续 表

序号	项目编号	项目名称	项目特征描述	计量单位	工程量	金额/元		
						综合单价	合价	其中：暂估价
13	040901002001	非预应力钢筋	(1) 材质：普通碳素钢 (2) 规格：M0 以内	t	57.724			
14	040901002002	非预应力钢筋	(1) 材质：普通碳素钢 (2) 规格：M0 以外	t	173.935			
15	040901006001	后张法预应力钢筋	(1) 材质：普通碳素钢 (2) 规格：M4 (3) 部位：桥面空心板	t	21.118			
本页小计								
合计								

(2) 措施项目清单编制。

桥涵工程的措施项目，应根据拟建工程的具体情况考虑如下问题。

① 跨越河流的桥涵，根据桥涵的规模大小、通航要求，可考虑水上工作平台、便桥、大型吊装设备等。

② 陆地立交桥涵，根据周围建筑物限制、已有道路分布状况，可考虑是否开挖支护、开通便道、指明加工(堆放)场地、原有管线保护等。

③ 根据开工路段是否需要维持正常的交通车辆通行，可考虑设置防护围(墙)栏等临时结构。

④ 根据桥涵上下部结构类型，可考虑特定的施工方法配套的措施项目等。响应招标文件的文明施工、安全施工、环境保护的措施项目等。

《建设工程工程量清单计价规范》规定措施项目清单应参照规范要求根据拟建工程具体情况确定。某桥梁工程的拟计算的措施项目见表 8.3。

表 8.3　措施项目清单

工程名称：某桥梁　　　　标段：　　　　第 1 页　共 1 页

序　号	项　目　名　称	计算基础	费率/%	金额/元
1	安全文明施工费			
2	夜间施工费			
3	二次搬运费			
4	冬、雨期施工			
5	大型机械设备进出场及安拆费			

续 表

序 号	项 目 名 称	计算基础	费率/%	金额/元
6	施工排水			
7	施工降水			
8	地上、地下设施、建筑物的临时保护设施			
9	已完工程及设备保护			
10	各专业工程的措施项目			
合计				

(3) 某桥梁的其他项目清单见表 8.4、表 8.5。

表 8.4 其他项目清单

序 号	项 目 名 称	计量单位	金额/元	备 注
1	暂列金额		250 000	明细详见表 9.6
2	暂估价			
2.1	材料暂估价			
2.2	专业工程暂估价			
3	计日工			
4	总承包服务费			
合计				

注：材料暂估单价进入清单项目综合单价，此处不汇总。

表 8.5 暂列金额明细表

工程名称：某桥梁　　　　标段：　　　　第 1 页　共 1 页

序 号	项 目 名 称	计量单位	暂定金额/元	备 注
1	暂列金额	项	250 000	
合计			250 000	—

(4) 某桥梁的规费、税金项目清单见表 8.6。

表 8.6　规费、税金项目清单

工程名称：某桥梁　　　　　　　　　　　　　　标段：　　　　　　　　　　　　　　第 1 页　共 1 页

序　号	项 目 名 称	计　算　基　础	费率/%	金额/元
1	规费			
1.1	工程排污费			
1.2	社会保障费			
(1)	养老保险费			
(2)	失业保险费			
(3)	医疗保险费			
(4)	生育保险费			
(5)	工伤保险费			
1.3	住房公积金			
2	税金	分部分项工程费＋措施项目费＋其他项目费＋规费		
合计				

8.3.4　桥涵工程工程量清单报价编制示例

桥涵工程清单计价应响应招标文件的规定，完成工程量清单所列项目的全部费用，包括分部分项工程费、措施项目费和规费、税金。

1. 分部分项工程量清单计价表

分部分项工程量清单计价表如表 8.7 所示。

表 8.7　分部分项工程量清单与计价表

工程名称：某桥梁　　　　　　　　　　　　　　标段：　　　　　　　　　　　　　　第 1 页　共 1 页

序号	项目编号	项目名称	项目特征描述	计量单位	工程量	金额/元		
						综合单价	合价	其中：暂估价
1	040301004001	机械成孔灌注桩(桩径 100 cm)	(1) 桩径：100 cm (2) 深度：50 m (3) 混凝土强度等级：C20	m^3	2 400	499.33	1 198 392.00	
2	040303002001	桥台混凝土基础	(1) 混凝土强度等级：C15 (2) 垫层：碎石	m^3	73.40	585.58	42 981.57	

续 表

序号	项目编号	项目名称	项目特征描述	计量单位	工程量	金额/元		
						综合单价	合价	其中：暂估价
3	040303003002	混凝土承台	(1) 部位：灌注桩上 (2) 混凝土强度等级：C20	m^3	973.8	266.53	259 546.91	
4	040303004001	混凝土台帽	(1) 部位：台身上 (2) 混凝土强度等级：C20	m^3	180.96	275.62	49 876.20	
5	040303005001	混凝土台身	(1) 部位：承台上 (2) 混凝土强度等级：C20	m^3	863.5	273.92	236 529.92	
6	040304003001	混凝土空心板 C50	(1) 部位：桥面板 (2) 形式：方孔空心板 (3) 混凝土强度等级：C50	m^3	544.31	388.01	211 197.72	
7	040304003002	混凝土空心板 C20	(1) 部位：桥面板 (2) 形式：方孔空心板 (3) 混凝土强度等级：C20	m^3	14.25	299.18	4 263.32	
8	040303019001	桥面铺装	(1) 部位：桥面 (2) 形式：方孔空心板	m^2	1 112.29	52.89	58 829.02	
9	040303020001	桥头搭板 C30	混凝土强度等级：C30	m^3	157.04	328.63	51 608.06	
10	040304005001	预制人行道板 C30	(1) 形状尺寸：460×1 240×80 (2) 混凝土强度等级：C30	m^3	7.36	372.12	2 738.80	
11	040304005002	混凝土小型构件	构件种类：地梁、侧石 C25	m^3	14.4	320.60	4 616.64	
12	040303021001	现浇枕梁	(1) 部位：枕梁 (2) 混凝土强度等级：C30	m^3	10.48	300.37	3 147.88	
13	040901002001	非预应力钢筋 M0 以内	(1) 材质：普通碳素钢 (2) 规格：M0 以内	t	57.724	4 015.19	231 772.83	
14	040901002002	非预应力钢筋 M0 以外	(1) 材质：普通碳素钢 (2) 规格：M0 以外	t	173.935	3 990.08	694 014.56	
15	040901006001	后张法预应力筋钢丝束	(1) 材质：普通碳素钢 (2) 规格：M4 (3) 部位：桥面空心板	t	21.118	18 270.47	385 835.79	
本页小计							3 435 351.22	
合计							3 435 351.22	

2. 措施项目费确定

桥涵工程的措施项目应根据拟建工程所处的地形、地质、现场环境等条件，结合具体的施工方法，由施工组织设计确定。采用工程量清单计价时，措施项目费的计算应响应招标文件的要求，同时也可以根据拟建工程确定的施工组织设计提出的具体措施补充计算。桥梁工程发生的措施项目较多，可从以下几方面考虑。

(1) 用于桥涵工程整体的文明施工、环境保护的措施项目，应按工程所在地当地有关部门的要求、规定计算。

(2) 安全施工方面的措施，如安全挡板、防护挡板等，可按施工方案及参照当地有关规定计算。

(3) 生产性临时设施，如现场加工场地、工作棚、仓库等，可按相应的分部分项工程费乘费率计算。

(4) 其他措施项目，如由于场地所限发生的二次搬运、使用大型机械设备的进出场及安拆，可列项分析计算。同时如在有水的河流施工时，应考虑围堰、筑岛、修筑便桥、修建水上工作平台等措施项目；当桥梁采用现浇施工时，上部结构的支架、脚手架、模板工程、泵送混凝土等均为不可缺少的措施项目；当采用预制施工上部结构时，各类梁、板、拱、小型构件的运输、安装等措施项目也必然发生，这样都应参照施工方案及当地定额规定分析计算。

(5) 工程保护、保修、保险费用，应按工程所在地当地有关部门的要求、规定计算。

某桥梁措施项目费计算分两个部分，一是模板摊销费计算，另一个是脚手架工程费计算。

按照某省的规定，环境保护、文明施工、安全施工、临时设施费用以分部分项工程量清单计价的工料机合计为基数乘以相关费率计算。具体计算如表8.8、表8.9所示。

表8.8　措施项目清单与计价表(一)

工程名称：某桥梁　　　　标段：　　　　第1页　共1页

序　号	项　目　名　称	计算基础	费率/%	金额/元
1	安全文明施工费	人工费	30	146 989.47
2	夜间施工费			
3	二次搬运费			
4	冬、雨期施工			
5	大型机械设备进出场及安拆费			
6	施工排水			
7	施工降水			
8	地上、地下设施、建筑物的临时保护设施			
9	已完工程及设备保护			
10	各专业工程的措施项目			

续 表

序　号	项　目　名　称	计算基础	费率/%	金额/元
合计				146 989.47

注：本表适用于以“项”计价的措施项目。

表 8.9　措施项目清单与计价表(二)

工程名称：某桥梁　　　　　　　　　　标段：

序号	项目编码	项　目　名　称	项目特征描述	计量单位	工程量	金额/元	
						综合单价	合价
1	AB001	承台混凝土浇筑 C25 模板		10 m^2	42.14	204.982	8 637.95
2	AB002	台帽混凝土浇筑 C30 模板		10 m^2	50.38	619.77	31 224.02
3	AB003	台身混凝土浇筑 C25 模板		10 m^2	102.82	120.889	12 429.81

3. 规费及税金计算、单位工程费用汇总

如表 8.10 所示，税金按国家税法文件规定计算，规费按当地规定计算。单位工程费用汇总表见表 8.11、表 8.12。

表 8.10　规费、税金项目清单与计价表

工程名称：某桥梁　　　　　　　　　　标段：　　　　　　　　　　第 1 页　共 1 页

序　号	项 目 名 称	计　算　基　础	费率/%	金额/元
1	规费			107 792.27
1.1	工程排污费			
1.2	社会保障费	人工费	16%	78 394.38
1.3	住房公积金	人工费	6%	29 397.89
2	增值税	分部分项工程费＋措施项目费＋其他项目费＋规费	11%	327 396.40
合计				435 188.67

表 8.11 单位工程投标报价汇总表

工程名称：某桥梁　　　　第1页　共1页

序　号	单项工程名称	金额/元	其中：暂估价/元
1	分部分项工程	2 356 798.42	
2	措施项目	261 740.31	
2.1	安全文明施工费	146 989.47	—
3	其他项目	250 000	—
3.1	暂列金额	250 000	—
3.2	专业工程暂估价		—
3.3	计日工		—
3.4	总承包服务费		—
4	规费	107 792.27	—
5	增值税	327 396.40	—
招标控制价(投标报价合计)=1+2+3+4+5		3 303 727.40	

注：① 本表适用于单位工程招标控制价或投标报价的汇总，如无单位工程划分，单项工程也使用本表汇总。
② 表中序号1～4各项费用均以不包含增值税可抵扣进项税额的价格。

表 8.12 项目综合计价表

序　号	项目编码	项 目 名 称	项目特征描述	计量单位	工程量	金额/元	
						综合单价	合价
4	AB004	空心板混凝土浇筑C50模板		10 m^2	485.72	116.352	56 514.24
5	AB005	人行道梁、侧石C25混凝土模板		10 m^2	20.44	102.968	2 104.68
6	AB006	枕梁C30模板		10 m^2	5.24	533.32	2 794.59
7	AB007	桥头搭板C30模板		10 m^2	4.59	227.786	1 045.54
本页小计							114 750.84
合计							114 750.84

注：① 本表适用于以综合单价形式计价的措施项目。
② 表中各项费用均以不包含增值税可抵扣进项税额的价格计算。

4. 其他项目费计算

其他项目费应根据拟建工程的具体情况依据发布的其他项目清单计算。某桥梁工程的其他项目费计算见表 8.13、表 8.14。

表 8.13 其他项目清单与计价表

工程名称：某桥梁　　标段：　　第 1 页　共 1 页

序　号	项　目　名　称	计量单位	金额/元	备　注
1	暂列金额		250 000	
2	暂估价			
2.1	材料暂估价			
2.2	专业工程暂估价			
3	计日工			
4	总承包服务费			
合计			250 000	

注：材料暂估单价进入清单项目综合单价，此处不汇总。

表 8.14 暂列金额明细表

工程名称：某桥梁　　标段：　　第 1 页　共 1 页

序　号	项 目 名 称	计量单位	暂定金额/元	备　注
1	暂列金额	项	250 000	
2				
合计			250 000	—

注：表中暂列金额以不含增值税可抵扣进项税额的价格计。

任务 9

排水工程计量与计价

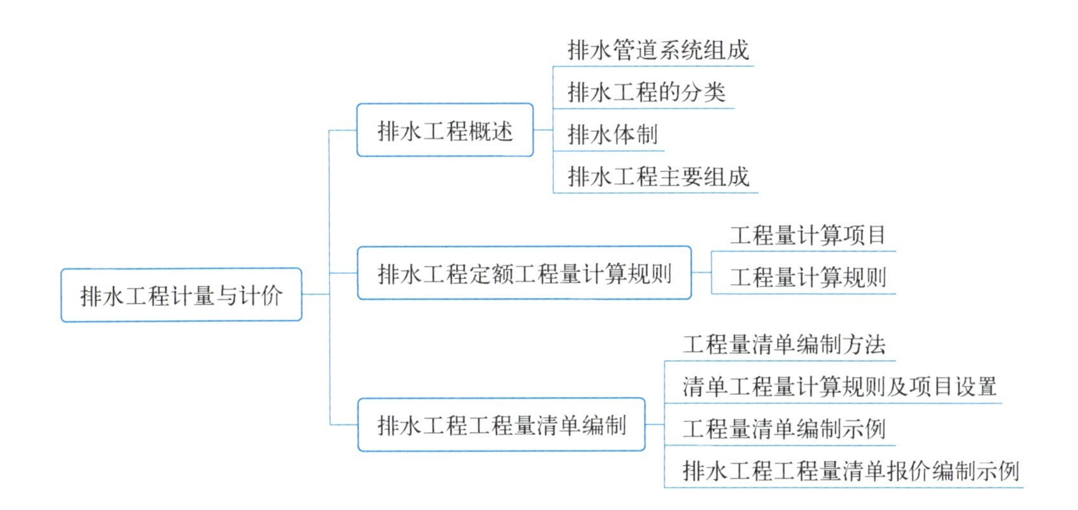

9.1　排水工程概述

9.1.1　排水管道系统组成

城市排水系统是指收集、处理、排放(或综合利用)污水和雨水的设施系统。

1. 污水管道系统的组成

城市污水管道系统包括小区管道系统和市政管道系统。

小区管道系统主要是收集小区内各建筑物排出的污水,并将其输送到市政管道系统中。一般由接户管、小区支管、小区干管、小区主干管和检查井、泵站等附属构筑物组成。

市政污水管道系统主要承接城市内各小区的污水,并将其输送到污水处理厂,经处理后再排放利用。一般由支管、干管、主干管和检查井、泵站、出水口及事故排出口等附属构筑物组成。

2. 雨水管道系统的组成

降落在屋面上的雨水由天沟和雨水斗收集,通过落水管输送到地面,与降落在地面上的雨水一起形成地表径流,然后通过雨水口收集流入小区的雨水管道系统,经过小区的雨水管道系统流入市政雨水管道系统，然后通过出水口排放。因此雨水管道系统包括小区雨水管道系统和市政雨水管道系统两部分。小区雨水管道系统是指收集、输送小区地表径流的管道及其附属构筑物，包括雨水口、小区雨水支管、小区雨水干管、雨水检查井等。

市政雨水管道系统是收集小区和城市道路路面上的地表径流的管道及其附属构筑物。包括雨水支管、雨水干管和雨水口、检查井、雨水泵站、出水口等附属构筑物。

9.1.2 排水工程的分类

根据用户和污染源的不同，排水工程建设标准体系可划分为城市排水工程、工业排水工程、建筑排水工程三大类。

1. 城市排水工程

以城市用户(包括各类工厂、公共建筑、居民住宅等)排出的废水，通过城市下水管道，汇集至一定地点进行污水处理，使出水符合处置地点的质量标准要求。还有从用户区域排出的雨水径流水、大型工业企业的排水汇集和常规污水处理等。

2. 工业排水工程

工业生产工艺过程使用过的水，包括生产污水、生产废水等，对其排出的废水进行中和、除油、除重金属等特定的污水处理，再排入城市排水管道。

3. 建筑排水工程

建筑排水工程包括生活污水、废水排水系统，生产污水、废水排水系统，雨水排水系统等。通过排水系统收集使用过的污水、废水以及屋面和庭院的雨水径流水，排至室外排水系统。

9.1.3 排水体制

生活污水、工业废水和雨水可以采用一个管渠来排除，也可以采用两个或两个以上独立的管渠来排除，污水的这种不同排除方式所形成的排水系统，称为排水体制。排水系统的体制一般分为合流制和分流制两种类型。

1. 合流制

将生活污水、工业废水和雨水混合在同一个管渠内排出的系统，称为合流制系统。

1）直排式合流制

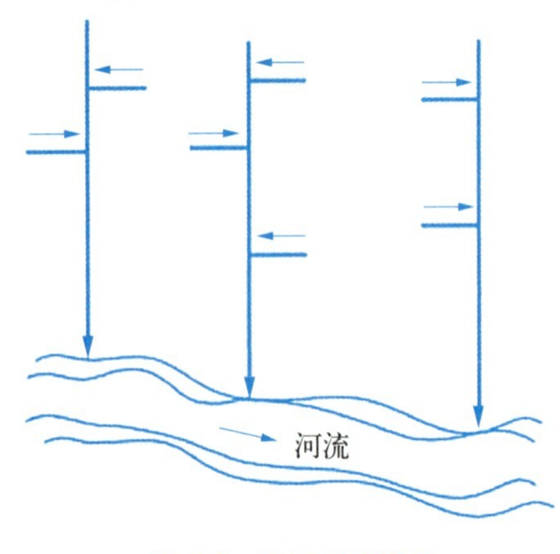

图 9.1 直排式合流制

最早出现的合流制排水系统，是将排出的混合污水不经处理直接就近排入水体，如图 9.1 所示。

2）截流式合流制

临河岸边建造一条截流干渠，同时在合流干管与截流干管相交前或相交处设置溢流井，并在截流干管下游设置污水处理厂。晴天和初降雨时所有污水都排送至污水处理厂，经处理后排入水体，随着降雨量的增加，雨水径流也增加，当混合污水的流量超过截流干管的输水能力后，就有部分混合污水经溢流井溢出，直接排入水体，如图 9.2 所示。

3）完全合流制

完全合流制是指将污水和雨水合流于一条管渠，

全部送往污水处理厂进行处理后再排放。此时，污水处理厂的设计负荷大，要容纳降雨的全部径流量，其水量和水质的经常变化不利于污水的生物处理；处理构筑物过大，平时也很难全部发挥作用。

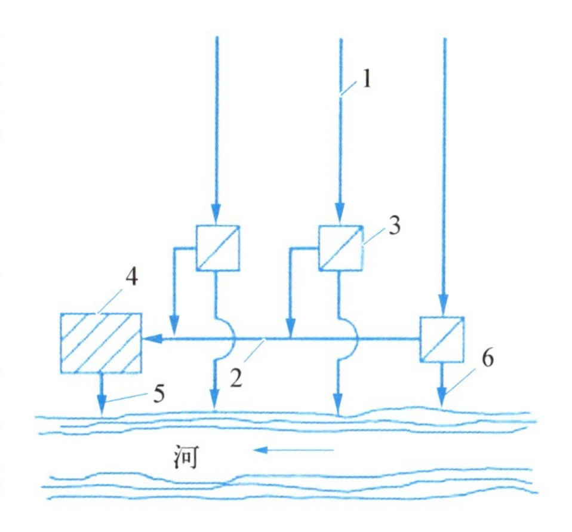

图 9.2　截流式合流制

2. 分流制

将生活污水、工业废水和雨水分别在两个或两个以上各自独立的管渠内排除的系统，称为分流制系统。排除生活污水、城市污水或工业废水的系统称污水排水系统，排除雨水的系统称雨水排水系统。由于排除雨水方式的不同，分流制排水系统分为完全分流制和不完全分流制两种排水系统。

1）完全分流制

完全分流制是将城市的生活污水和工业废水用一条管道排除，而雨水用另一条管道来排除的排水方式，如图 9.3 所示。

2）不完全分流制

在城市中受经济条件的限制，只建完整的污水排水系统，不建雨水排水系统，雨水沿道路边沟排除，或为了补充原有渠道系统输水能力的不足只建一部分雨水管道，待城市发展后再将其改造成完全分流制，如图 9.4 所示。

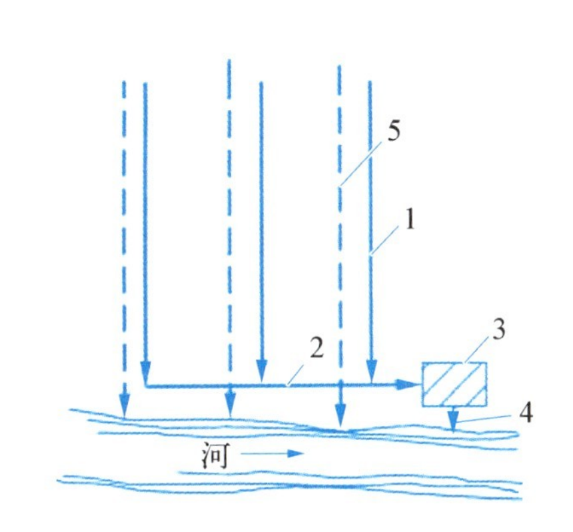

1—污水干管；2—污水主干管；3—污水处理厂；
4—出水口；5—雨水干管。

图 9.3　完全分流制

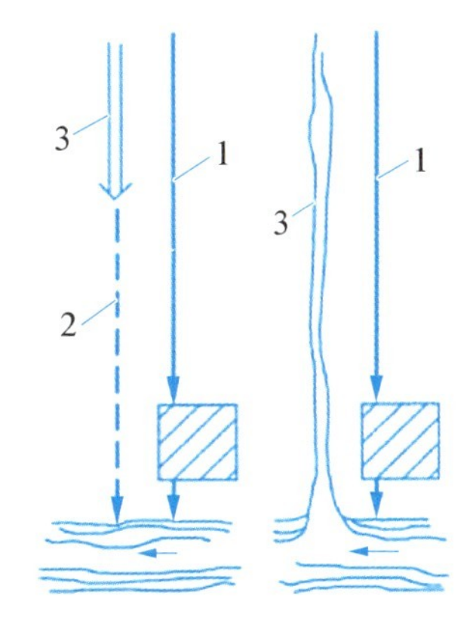

1—污水管道；2—雨水管渠；3—原有渠道。

图 9.4　不完全分流制

3. 排水体制的特点

1）环保方面

全部截流式合流制对环境的污染最小；部分截流式合流制雨天时部分污水溢流入水体，造成污染；分流制在降雨初期有污染。

2）造价方面

合流制管道比完全分流制可节省投资 20%～40%，但合流制泵站和污水处理厂投资要高于分流制，从总造价看，完全分流制高于合流制。而采用不完全分流制，初期投资少、见效快，适于在新建地区采用。

3）维护管理

合流制污水处理厂维护管理复杂。晴天时合流制管道内易于沉淀，在雨天时沉淀物易被雨水冲走，减少了合流制管道的维护管理费。

9.1.4 排水工程主要组成

1. 排水管材

（1）混凝土管和钢筋混凝土管。适用于排除雨水和污水，分混凝土管、轻型钢筋混凝土管和重型钢筋混凝土管 3 种，管口有承插式、企口式和平口式 3 种，如图 9.5 所示。

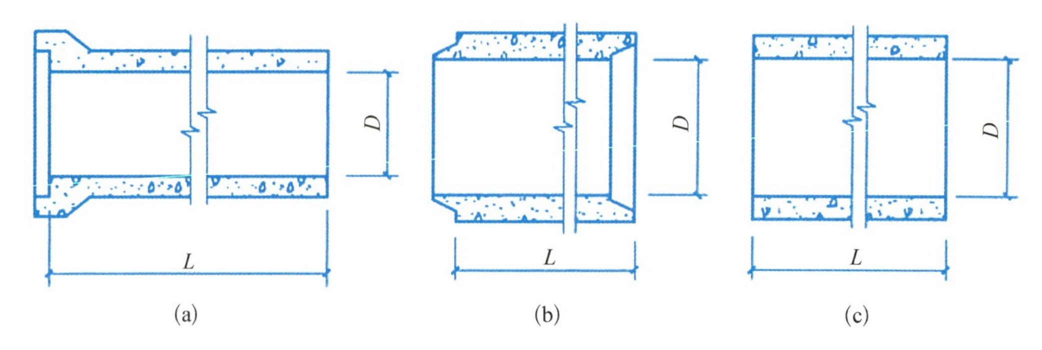

图 9.5 混凝土管和钢筋混凝土管

(a) 承插式；(b) 企口式；(c) 平口式

混凝土管和钢筋混凝土管便于就地取材，制造方便，在排水管道系统中得到了广泛应用。其主要缺点是抵抗酸、碱侵蚀及抗渗性能差；管节短、接头多、施工复杂、自重大、搬运不便。混凝土管的最大管径一般为 450 mm，长多为 1 m，适用于管径较小的无压管。轻型钢筋混凝土管、重型钢筋混凝土管长度多为 2 m，因管壁厚度不同，承受的荷载有很大差异。

（2）金属管。金属管质地坚固，强度高，抗渗性能好，管壁光滑，水流阻力小，管节长，接口少，施工运输方便。但价格昂贵，抗腐蚀性差，因此，在市政排水管道工程中很少用。只有在设防地震烈度大于 8 度或地下水位高、流沙严重的地区，或承受高内压、高外压及对渗漏要求特别高的地段才采用金属管。

常用的金属管有铸铁管和钢管。排水铸铁管耐腐蚀性好，经久耐用，但质地较脆，不耐振动和弯折，自重较大。钢管耐高压、耐振动，重量比铸铁管轻，但抗腐蚀性差。

（3）排水渠道。排水渠道一般有砖砌、石砌、钢筋混凝土渠道，断面形式有圆形、矩形、半椭圆形等，如图 9.6 所示。

砖砌渠道应用普遍，在石料丰富的地区，可采用毛石或料石砌筑，也可用预制混凝土砌块砌筑，对大型排水渠道，可采用钢筋混凝土现场浇筑。排水渠道的构造一般包括渠顶、渠底和渠身。渠道的上部叫渠顶，下部叫渠底，两壁叫渠身。通常将渠底和基础做在一起，渠顶做成拱形，渠底和渠身扁光、勾缝，以使其水力性能良好。

（4）新型管材。随着新型建筑材料的不断研发，用于制作排水管道的材料也日益增多，新型排水管材不断涌现，如玻璃纤维筋混凝土管和热固性树脂管、离心混凝土管，其性能均优于普通的混凝土管和钢筋混凝土管。

塑料管已广泛用于排水管道，UPVC 双壁波纹管是以聚氯乙烯树脂为主要原料，经挤出

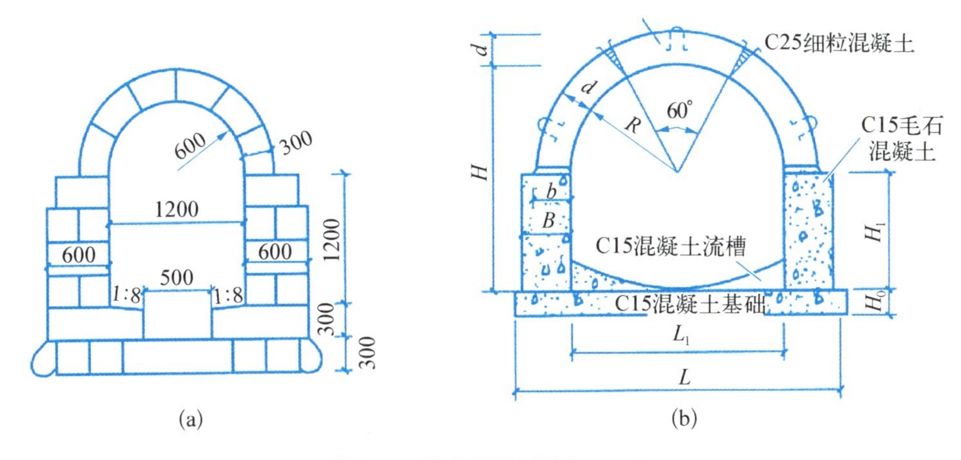

图 9.6　排水渠道(单位：mm)

(a) 石砌渠道；(b) 预制混凝土块拱形渠道

成型的内壁光滑，外壁为梯形波纹状肋，内壁和外壁波纹之间为中空的异型管壁管材。其管材重量轻，搬运、安装方便。双壁波纹管采用橡胶圈承插式连接，施工质量易保证，由于是柔性接口，可抗不均匀沉降。一般情况下不需做混凝土基础，管节长，接头少，施工速度快。

在大口径排水管道中，已开始应用玻璃钢夹砂管。玻璃钢夹砂管具有重量轻、强度高，耐腐蚀、耐压，使用寿命长，流量大、能耗小，管节长（可达 12 m），接头少的特点，使用橡胶圈连接，一插即可，快速可靠，综合成本低。

2. 排水管道的接口

根据接口的弹性，排水管道的接口一般可分为柔性接口、刚性接口和半柔半刚性接口三种形式。

（1）柔性接口。柔性接口允许管道纵向轴线交错 3～5 mm 或交错一个较小的角度，而不致引起渗漏。常用的有橡胶圈接口，其在土质较差、地基硬度不均匀或地震地区采用，具有独特的优越性。

（2）刚性接口。刚性接口不允许管道有轴向的交错，但比柔性接口造价低，适用于承插管、企口管及平口管的连接。常用的刚性接口有水泥砂浆抹带接口和钢丝网水泥砂浆抹带接口。刚性接口抗震性能差，用在地基比较良好，及有带形基础的无压管道上。

（3）半柔半刚性接口。半柔半刚性接口介于刚性接口及柔性接口之间，使用条件与柔性接口类似。常用的有预制套环石棉水泥（或沥青砂浆）接口。这种接口适用于地基较弱地段，在一定程度上可防止管道沿纵向不均匀沉陷而产生的纵向弯曲或错口，一般常用于污水管道。

3. 排水管道基础及覆土

1）排水管道基础

（1）砂土基础。砂土基础又称为素土基础，它包括弧形素土基础和砂垫层基础，如图 9.7 所示。

弧形素土基础是在原土上挖一弧形管槽，将管道敷设在弧形管槽里。弧形素土基础适用于无地下水，原土能挖成弧形（通常采用 90°弧）的干燥土壤；管道直径小于 600 mm 的混凝土管和钢筋混凝土管；管道覆土厚度为 0.7～2.0 m 的小区污水管道、非车行道下的市政次要管道和临时性管道。

在挖好的弧形管槽里，填 100～150 mm 厚的粗砂作为垫层，形成砂垫层基础。适用于无

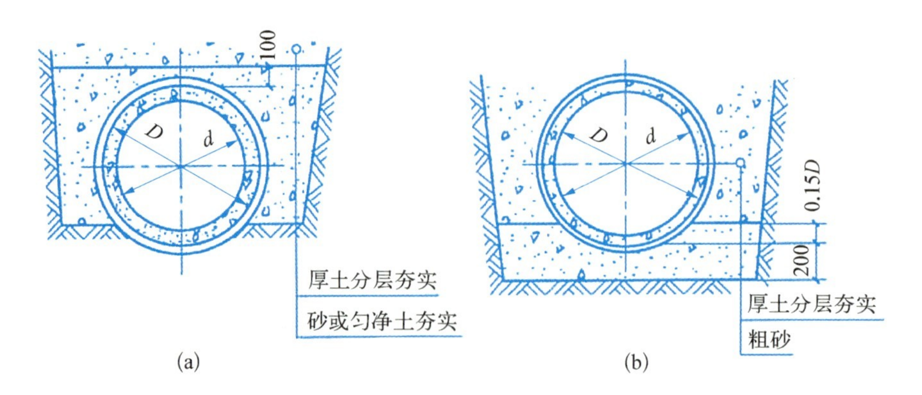

图 9.7 砂土基础(单位：mm)

(a) 弧形素土基础；(b) 砂垫层基础

地下水的岩石或多石土壤；管道直径小于 600 mm 的混凝土管和钢筋混凝土管；管道覆土厚度为 0.7～2.0 m 的小区污水管道、非车行道下的市政次要管道和临时性管道。

(2) 混凝土枕基。混凝土枕基是只在管道接口处才设置的管道局部基础，如图 9.8 所示。

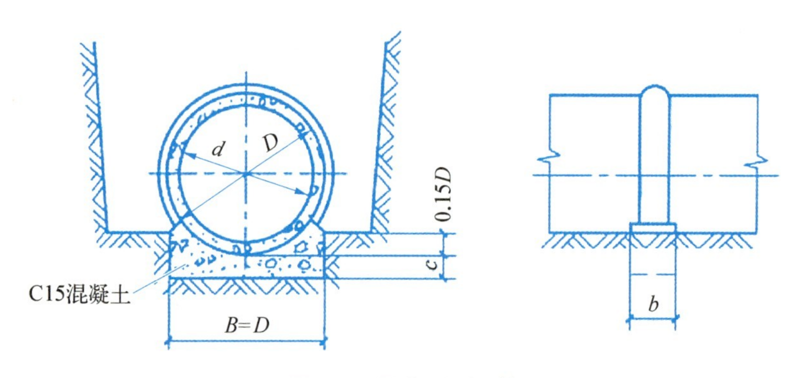

图 9.8 混凝土枕基

通常在管道接口下用 C15 混凝土做成枕状垫块，垫块常采用 90°或 135°管座。这种基础适用于干燥土壤中的雨水管道及不太重要的污水支管，常与砂土基础联合使用。

(3) 混凝土带形基础。混凝土带形基础是沿管道全长铺设的基础，分为 90°、135°、180°的管座形式，如图 9.9 所示。

混凝土带形基础适用于各种潮湿土壤及地基软硬不均匀的排水管道，管径为 200～2 000 mm。无地下水时常在槽底原土上直接浇筑混凝土；有地下水时在槽底铺 100～150 mm 厚的卵石或碎石垫层，然后在上面再浇筑混凝土。根据地基承载力的实际情况，可采用强度等级不低于 C15 的混凝土。当管道覆土厚度在 0.7～2.5 m 时采用 90°管座，覆土厚度在 2.6～4.0 m时采用 135°管座，覆土厚度在 4.1～6.0 m 时采用 180°管座。

2) 覆土

在非冰冻地区，管道覆土厚度的大小主要取决于外部荷载、管材强度、管道交叉情况以及土壤地基等因素。一般排水管道的覆土厚度不小于 0.7 m。

在冰冻地区，无保温措施的生活污水管道或水温与生活污水接近的工业废水管道，管底可埋设在冰冻线以上 0.15 m；有保温措施或水温较高的管道，管底在冰冻线以上的距离可以加

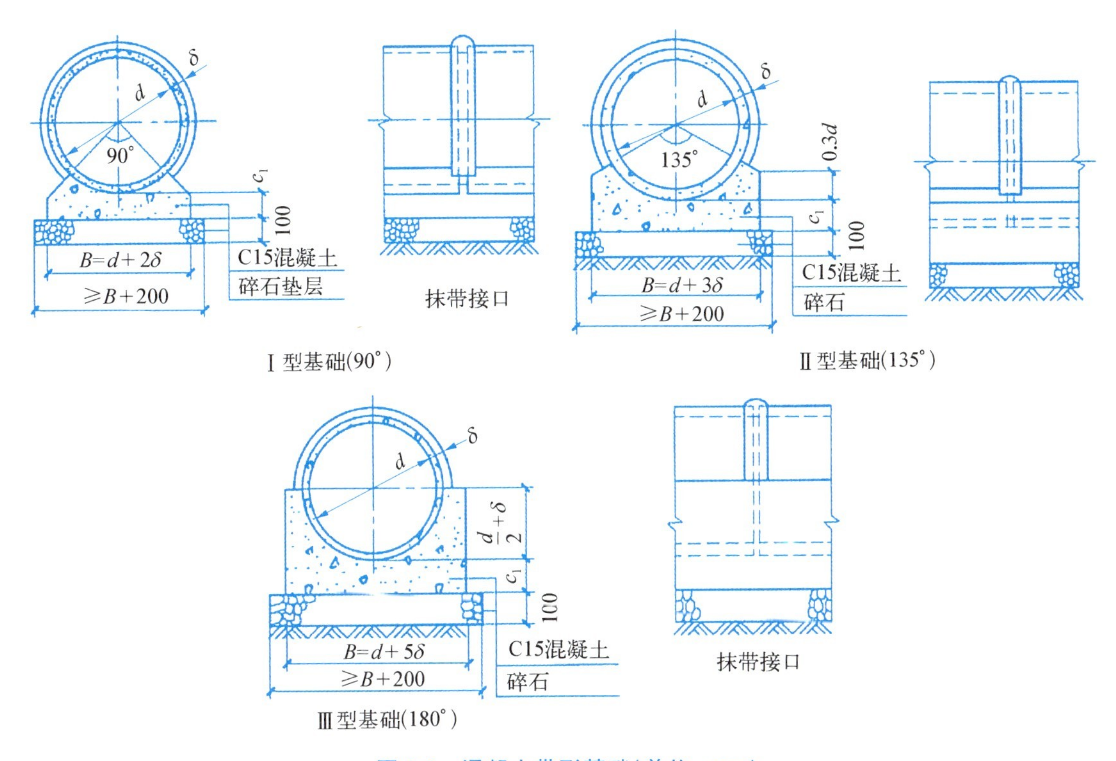

图 9.9　混凝土带形基础(单位：mm)

大，其数值应根据该地区或条件相似地区的经验确定，但要保证管道的覆土厚度不小于 0.7 m。

4. 排水管网附属构筑物

1) 检查井

在排水管渠系统上，为便于管渠的衔接和对管渠进行定期检查和清通，必须设置检查井。检查井通常设在管渠交汇、转弯、管渠尺寸或坡度改变、跌水等处以及相隔一定距离的直线管渠段上。根据检查井的平面形状，可将其分为圆形、方形、矩形或其他不同的形状。方形和矩形检查井用在大直径管道的连接处或交汇处，一般均采用圆形检查井。

检查井由井底(包括基础)、井身和井盖(包括盖座)三部分组成，如图 9.10 所示。井底流槽形式如图 9.11 所示。

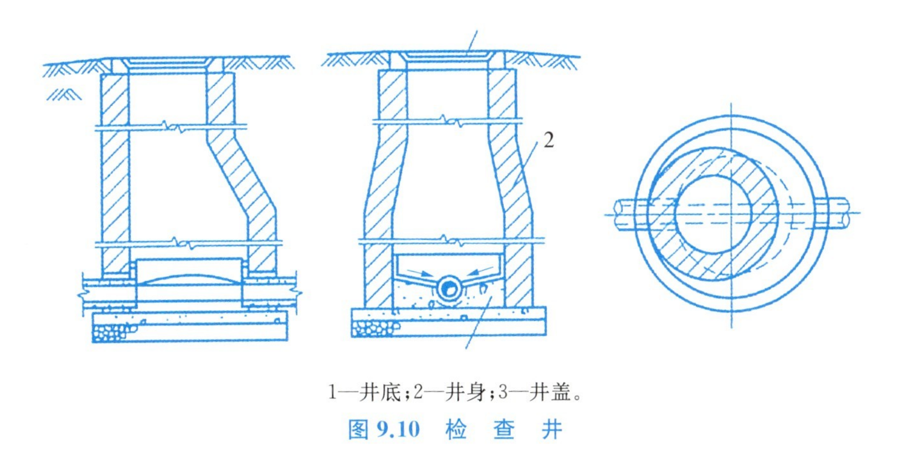

1—井底；2—井身；3—井盖。

图 9.10　检　查　井

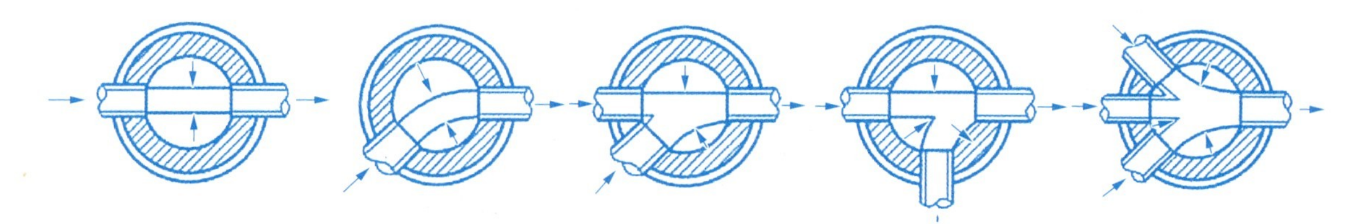

图 9.11 检查井井底流槽形式

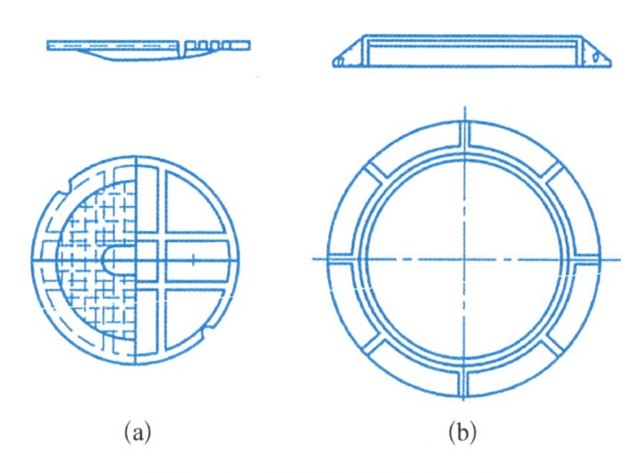

图 9.12 轻型铸铁井盖和盖座

(a) 井盖;(b) 盖座

井盖可采用铸铁、钢筋混凝土或其他材料,为防止雨水流入,盖顶应略高出地面。盖座采用与井盖相同的材料。井盖和盖座均为厂家预制,施工前购买即可,其形式如图 9.12 所示。

2) 雨水口

雨水口一般设在道路交叉口、路侧边沟的一定距离处以及设有道路缘石的低洼地方,在直线道路上的间距一般为 25～50 m,在低洼和易积水的地段,要适当缩小雨水口的间距。

雨水口的构造包括进水篦、井筒和连接管三部分,如图 9.13、图 9.14 所示。

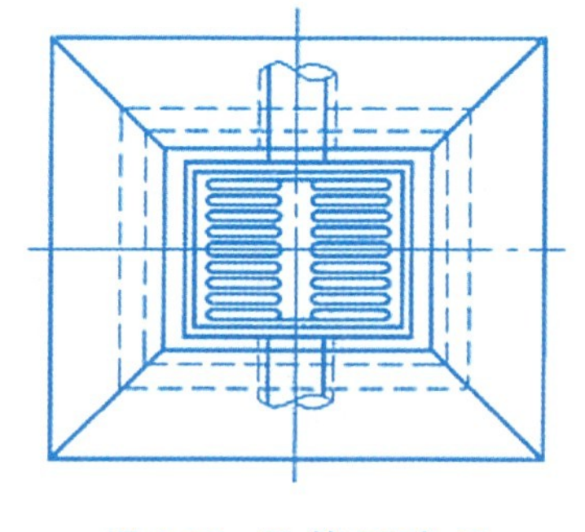

图 9.13 平篦雨水口

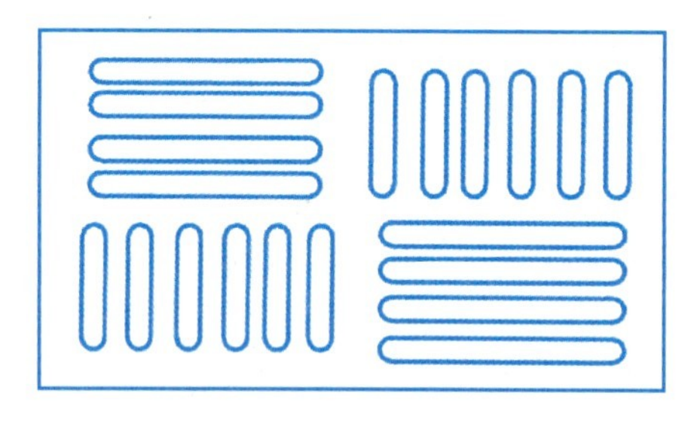

图 9.14 篦条交错排列的进水篦

井筒一般用砖砌,深度不大于 1 m,在有冻胀影响的地区,可根据经验适当加大。

雨水口由连接管与雨水管渠或合流管渠的检查井相连接,如图 9.15 所示。连接管的最小管径为 200 mm,坡度一般为 0.01,长度不宜超过 25 m。

3) 倒虹管

排水管道遇到河流、洼地或地下构筑物等障碍物时,不能按原有的坡度埋设,而是按下凹的折线方式从障碍物下通过,这种管道称为倒虹管。它由进水井、下行管、平行管、上行管和出水井组成,如图 9.16 所示。

进水井和出水井均为特殊的检查井,在井内设闸板或堰板以根据来水流量控制倒虹管启闭的条数,进水井和出水井的水面高差要足以克服倒虹管内产生的水头损失。

平行管管顶与规划河床的垂直距离不应小于 0.5 m,与构筑物的垂直距离应符合与该构筑物相交的有关规定。上行管和下行管与平行管的交角一般不大于 30°。

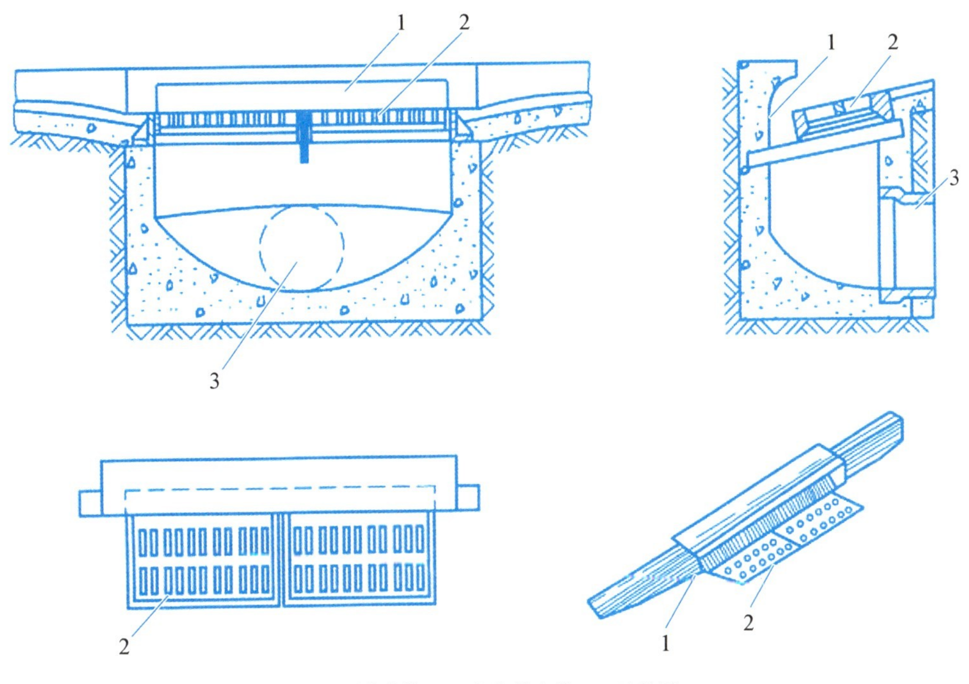

1—边石进水篦；2—边沟进水篦；3—连接管。

图 9.15 双篦联合式雨水口

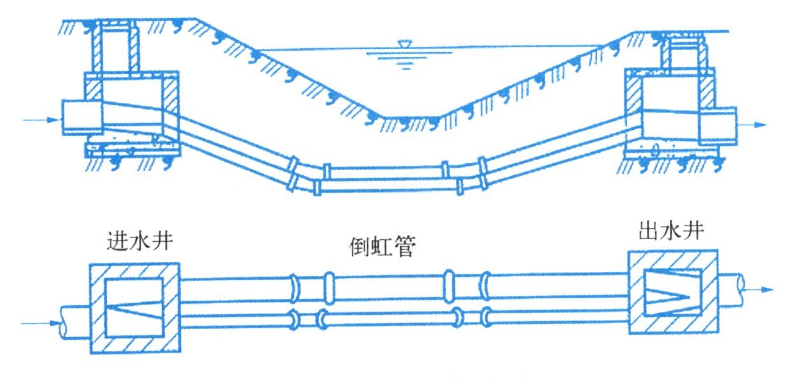

图 9.16 排水管道倒虹管

9.2 排水工程定额工程量计算规则

9.2.1 工程量计算项目

根据市政排水管网工程的构造及施工工艺、2017 版《内蒙古自治区市政工程预算定额》第四册《市政管网工程》的定额项目设置，一般排水管网工程需要计算的项目有以下几项。

(1) 排水管道铺设。

(2) 排水管道垫层。

(3) 排水管道基础。

(4) 混凝土排水管道接口。

(5) 混凝土管道截段。

(6) 塑料管与检查井的连接。

(7) 排水管道构筑物。① 检查井、跌水井等各种井;② 井筒;③ 雨水口;④ 木质保温井盖;⑤ 防水套管;⑥ 管道出水口。

(8) 排水渠道(方沟)。

(9) 闭水试验。

(10) 其他项目。

上述计算项目是一般市政排水管网常有的,实际计算时可按照实际工程设计进行调整。

9.2.2 工程量计算规则

(1) 排水管道铺设。排水管道铺设工程量,按设计井中至井中的中心线长度扣除井的长度,以"延长米"计算。每座定型检查井的扣除长度按表 9.1 计算。

表 9.1 每座井扣除长度表

检查井规格/mm	扣除长度/m	检查井规格/mm	扣除长度/m
Ø700	0.40	各种矩形井	1.00
Ø1 000	0.70	各种交汇井	1.20
Ø1 250	0.95	各种扇形井	1.00
Ø1 500	1.20	圆形跌水井	1.60
Ø2 000	1.70	矩形跌水井	1.70
Ø2 500	2.20	阶梯式跌水井	按实扣

每座非定型井的扣除长度:矩形检查井按管线方向井室内径计算;圆形检查井按管线方向井室内径每侧减 0.15 m 计算;雨水口不扣除。

(2) 排水管道垫层、基础。管道(渠)垫层和基础按设计图示尺寸以体积计算,定额单位为"10 m^3"。

(3) 混凝土排水管道接口。混凝土排水管道接口区分管径和做法,以实际接口个数计算。

(4) 混凝土管道截断。混凝土管道截断按截断次数以根计算,定额单位为"10 根"。

(5) 塑料管与检查井的连接。塑料管与检查井的连接按砂浆或混凝土的成品体积计算,定额单位为"m^3"。

(6) 排水管道构筑物。各类定型井按《市政排水管道工程及附属设施》06MS201 编制,设计要求不同时,砌筑井执行本章砌筑非定型井相应项目,混凝土井执行第六册《水处理工程》构筑物相应项目。

① 定型井。各类定型井按井的材质、形式、井径、井深等不同以设计图示数量计算，定额单位为“座”。各类井的井深是指井盖顶面到井基础或混凝土底板顶面的距离，没有基础的到井垫层顶面。

② 砌筑非定型井。

a. 非定型井垫层、井底流槽按照实际铺筑以体积计算，定额单位为“10 m^3”；

b. 砌筑按实际砌筑体积计算，扣除管道所占体积，定额单位为“10 m^3”；

c. 非定型井抹灰、勾缝区分不同材质按面积计算，扣除管道所占面积，定额单位为“100 m^2”；

d. 井壁(墙)凿洞按照材质不同以实际凿洞面积计算；

e. 非定型井井盖、井圈(箅)、小型构件制作及安装；

f. 钢筋混凝土井盖、井圈(箅)、小型构件制作按照井盖、井圈、井箅、小型构件的体积计算，定额单位为“10 m^3”；

g. 井盖、井座、井箅、小型构件的安装区分不同材质按套数计算，定额单位为“10 套”。

③ 塑料检查井。按设计图示数量计算，定额单位为“10 套”。

④ 井筒。检查井筒砌筑适用于井深不同的调整和方沟井筒的砌筑，定额区分不同筒高分别设置子目。井深按设计图示计算，井筒调整按发生数量计算，高度与定额不同时采用每增减 0.2 m 调整，定额单位为“座”。

⑤ 雨水口。砖砌雨水进水井区分不同形式以设计图示数量计算，定额单位为“座”。

⑥ 木质保温井盖。木质保温井盖按设计以个数计算。

⑦ 防水套管。防水套管的制作、安装区分不同的公称直径，分别以“个”为计量单位计算。

⑧ 管道出水口。管道出水口区分不同的形式、材质及管径，以“处”为计量单位计算。

(7) 排水渠道(方沟)。

① 排水渠道(方沟)区分不同部位、材质分别以砌筑或浇筑体积计算，定额单位为“10 m^3”。

② 排水渠道(方沟)抹灰、勾缝区分不同部位、不同材质分别以面积计算，定额单位为“10 m^2”。

③ 渠道沉降缝应区分材质不同按设计图示尺寸以沉降缝的断面面积或铺设长度计算。沥青油毡填缝，定额单位为“10 m^2”，油浸麻丝、建筑油膏等材料填缝，定额单位为“100 m”。

④ 钢筋混凝土盖板、过梁的预制和安装按设计图示尺寸以体积计算，定额单位为“10 m^3”。

(8) 闭水试验。

① 方沟闭水试验的工程量，按实际闭水试验用水量以体积计算，定额单位为“100 m^3”。

② 管道闭水试验，以实际闭水长度计算，不扣除各种井所占长度。

③ 井、池渗漏试验，按井、池容量以体积计算。

【例 9.1】 如图 9.17 所示为某污水管道工程中的一部分管段，设计检查井为 Ø700 及 Ø1 000的定型检查井，试求该污水管段的长度。

图 9.17 污水管道平面图

检查井编号	W1	W2	W3	W4
井径	Ø700	Ø1 000	Ø1 000	Ø700
桩号	K1+200	K1+255	K1+285.4	K1+300

【解】 设计桩号为检查井中心桩号，始端检查井和终端检查井各扣除一半的检查井扣除长度。查表《每座井扣除长度表》，Ø700 检查井每座扣除长度为 0.4 m，Ø1 000 检查井每座扣除长度为 0.7 m。

该污水段长度：$L = 1\,300\ \text{m} - 1\,200\ \text{m} - (0.5 \times 0.4 + 2 \times 0.7 + 0.5 \times 0.4)\ \text{m} = 98.2\ \text{m}$

【例 9.2】 某城市道路雨水管道为 800 m，采用 D800×3 000 mm 钢筋混凝土承插管，采用 135°混凝土条形基础，基础断面图如图 9.18 所示，基础尺寸见表 9.2。共有 21 座 1 100 mm×1 100 mm的矩形直线砖砌雨水检查井，井与井间距均为 40 m。计算该雨水管道基础工程量。

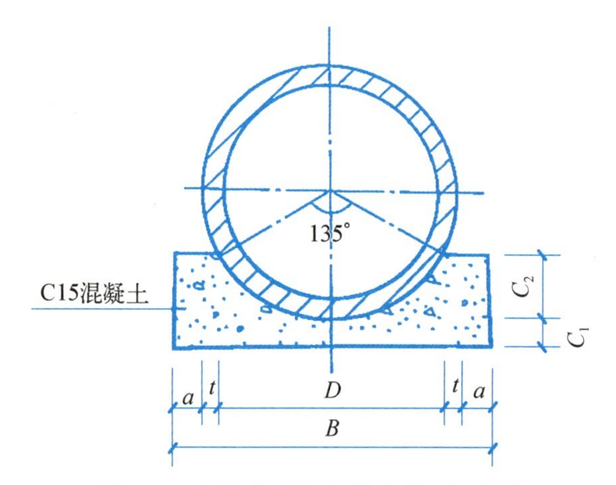

图 9.18 城市道路雨水管道基础剖面图

表 9.2 钢筋混凝土管 135°混凝土基础尺寸表

管内径 D/mm	管壁厚 t/mm	管基尺寸/mm			
		a	B	C1	C2
800	70	105	1 150	105	235

【解】 雨水管道长度：$L = 800\ \text{m} - (1 \times 19 + 1/2 \times 1 \times 2)\ \text{m} = 780\ \text{m}$

平基：断面面积：$S = B \times C1 = 1.15 \times 0.105\ \text{m}^2 = 0.121\ \text{m}^2$

体积：$V = S \times L = 0.121 \times 780\ \text{m}^3 = 94.38\ \text{m}^3$

管座：断面面积 $S = 1.15 \times 0.235 + 1/2 \times 2 \times 0.47 \times \sin(135/2) \times 0.47 \times \cos(135/2) - (135\pi \times 0.472/360) = 0.088(\text{m}^2)$

体积：$V = S \times L = 0.088 \times 780\ \text{m}^3 = 68.64\ \text{m}^3$

9.3 排水工程工程量清单编制

9.3.1 工程量清单编制方法

《市政工程工程量计算规范》附录E“管网工程”，适用于市政管网工程及市政管网专用设备安装工程，包括管道铺设、管件、钢支架制作以及新旧管道连接，同时适用于给水排水工程和市政燃气、供热工程。

1. 市政给水排水管道的界线划分

不同性质的管道，其清单项目设置、组价定额都有所不同，所以要首先明确管道的界线划分。

1）市政给水管道与建筑安装给水管道的界线划分

《全国统一市政工程预算定额》规定：有水表井的以水表井为界，无水表井的以市政管道碰头点为界。有些地方定额又进行了进一步的明确，如《××省市政工程计价表》规定：有水表井的以水表井为界，无水表井的以围墙外两者碰头处为界。水表井以外为市政给水管道，水表井以内为建筑安装管道。如果建筑小区内无水表井，则管道碰头处为建筑物入土管道的变径处。

2）市政排水管道与建筑安装排水管道的界线划分

《全国统一市政工程预算定额》规定：以室外管道与市政管道碰头点检查井为界。《××省市政工程计价表》规定：市政工程排水管道与其他专业工程排水管道按其设计标准及施工验收规范划分，按市政工程设计标准设计施工的管道，属于市政工程排水管道。

2. 市政管网工程量清单编制方法

市政管网工程和所有市政工程一样，在进行工程量清单编制时的步骤方法是相同的。

（1）工程量清单编制时，首先要熟悉图纸，熟悉规范、定额及相关的工程量计算规则；

（2）确定项目名称、项目编码，计算分部分项工程数量；

（3）确定综合工程内容，编制分部分项工程量清单；

（4）编制措施项目清单；

（5）编制其他项目清单以及零星工作量。

9.3.2 清单工程量计算规则及项目设置

市政管网工程清单项目设置共分管道铺设，管件、阀门及附件安装，支架制作及安装，管道附属构筑物共4章51个项目。

1. 管道铺设

管道铺设工程量清单项目设置及工程量计算规则，应按《市政工程工程量计算规范》表E.1规定执行。管道铺设项目设置中没有明确区分管道的用途，在列工程量清单时在市政管道名称前要明确给水、排水、热力、燃气等。

1）项目特征

管道铺设清单项目名称较多，同样是混凝土管道，因其规格不同可以用在给水工程上，也可以用在排水工程上。所以首先要明确管道铺设清单项目的特征。

(1) 材质。

混凝土管包括预应力混凝土管(用于给水工程)、混凝土排水管等。

铸铁管包括一般铸铁管、球墨铸铁管、硅铸铁管。

钢管包括碳素钢板卷管、焊接钢管、无缝钢管。

塑料管有 UPVC、PVC、PE、HDPE、PPR 等。

(2) 接口形式及接口材料。

给水混凝土管采用承插连接,胶圈接口。

给水承插铸铁管承插连接(青铅接口、石棉水泥接口、膨胀水泥接口、胶圈接口)。

排水混凝土管有平接(水泥砂浆抹带接口、钢丝网水泥砂浆抹带接口),承插连接(水泥砂浆接口、沥青油膏接口),套箍连接(预制混凝土外套环、现浇混凝土套环)。

钢管连接有法兰连接、焊接、箍接、丝接等。

塑料管有焊接、胶黏剂黏接、热熔连接、电熔连接、胶圈连接等。

(3) 垫层厚度、材料品种、强度和基础断面形式、混凝土强度。

(4) 管材规格、埋设深度、防腐要求。

2) 工程量计算规则

给水排水工程中采用的混凝土管道、铸铁管道,规定按图示管道中心线长度以“延长米”计算,不扣除井、管件、阀门所占长度。

对钢管、镀锌钢管、塑料管道,按图示管道中心线长度以“延长米”计算,不扣除管件、阀门、法兰所占长度。

塑料排水管安装,其工程量应扣除井所占长度。

管道铺设除管沟挖填方外,包括从垫层到基础,管道防腐、铺设、保温、检验试验、冲洗消毒和吹扫等全部内容。

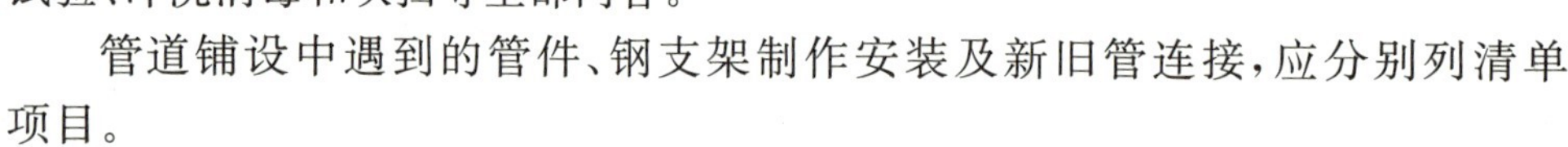

管道铺设中遇到的管件、钢支架制作安装及新旧管连接,应分别列清单项目。

2. 管件、阀门及附件安装

管件、阀门及附件安装工程量清单项目设置、项目特征描述的内容、计量单位及工程量计算规则,应按《市政工程工程量计算规范》表 E.2 的规定执行。

3. 支架制作及安装

支架制作及安装工程量清单项目设置、项目特征描述的内容、计量单位及工程量计算规则,应按《市政工程工程量计算规范》表 E.3 的规定执行。

4. 管道附属构筑物

管道附属构筑物工程量清单项目设置、项目特征描述的内容、计量单位及工程量计算规则,应按《市政工程工程量计算规范》表 E.4 的规定执行。

9.3.3 工程量清单编制示例

以×××污水处理厂室外排水工程为例,分部分项工程量清单见表 9.3,措施项目清单见表 9.4,其他项目清单见表 9.5,暂列金额明细见表 9.6,规费、税金项目清单见表 9.7,工程量计算表见表 9.8。

表 9.3　分部分项工程量清单

工程名称：×××污水处理厂室外排水工程　　　　　　　　　　　　　　　　　标段：第 1 页　共 1 页

序号	项目编码	项目名称	项目特征描述	计量单位	工程量	金额/元			
						综合单价	合价	其中：暂估价	
1	040501004001	塑料管道敷设	(1) UPVC 加筋管铺设(胶圈接口) 225 mm (2) 人工挖沟、槽土方，一、二类土，深 2 m 以内 (3) 非定型(管)道垫层砂 (4) 人工填土夯实槽、坑	m	185				
2	040501004002	塑料管道敷设	(1) UPVC 加筋管铺设(胶圈接口) 300 mm (2) 人工挖沟、槽土方，一、二类土，深 2 m 以内 (3) 非定型(管)道垫层砂 (4) 人工填土夯实槽、坑	m	185				
3	040501004003	塑料管道敷设	(1) UPVC 加筋管铺设(胶圈接口) 400 mm (2) 人工挖沟、槽土方，一、二类土，深 2 m 以内 (3) 非定型(管)道垫层砂 (4) 人工填土夯实槽、坑 (5) 非定型渠(管)道垫层 C15 混凝土	m	357.21				
4	040501004004	塑料管道敷设	(1) UPVC 加筋管铺设(胶圈接口) 600 mm (2) 人工挖沟、槽土方，一、二类土，深 2 m 以内 (3) 非定型(管)道垫层砂 (4) 人工填土夯实槽、坑 (5) 非定型渠(管)道垫层 C15 混凝土	m	51.33				
5	040504001001	雨水进水井	(1) 人工挖坑土方，一类、二类土，深 2 m 以内 (2) 非定型井垫层碎石 (3) 非定型井垫层 C15 混凝土 (4) 非定型井砌筑及抹灰砖砌矩形 M7.5 (5) 砖墙井内侧抹灰 (6) 砖墙井底抹灰 (7) 钢筋混凝土井圈制作 C20 (8) 井盖、井篦安装雨水井铸铁平篦 (9) 人工填土夯实槽、坑	座	28				

续 表

序号	项目编码	项目名称	项目特征描述	计量单位	工程量	金额/元			
						综合单价	合价	其中：暂估价	
6	040504001002	砌筑检查井(不落井底)	(1) 人工挖坑土方，一、二类土，深4 m以内 (2) 非定型井垫层混凝土 100 厚 C10 (3) 非定型井垫层混凝土 200 厚 C20 (4) 非定型井砌筑及抹灰砖砌矩形 M7.5 (5) 砖墙井内侧抹灰 (6) 砖墙流槽抹灰 (7) 预制井室盖板 (8) 井室矩形盖板安装每块体积在 0.5 m^3 以内 (9) 钢筋混凝土井圈制作 C20 (10) 井盖、井篦安装检查井铸铁平篦 (11) 人工填土夯实槽、坑	座	11				
7	040504001003	砌筑检查井(落井底)	(1) 人工挖坑土方，一、二类土，深4 m以内 (2) 非定型井垫层混凝土 100 厚 C15 (3) 非定型井垫层混凝土 200 厚 C20 (4) 非定型井砌筑及抹灰砖砌矩形 M7.5 (5) 砖墙井内侧抹灰 (6) 砖墙流槽抹灰 (7) 预制井室盖板 (8) 井室矩形盖板安装每块体积在 0.5 m^3 以内 (9) 钢筋混凝土井圈制作 C20 (10) 井盖、井篦安装检查井铸铁平篦 (11) 人工填土夯实槽、坑	座	10				

表 9.4　措施项目清单

工程名称：×××污水处理厂室外排水工程　　标段：　　第 1 页　共 1 页

序　号	项　目　名　称	计算基础	费率/%	金额/元
1	安全文明施工费			
2	夜间施工费			
3	二次搬运费			
4	冬、雨期施工			

续　表

序　号	项　目　名　称	计算基础	费率/%	金额/元
5	大型机械设备进出场及安拆费			
6	施工排水			
7	施工降水			
8	地上、地下设施、建筑物的临时保护设施			
9	已完工程及设备保护			
10	各专业工程的措施项目			
合计				

注：本表适用于以“项”计价的措施项目。

表 9.5　其他项目清单

工程名称：×××污水处理厂室外排水工程　　　标段：　　　　　　　　第 1 页　共 1 页

序　号	项　目　名　称	计量单位	金额/元	备　注
1	暂列金额		24 500	
2	暂估价			
2.1	材料暂估价			
2.2	专业工程暂估价			
3	计日工			
4	总承包服务费			
合计				—

注：材料暂估单价进入清单项目综合单价，此处不汇总。

表 9.6　暂列金额明细表

工程名称：×××污水处理厂室外排水工程　　　标段：　　　　　　　　第 1 页　共 1 页

序　号	项　目　名　称	计量单位	暂定金额/元	备　注
1	暂列金额	项	24 500	
合计			24 500	—

表 9.7 规费、税金项目清单

工程名称：×××污水处理厂室外排水工程　　标段：　　第 1 页　共 1 页

序号	项 目 名 称	计 算 基 础	费率/%	金额/元
1	规费			
1.1	工程排污费			
1.2	社会保障费			
(1)	养老保险费			
(2)	失业保险费			
(3)	医疗保险费			
(4)	生育保险费			
(5)	工伤保险费			
1.3	住房公积金			
2	增值税	分部分项工程费+措施项目费+其他项目费+规费		
合计				

表 9.8 清单工程量计算表

工程名称：×××污水处理厂室外排水工程　　第 1 页　共 2 页

序 号	分部分项工程名称	单位	数量	计 算 式
一	道路北侧、南侧雨水总管			
1	Y52 - Y53			
	PVC - U 环形肋管 D300	m	39	
	雨水检查井 1 100×1 100	座	2	落井底深 1.651 m、深 1.583 3 m 各 1 座
2	Y54 - 1～Y55			
	PVC - U 环形肋管 D300	m	29	
	PVC - U 环形肋管 D400	m	39	
	雨水检查井 1 100×1 100	座	3	落井底深 1.888 m、深 1.978 m、深 2.753 m 各 1 座
3	Y56 - Y57			

续　表

序　号	分部分项工程名称	单位	数量	计　算　式
	PVC-U环形肋管D300	m	39	
	雨水检查井1 100×1 100	座	2	深1.743 m不落底、深2.173 m落底各1座
4	Y147-Y149			
	PVC-U环形肋管D300	m	39	
	雨水检查井1 100×1 100	座	2	深2.15 m落底、深1.733 m不落底各1座
5	Y149-Y151	3		
	PVC-U环形肋管D400	m	12	
	钢筋混凝土管D600	m	51.33	
	雨水检查井1 100×1 100	座	3	深2.486 m、2.84 m、3.171 m落底各1座
6	Y152-Y153			
	PVC-U环形肋管D300	m	39	
	雨水检查井1 100×1 100	座	2	深1.743 m不落底、深2.163 m落底各1座
二	污水系统			
	W42-W48			
	PVC-U环形肋管D400	m	306.21	
	污水检查井1 100×1 100	座	7	深3.18 m、2.943 m、2.893 m、3.048 m、3.211 m、3.374 m、3.576 m各1座
三	雨水收集系统			根据工程表给定数量计算，埋深按雨水口大样图中尺寸，管道顶为1 200 mm，等深1 500 mm计算
	PVC-U环形肋管D225	m	185	
	雨水集水井510×390	座	28	
四	石砌井及3号临时明渠	略		

9.3.4 排水工程工程量清单报价编制示例

管道工程工程量清单报价以×××污水处理厂室外排水工程为例进行介绍，单位工程投标报价汇总表见表9.9，分部分项工程量清单计价表见表9.10，措施项目清单与计价表见

表 9.11，其他项目清单与计价汇总表见表 9.12，暂列金额明细表见表 9.13，规费、税金项目清单与计价表见表 9.14。

1. 单位工程投标报价汇总表

单位工程投标报价汇总表见表 9.9。

表 9.9 单位工程投标报价汇总表

工程名称：×××污水处理厂室外排水工程　　第 1 页　共 1 页

序　号	单项工程名称	金额/元	其中：暂估价/元
1	分部分项工程	299 249.69	
2	措施项目	18 231.82	
2.1	安全文明施工费	18 231.82	—
3	其他项目	24 500.00	—
3.1	暂列金额	24 500.00	—
3.2	专业工程暂估价		—
3.3	计日工		—
3.4	总承包服务费		—
4	规费	13 370	—
5	增值税税金	39 088.67	—
招标控制价/投标报价合计＝1＋2＋3＋4＋5		394 440.18	

注：本表适用于单位工程招标控制价或投标报价的汇总，如无单位工程划分，单项工程也使用本表汇总。

2. 分部分项工程量清单与计价表

分部分项工程量清单与计价表见表 9.10。

表 9.10 分部分项工程量清单与计价表

工程名称：×××污水处理厂室外排水工程　　标段：　　第 1 页　共 1 页

序号	项目编码	项目名称	项目特征描述	计量单位	工程量	金额/元		
						综合单价	合价	其中：暂估价
1	040501004001	塑料管道铺设	(1) UPVC 加筋管铺设(胶圈接口) 225 mm (2) 人工挖沟、槽土方，一、二类土，深 2 m 以内 (3) 非定型(管)道垫层砂 (4) 人工填土夯实槽、坑	m	185	126.822	23 462.07	

续 表

序号	项目编码	项目名称	项目特征描述	计量单位	工程量	金额/元		
						综合单价	合价	其中：暂估价
2	040501004002	塑料管道铺设	(1) UPVC加筋管铺设(胶圈接口)300 mm (2) 人工挖沟、槽土方，一类、二类土，深2 m以内 (3) 非定型(管)道垫层砂 (4) 人工填土夯实槽、坑	m	185	222.25	41 116.25	
3	040501004003	塑料管道铺设	(1) UPVC加筋管铺设(胶圈接口)400 mm (2) 人工挖沟、槽土方，一类、二类土，深2 m以内 (3) 非定型(管)道垫层砂 (4) 人工填土夯实槽、坑 (5) 非定型渠(管)道垫层C15混凝土	m	357.21	308.03	110 031.4	
4	040501004004	塑料管道铺设	(1) UPVC加筋管铺设(胶圈接口)600 mm (2) 人工挖沟、槽土方，一类、二类土，深2 m以内 (3) 非定型(管)道垫层砂 (4) 人工填土夯实槽、坑 (5) 非定型渠(管)道垫层C15混凝土	m	51.33	697.385	35 796.77	
5	040504001001	雨水进水井	(1) 人工挖坑土方一类、二类土，深2 m以内 (2) 非定型井垫层碎石 (3) 非定型井垫层C15混凝土 (4) 非定型井砌筑及抹灰砖砌矩形M7.5 (5) 砖墙井内侧抹灰 (6) 砖墙井底抹灰 (7) 钢筋混凝土井圈制作C20 (8) 井盖、井篦安装雨水井铸铁平篦 (9) 人工填土夯实槽、坑	座	28	556.341	15 577.55	
6	040504001002	砌筑检查井(不落井底)	(1) 人工挖坑土方一类、二类土，深4 m以内 (2) 非定型井垫层混凝土100厚C15 (3) 非定型井垫层混凝土200厚C20 (4) 非定型井砌筑及抹灰砖砌矩形M7.5 (5) 砖墙井内侧抹灰 (6) 砖墙流槽抹灰 (7) 预制井室盖板 (8) 井室矩形盖板安装每块体积在0.5 m^3以内 (9) 钢筋混凝土井圈制作C20 (10) 井盖、井篦安装检查井铸铁平篦 (11) 人工填土夯实槽、坑	座	11	3 790.541	41 695.95	

续　表

序号	项目编码	项目名称	项目特征描述	计量单位	工程量	金额/元		
						综合单价	合价	其中：暂估价
7	040504001003	砌筑检查井（落井底）	(1) 人工挖坑土方一、二类土，深 4 m 以内 (2) 非定型井垫层混凝土 100 厚 C15 (3) 非定型井垫层混凝土 200 厚 C20 (4) 非定型井砌筑及抹灰砖砌矩形 M7.5 (5) 砖墙井内侧抹灰 (6) 砖墙流槽抹灰 (7) 预制井室盖板 (8) 井室矩形盖板安装每块体积在 0.5 m^3 以内 (9) 钢筋混凝土井圈制作 C20 (10) 井盖、井篦安装检查井铸铁平篦 (11) 人工填土夯实槽、坑	座	10	3 156.97	31 569.7	
本页小计							299 249.69	
合计							299 249.69	

注：表中各项费用均以不包含增值税可抵扣进项税额的价格计算。

3. 措施项目清单与计价

措施项目清单与计价表见表 9.11。

表 9.11　措施项目清单与计价表

工程名称：×××污水处理厂室外排水工程　　　标段：　　　　　　第 1 页　共 1 页

序　号	项　目　名　称	计算基础	费率/%	金额/元
1	安全文明施工费	人工费（60 772.73）	30%	18 231.82
2	夜间施工费			
3	二次搬运费			
4	冬、雨期施工			
5	大型机械设备进出场及安拆费			
6	施工排水			
7	施工降水			
8	地上、地下设施、建筑物的临时保护设施			

续 表

序 号	项 目 名 称	计算基础	费率/%	金额/元
9	已完工程及设备保护			
10	各专业工程的措施项目			
合计				18 231.82

注：① 本表适用于以“项”计价的措施项目。
② 表中安全文明施工费以不包含增值税可抵扣进项税额的价格计算。
③ 其他项目清单与计价汇总表见表9.12。

4. 其他项目清单与计价

其他项目清单与计价汇总表见表9.12。

表9.12 其他项目清单与计价汇总表

工程名称：×××污水处理厂室外排水工程　　标段：　　第1页 共1页

序 号	项 目 名 称	计量单位	金额/元	备 注
1	暂列金额		24 500	
2	暂估价			
2.1	材料暂估价			
2.2	专业工程暂估价			
3	计日工			
4	总承包服务费			
—				
合计			24 500	—

注：材料暂估单价进入清单项目综合单价，此处不汇总。

5. 暂列金额明细表

暂列金额明细表见表9.13。

表9.13 暂列金额明细表

工程名称：×××污水处理厂室外排水工程　　标段：　　第1页 共1页

序号	项 目 名 称	计量单位	暂定金额/元	备 注
1	暂列金额	项	24 500	
合计			24 500	—

注：表中暂列金额以不包含增值税可抵扣进项税额的价格计算。

6. 规费、税金项目清单与计价

规费、税金项目清单与计价表见表 9.14。

表 9.14　规费、税金项目清单与计价表

工程名称：×××污水处理厂室外排水工程　　　标段：　　　　第 1 页　共 1 页

序号	项目名称	计算基础	费率/%	金额/元
1	规费			13 370
1.1	工程排污费			
1.2	社会保障费	人工费(60 772.73)	16%	9 723.64
1.3	住房公积金	人工费(60 772.73)	6%	3 646.36
1.4	危险作业意外伤害保险			
1.5	工程定额测定费			
2	增值税	分部分项工程费＋措施项目费＋其他项目费＋规费	11%	39 088.67
合计				52 458.67

附录　市政工程施工图

施工图 1	太岳山路-道路标准横断面图	
施工图 2	太岳山路纵断	
施工图 3	标段-道路平面图	
施工图 4	DL4 -道路结构图	
施工图 5	DL07 -集料级配曲线图	
施工图 6	DL08 - JQ - 2518 型边石构造及安装图	
施工图 7	DL10 - JQ1515 型边石构造及安装图	

续 表

施工图 8	DL13 -树池边石大样图	
施工图 9	DL14 -无障碍设计图	
施工图 10	DL15 隔离墩构造及安装图	

参 考 文 献

[1] 中华人民共和国住房和城乡建设部.中华人民共和国国家标准　建设工程工程量清单计价规范 GB 50500—2013[S].北京：中国计划出版社，2013.

[2] 袁建新.市政工程计量与计价[M].4 版.北京：中国建筑工业出版社，2018.

[3] 中华人民共和国住房和城乡建设部，中华人民共和国国家质量监督检验检疫总局.中华人民共和国国家标准　市政工程工程量计算规范 GB 50857—2013[S].北京：中国计划出版社，2013.

[4] 辽宁省住房和城乡建设厅.辽宁省建设工程计价依据市政工程定额[S].沈阳：北方联合出版传媒(集团)股份有限公司，2017.

[5] 全国造价工程师执业资格考试培训教材编审委员会.建设工程计价(2013 年版)[M].北京：中国计划出版社，2013.

[6] 曹阳艳.市政工程计量与计价[M].北京：北京理工大学出版社，2018.

[7] 张怡.市政工程识图与构造[M].3 版.北京：中国建筑工业出版社，2018.

[8] 王云江.市政工程识图实训[M].北京：中国建筑工业出版社，2011.